数控加工技术
案例分析与实战

郭庆梁　衣　娟　编著

化学工业出版社
·北京·

内容简介

《数控加工技术案例分析与实战》一书采用图文相结合的方式，从零件结构分析、加工工艺过程设计、相关数学计算技巧、加工程序编制及实际加工操作要点等方面，较为生动具体地介绍了数控加工技术的全要素、多方面实际应用案例，是作者长年从事数控加工技术教学工作经验体会的一次总结。

全书从数控车削、数控铣削、数控加工中心、数控自动编程与仿真四个方面，按照被加工零件的结构特点进行分类并展开编写。书中全部案例程序均已通过实际操作验证无误。

本书内容条理性、实用性、参考性强，案例设计使用层次渐进方式，通俗易懂，同时还配有视频讲解，能使读者快速进阶。本书可以作为数控相关专业师生的参考书，还可供使用配有同类型数控系统的数控机床操作人员参考使用。

图书在版编目（CIP）数据

数控加工技术案例分析与实战 / 郭庆梁，衣娟编著．北京 ：化学工业出版社，2025. 1. -- ISBN 978-7-122-46737-9

Ⅰ．TG659

中国国家版本馆 CIP 数据核字第 2024ZT8694 号

责任编辑：万忻欣　　文字编辑：袁　宁　袁玉玉

责任校对：刘　一　　装帧设计：张　辉

出版发行：化学工业出版社（北京市东城区青年湖南街 13 号　邮政编码 100011）

印　　装：中煤（北京）印务有限公司

787mm×1092mm　1/16　印张 16¾　字数 419 千字　2025 年 5 月北京第 1 版第 1 次印刷

购书咨询：010-64518888　　售后服务：010-64518899

网　　址：http://www.cip.com.cn

凡购买本书，如有缺损质量问题，本社销售中心负责调换。

定　　价：89.80 元

前言

本书是以应用型人才培养为服务目标，以数控加工技术能力培养为核心，融合生产实际中的工作任务，基于工作过程、项目驱动进行开发编写的。本书以实例方式进行编写，力求突破理论与实践的界限，以综合性数控技术知识的运用为载体，把相关知识点嵌入每个案例项目之中。通过案例项目的渐进式推进，逐步做到数控技术知识的全方位融会贯通。同时，本书也是面向数控加工从业者的一本通俗易懂的参考书。

全书从数控车削、数控铣削、数控加工中心、数控自动编程与仿真四个方面展开撰写。第 1 篇数控车削加工案例分析与实战，从加工的方式方法的角度进行了案例的分类介绍；第 2 篇数控铣削加工案例分析与实战，从被加工零件的结构特点的角度进行了案例的分类介绍；第 3 篇数控加工中心加工案例分析与实战，以加工中心加工的特点为出发点，选取典型零件进行案例介绍；第 4 篇数控自动编程与仿真加工案例分析与实战，运用数控行业较为先进的计算机自动编程与仿真的方法，从车削、铣削两个方面进行案例介绍。

本书作者长年从事数控技术工作，积累的资料详实丰富，对本书的编写极为方便有利。每个案例项目均配有案例分析、工艺设计、节点数学计算、程序编制等环节，对重点难点配有视频讲解，实用性强。

特别说明的是，本书中编程坐标的形式，如“*B*(*X*2　*Z*−4)”，表示 *B* 点坐标为 *X*=2，*Z*=−4。

本书由辽宁石油化工大学郭庆梁，衣娟编著，其中第 1 篇由郭庆梁编著，第 2 篇、第 3 篇由衣娟编著，第 4 篇由衣娟、郭庆梁编著。写作过程中得到了辽宁石油化工大学何立、王庆花和杨智超的大力支持，并参考了一些同行所著的书籍，在此一并表示感谢！

由于作者水平有限，书中难免存在不足之处，恳请同行专家和读者不吝赐教。

编著者

目　录

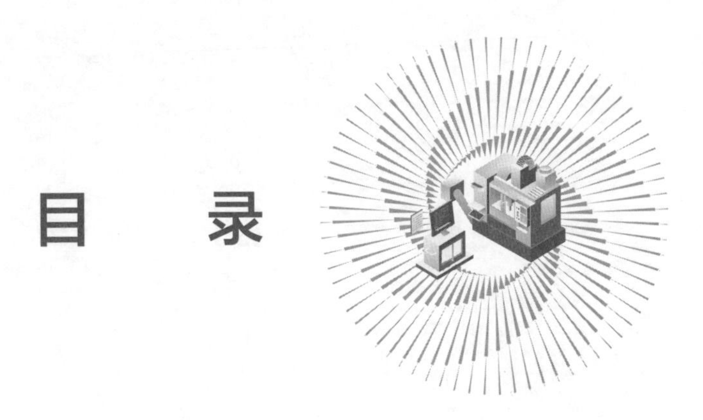

第1篇　数控车削加工案例分析与实战

第1章　一次装夹零件的数控车削加工案例 ······ 002

1.1　定位锥零件的数控车削加工案例 ······ 002
1.2　阀柄零件的数控车削加工案例 ······ 010
1.3　顶锥零件的数控车削加工案例 ······ 015
1.4　封帽零件的数控车削加工案例 ······ 020
1.5　陶瓷胎具零件的数控车削加工案例 ······ 025
1.6　定位套零件的数控车削加工案例 ······ 029
1.7　直螺纹接头零件的数控车削加工案例 ······ 032
1.8　锥螺纹封头零件的数控车削加工案例 ······ 036
1.9　螺纹轴套零件的数控车削加工案例 ······ 039

第2章　调头装夹零件的数控车削加工案例 ······ 042

2.1　调头轴零件的数控车削加工案例 ······ 042
2.2　调头孔零件的数控车削加工案例 ······ 045

第3章　复杂节点计算零件的数控车削加工案例 ······ 049

3.1　画法几何法节点计算零件的数控车削加工案例 ······ 049
3.2　解析几何法节点计算零件的数控车削加工案例 ······ 053
3.3　宏程序节点计算零件的数控车削加工案例 ······ 056

第4章　复杂工艺零件的数控车削加工案例 ······ 060

4.1　双头连接零件的数控车削加工案例 ······ 060

4.2 管接头零件的数控车削加工案例 …… 065

第 5 章 组合件的数控车削加工案例 …… 070

5.1 连接端子组合件的数控车削加工案例 …… 070
5.2 锥套三体组合件的数控车削加工案例 …… 081

第 2 篇 数控铣削加工案例分析与实战

第 6 章 轨迹特征零件的数控铣削加工案例 …… 088

6.1 数字模板零件的数控铣削加工案例 …… 088
6.2 汉字模板零件的数控铣削加工案例 …… 103
6.3 卡通模板零件的数控铣削加工案例 …… 105

第 7 章 轮廓特征零件的数控铣削加工案例 …… 109

7.1 简单凸台零件的数控铣削加工案例 …… 109
7.2 对称轮廓零件的数控铣削加工案例 …… 112
7.3 旋转轮廓零件的数控铣削加工案例 …… 115
7.4 比例轮廓零件的数控铣削加工案例 …… 118
7.5 数学曲线轮廓零件的数控铣削加工案例 …… 120

第 8 章 腔槽特征零件的数控铣削加工案例 …… 123

8.1 凸轮槽零件的数控铣削加工案例 …… 123
8.2 内齿型腔零件的数控铣削加工案例 …… 126
8.3 椭圆十字槽零件的数控铣削加工案例 …… 130
8.4 六边阶梯槽零件的数控铣削加工案例 …… 132

第 9 章 曲面特征零件的数控铣削加工案例 …… 137

9.1 球头塞帽零件的数控铣削加工案例 …… 137
9.2 椭球拉深模零件的数控铣削加工案例 …… 140

第 10 章 孔系特征零件的数控铣削加工案例 …… 143

10.1 振动筛衬板零件的数控铣削加工案例 …… 143
10.2 换热器管板零件的数控铣削加工案例 …… 145

第 11 章 配合加工零件的数控铣削案例 …… 148

11.1 样板配合件的数控铣削加工案例 …… 148
11.2 压印模配合件的数控铣削加工案例 …… 153

第3篇 数控加工中心加工案例分析与实战

第12章 轮廓特征零件的数控加工中心加工案例……158

12.1 冲压胎具零件的数控加工中心加工案例……158

12.2 注塑胎具零件的数控加工中心加工案例……162

第13章 腔槽特征零件的数控加工中心加工案例……166

13.1 冲裁凹模零件的数控加工中心加工案例……166

13.2 端面滑槽零件的数控加工中心加工案例……171

第14章 孔系特征零件的数控加工中心加工案例……175

14.1 涡流转子零件的数控加工中心加工案例……175

14.2 冲压复合模具零件的数控加工中心加工案例……178

第15章 曲面特征零件的数控加工中心加工案例……183

15.1 五角直纹曲面零件的数控加工中心加工案例……183

15.2 柱锥相贯曲面零件的数控加工中心加工案例……187

第16章 槽轮机构组合件的数控加工中心加工案例……191

16.1 槽轮零件的数控加工中心加工案例……191

16.2 拨盘零件的数控加工中心加工案例……194

第4篇 数控自动编程与仿真加工案例分析与实战

第17章 数控自动编程案例分析与实战……198

17.1 数控车削加工自动编程案例……198

17.2 数控铣削加工自动编程案例……211

第18章 数控仿真加工案例分析与实战……228

18.1 数控车削的仿真加工案例……228

18.2 数控铣削的仿真加工案例……239

18.3 数控加工中心的仿真加工案例……249

参考文献……262

第 1 篇
数控车削加工
案例分析与实战

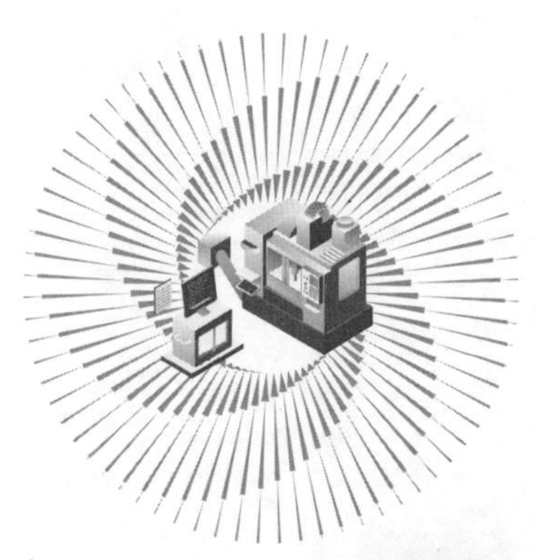

第1章 一次装夹零件的数控车削加工案例

扫码看视频

1.1 定位锥零件的数控车削加工案例

1.1.1 案例题目

一次装夹零件是指通过对毛坯的一次装夹便可以将零件全部内容加工完成的一类零件。现使用数控车床，采用45钢棒料型材为毛坯，对如图1-1所示的单调轴类定位锥零件进行数控车削加工。

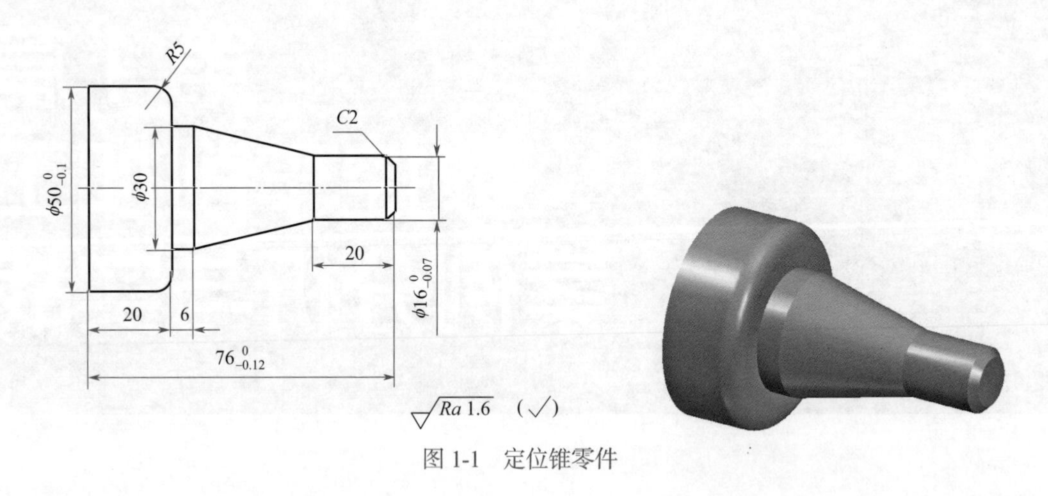

图1-1 定位锥零件

1.1.2 案例分析

本案例定位锥零件尺寸精度在IT10级，要求不高，外表面结构相对简单，加工节点不多，数据计算较为容易。为达到较好的表面加工质量，精加工应适当提高转速，减少进给量。由于该零件外轮廓直径由右至左单调增加，故可以选用刀尖角为80°的外圆车刀进行加工。

1.1.3 工艺设计

本案例零件的加工工艺过程为：

① 安装毛坯，启动主轴，调整刀具至起刀点。

② 使用外圆车刀循环粗车零件外轮廓。

③ 使用外圆车刀精车零件外轮廓。

④ 快速退刀，工件停转，加工结束。

本案例零件的加工工序卡，见表 1-1。

表 1-1 定位锥零件加工工序卡

零件名称	定位锥	工序号	01	工序名称	数控车削
加工设备	数控车床	夹具名称	自定心卡盘		
零件材料	45 结构钢	毛坯规格	ϕ60 棒料		
工步号	工步内容	刀具编号	刀具类型参数	主轴转速/（r/min）	进给量/（mm/r）
1	粗车零件外表面	T2	C 型刀片机夹外圆车刀 80°刀尖角	800	0.1
2	精车零件外表面	T2	C 型刀片机夹外圆车刀 80°刀尖角	1200	0.05

1.1.4 数学计算

为方便编程和对刀，本案例以零件右端面中心点为原点建立编程坐标系，如图 1-2 所示。

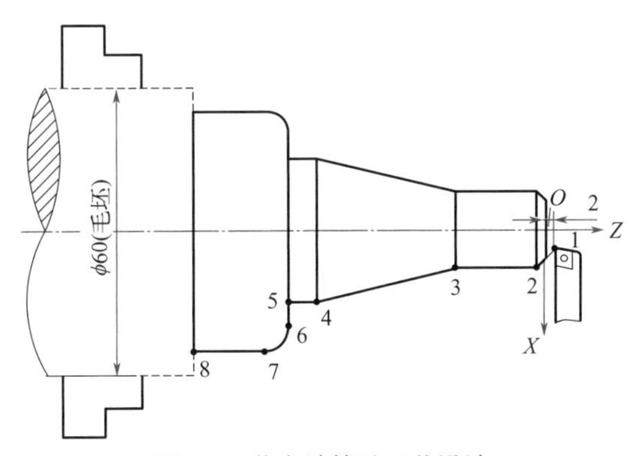

图 1-2 节点计算及工艺设计

在 XOZ 编程坐标系下，计算并确定本案例零件各节点坐标值。其中 1 点为 $C2$ 倒角轮廓外延长线 Z 方向 2mm 处，目的是实现切向进刀的工艺要求。

因为两端轴径有公差要求，所以在编程时应采取中间偏差编程，即右端 $\phi16$ 轴段直径的 X 坐标为 16+（0−0.07）/2=15.965，左端 $\phi50$ 轴段直径的 X 坐标为 50+（0−0.1）/2=49.95。各节点坐标具体计算结果如下：1（X8 Z2），2（X15.965 Z−2），3（X15.965 Z−20），4（X30 Z−50），

5（X30 Z−56），6（X40 Z−56），7（X49.95 Z−61），8（X49.95 Z−80）。注意，本例中各点的 *X* 坐标均为直径值。该零件长度方向公差由切断时保证，故 8 点 *Z* 坐标为过切 4mm。

1.1.5 程序编制

本案例零件的数控加工程序（使用 FANUC 0i 数控系统）如下：

```
O1256;                          程序名
T0202;                          调用 2 号车刀，并应用刀偏方式建立编程坐标系
M03S800;                        工件旋转，转速为 800r/min
G00X60Z5;                       刀具快速定位到起刀点
G71U1R1;                        粗车外圆复合循环，每刀切深 1mm，退刀距离 1mm
G71P10Q20U0.3W0.2F0.1;          X、Z 方向精加工余量分别是 0.3mm 和 0.2mm
N10G00X8;
Z2;                             刀具调整到加工起点 1
G01X15.965Z-2;                  车倒角
Z-20;                           车 2-3 直线
X30Z-50;                        车 3-4 直线
Z-56;                           车 4-5 直线
X40;                            车 5-6 直线
G03X49.95Z-61R5;                车 6-7 圆弧
N20G01Z-80;                     车 7-8 直线
M05;                            工件停转
M03S1200;                       工件旋转，转速提高到 1200r/min
G70P10Q20F0.05;                 精车
G00X100Z100;                    退刀
M05;                            工件停转
M30;                            程序结束
```

1.1.6 案例加工装备实战

配备 FANUC 0i 数控系统的数控车床外形如图 1-3 所示，结构形式为前置刀架卧式布局。如图 1-4 所示为其操作面板，面板的右上半部分为 MDI 键盘，左上部分为显示器。设在显示器下面的一行键称为软键，软键的用途是可以变化的，在不同的界面下随屏幕最下面一行的软件功能提示而有不同的用途。MDI 键盘用于程序编辑、参数输入等功能。标准面板下半区是数控车床的机床操作面板，用以对机床进行手动控制和功能选择。

图 1-3 FANUC 数控车床外形

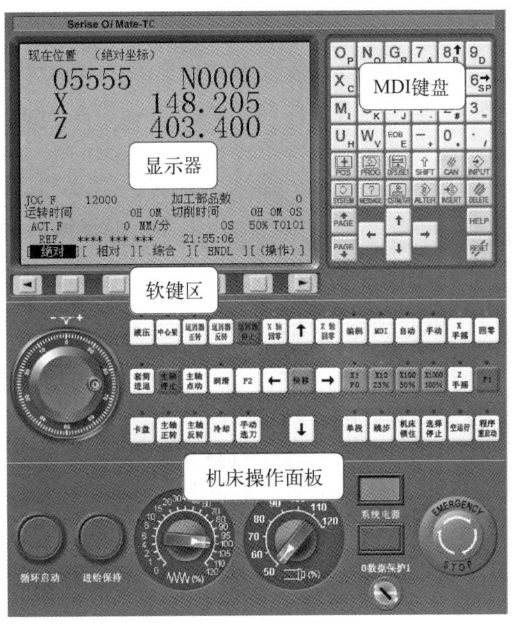

图 1-4　FANUC 数控车床面板

MDI 键盘区的主要功能键及其功能，见表 1-2。

表 1-2　FANUC 0i 数控系统 MDI 键盘区主要功能键功能

按键	功能	按键	功能	按键	功能
POS	显示坐标值	PROG	显示程序	OFS/SET	显示对刀参数设置界面
SHIFT	上挡功能键	CAN	编辑区删除	CSTM/GR	图形仿真
ALTER	程序区替换	INSERT	程序区插入	DELETE	程序区删除

机床操作面板上的各个按键、旋钮的功能均有相应的汉字标注。这里不再赘述。

1.1.7　案例加工操作实战

（1）数控车床的通电开机

数控车床接通机床电源，启动数控系统，操作步骤如下：

① 按下机床操作面板上的系统电源键，显示屏由原先的黑屏变为有文字显示，电源键指示灯亮。

② 旋转抬起急停按钮，使急停键抬起。这时系统完成上电复位，可以进行后面的操作。

（2）手动返回参考点

电源接通后，首先要做的事是将刀具移到参考点。

手动返回参考点（回零）是用机床操作面板上的按钮，将刀具移动到机床的参考点。操作步骤如下：

按下回零键 回零，这时该键左上方的指示灯亮。在方向选择键中按下 ↓，*X* 轴返回参考点，同时 *X* 轴回零指示灯 X轴回零 亮；依上述方法，按下 →，*Z* 轴返回参考点，同时 *Z* 轴回零指示灯 Z轴回零 亮。

（3）手动按键进给

机床回参考点后，就可以使用按键或手轮两种方式，使刀具沿各轴运动。

在手动方式下，按机床操作面板上的方向选择键，机床沿选定轴的选定方向移动。手动连续进给速度可用进给倍率刻度盘调节。操作步骤如下：

按下手动按键 手动，系统处于手动方式。按下方向选择键 ↑←快移→↓，机床沿选定轴的选定方向移动，当按住中间的“快移”按钮再配合其他方向键，可以实现该方向的快速移动。可在机床运行前或运行中使用进给倍率刻度盘，根据实际需要调节进给速度。

（4）手动手轮进给

在手轮方式下，可使用手轮使机床刀架发生移动。操作步骤如下：

通过按 X 手摇键 X手摇 或 Z 手摇键 Z手摇，进入手轮方式并选择控制轴。按手轮进给倍率键 X1 F0 | X10 25% | X100 50% | X1000 100%，选择移动倍率。根据需要移动的方向，旋转手轮旋钮 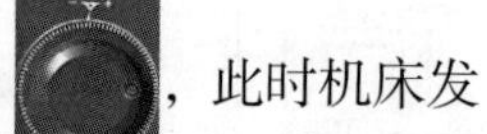，此时机床发生移动。手轮每旋转刻度盘上的一格，机床则根据所选择的移动倍率移动一个挡位。如倍率键选“×10”，则手轮每旋转一格，机床相应移动 10μm，即 0.01mm。

（5）手动主轴操作

此时系统应处于手动方式下，进行主轴的启停手动操作步骤如下：

按下“主轴正转”按键 主轴正转（指示灯亮），主轴以机床参数设定的转速正转；按下“主轴反转”按键 主轴反转（指示灯亮），主轴以机床参数设定的转速反转；按下“主轴停止”按键 主轴停止（指示灯亮），主轴停止运转。也可以使用主轴倍率修调旋钮，调整主轴转速。通电首次操作时，应通过 MDI 方式赋予主轴一个转速值。

（6）创建程序

① 按下机床操作面板上的编辑键 编辑，系统处于编辑运行方式。

② 按下系统面板上的程序键 PROG，显示程序屏幕。

③ 使用字母 / 数字键，输入程序号。例如，输入程序号“O2345”，开头必须用大写字母“O”。

④ 按下系统面板上的插入键 INSERT；这时程序屏幕上显示新建立的程序名，接下来可以输入程序内容，如图 1-5 所示。

⑤ 在输入到一行程序的结尾时，先按 EOB 键 EOB E 生成“；”，然后再按插入键 INSERT。这样程序会自动换行，光标出现在下一行的开头。

（7）编辑程序

① 字的插入。例如，我们要在第一行“G00 X100；”中间插入“Z200”。此时，应当使用光标移动键，将光标移到需要插入位置之前的最后一个程序字上，即“X100”处，如图 1-6 所示。

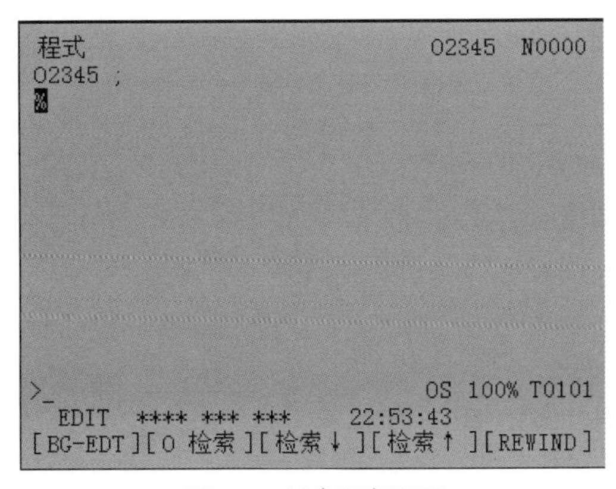

图 1-5 创建程序界面

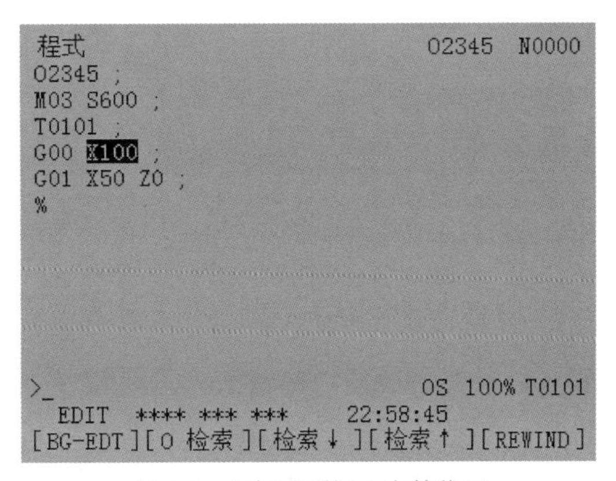

图 1-6 光标移到插入字符位置

键入要插入的字和数据“Z200”，按下插入键 INSERT，“Z200”即被插入，如图 1-7 所示。

② 字的替换。使用光标移动键，将光标移到需要替换的字符上；键入要替换的字和数据；按下替换键 ALTER；光标所在的字符被替换，同时光标移到下一个字符上。

③ 字的删除。使用光标移动键，将光标移到需要删除的字符上；按下删除键 DELETE；光标所在的字符被删除，同时光标移到被删除字符的下一个字符上。

④ 输入过程中的删除。在输入过程中，即字母或数字还在输入缓存区、没有按插入键 INSERT 的时候，可以使用取消键 CAN 来进行删除。每按一下，则删除光标前面的一个字母或数字。

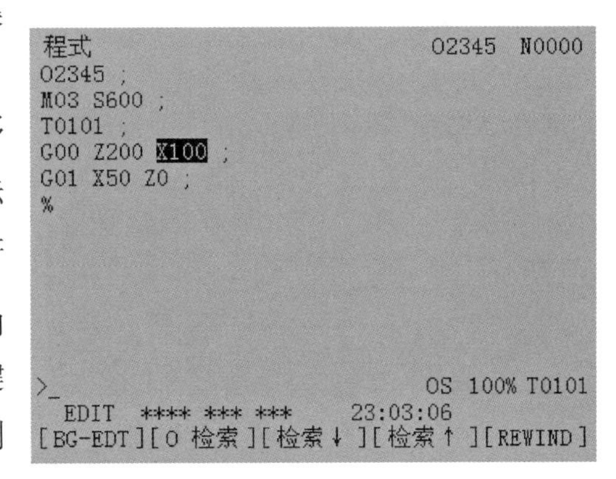

图 1-7 插入字符“Z200”

（8）对刀操作

对刀操作是在机床上确定刀补值或工件坐标系原点的过程。对刀是把程序、工件与刀具联系在一起的重要操作步骤，一个零件加工精度的高低，往往体现在操作者的对刀精度上。FANUC 数控车床对刀方法有多种。这里只介绍现在比较常用的直接采用刀偏设置，通过 Txxxx 指令构建工件坐标系的对刀方法，即直接将工件零点在机床坐标系中的坐标值设置到刀偏地址寄存器中，相当于假想加长或缩短刀具来实现坐标系的偏置。具体操作步骤如下：

① 用所选刀具试切工件外圆，点击主轴停止按钮，使主轴停止转动，使用游标卡尺或千分尺测量工件被切部分的直径，测量值记为 ϕ，如图 1-8 所示。

图 1-8　试切外圆并测量直径

② 保持刀具 X 轴方向不动，刀具退出。点击 MDI 键盘上的，进入形状补偿（对刀参数）参数设定界面，如图 1-9 所示。依次按下屏幕下方对应功能软键“补正”—“形状”后，将光标移到与刀位号相对应的位置，输入“Xϕ”，按下屏幕下方对应功能软键“测量”，系统将对应的刀具 X 向偏移量自动计算并输入寄存器中。

③ 试切工件端面，如图 1-10 所示。把端面在工件坐标系中 Z 的坐标值，记为 α（此处以工件端面中心点为工件坐标系原点，则 α=0）。

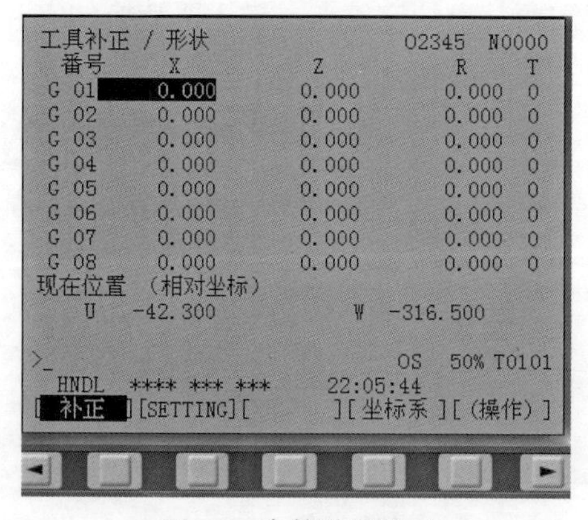

图 1-9　参数设置界面

图 1-10　试切端面

④ 保持 Z 轴方向不动，刀具退出。进入形状补偿参数设定界面，将光标移到相应的位置，输入“Zα”（一般为“Z0”），按“测量”软键，系统将对应的刀具 Z 向偏移量自动计算并输入寄存器中，如图 1-11 所示。

⑤ 多把刀具对刀。第一把刀具作为基准刀具对刀完毕后，其余刀具的对刀方法与基准刀具的对刀方法基本相同。只是其他刀具不能再试切端面，而是以已有端面为基准，刀尖与端面对齐后，直接输入“Z0”，再点击“测量”软键，这样就可以保证所有刀具所确定的工件

坐标系重合一致。

(9) MDI 运行

MDI 运行是指用键盘输入一组加工命令后，机床根据这个命令执行操作。操作方法是：按下 ，系统进入 MDI 状态；按下 ，输入一段程序；按下循环启动键 ，机床则执行刚才输入的那一段程序。MDI 一般用于临时调整机床状态或验证坐标等，其程序号为 O0000，输入的程序只能执行一次，且执行后自动删除。

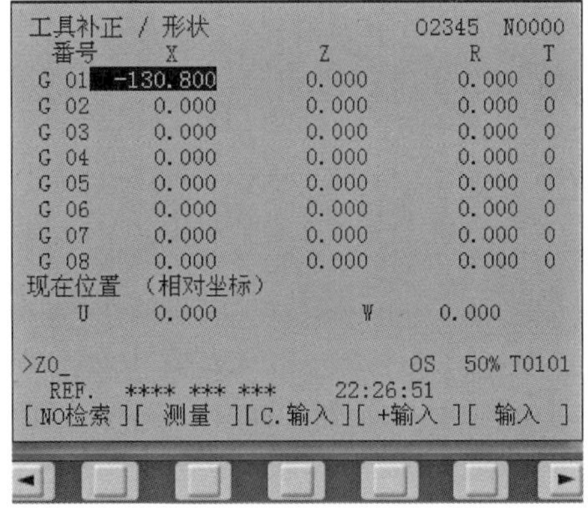

图 1-11 设定试切的端面 Z 方向坐标值为 0

(10) 自动运行

自动运行是指将编制好的零件加工程序存储在数控系统的存储器中，调出要执行的程序来使机床运行。主要步骤如下：

① 按编辑键 ，进入编辑运行方式。

② 按数控系统面板上的 PROG 键 。

③ 按数控屏幕下方的软键【DIR】键，屏幕上显示已经存储在存储器里的加工程序列表。

④ 按地址键【O】。

⑤ 按数字键输入程序号，一般为四位阿拉伯数字（不能是 0000）。

⑥ 按数控屏幕下方的软键【O 检索】。这时被选择的程序就被打开显示在屏幕上。

⑦ 按自动键 ，进入自动运行方式。按机床操作面板上的循环启动键 ，开始自动运行。运行中按下进给保持键 ，机床将减速停止运行。再次按下循环启动键，机床恢复运行。如果按下数控系统面板上的 ，自动运行结束并进入复位状态。

该定位锥零件的数控自动加工过程为先外圆循环粗车，最后一刀精车，如图 1-12 所示。

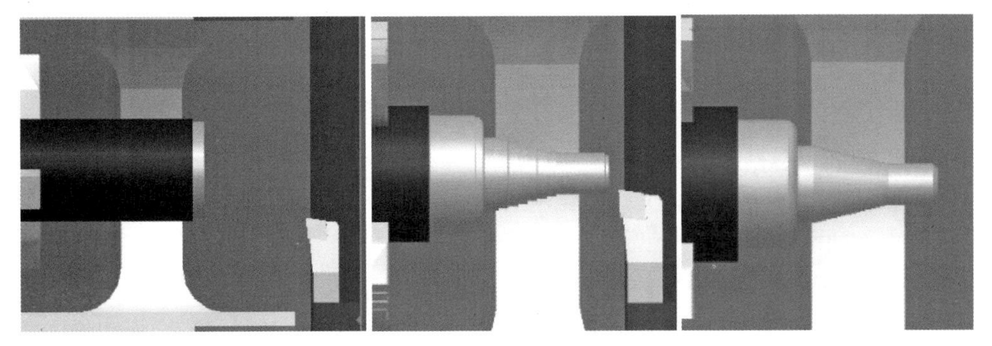

图 1-12 定位锥零件的加工过程

一般来说，在数控机床上一个零件的完整加工操作过程，如图 1-13 所示。因加工操作部分大同小异，后续案例如无特殊之处，将主要集中在工艺设计阶段进行介绍。

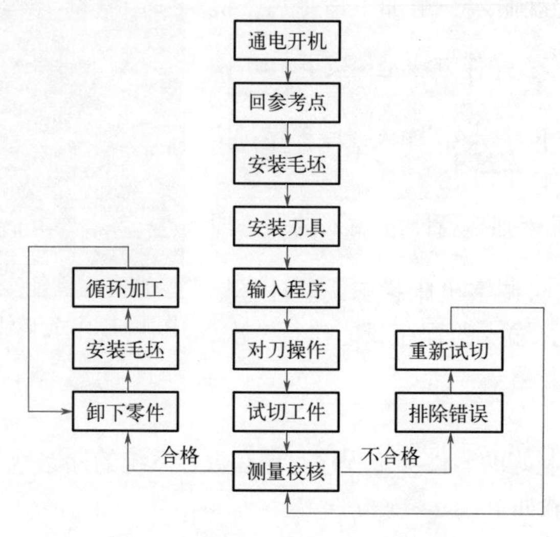

图 1-13　数控加工的一般操作流程

1.2　阀柄零件的数控车削加工案例

1.2.1　案例题目

现使用配备 FAUNC 数控系统的车床，采用 Q235 钢棒料型材为毛坯，对如图 1-14 所示的非单调轴类阀柄零件进行编程加工。

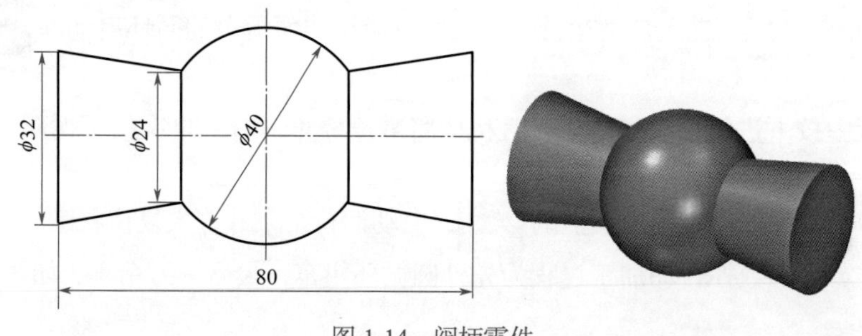

图 1-14　阀柄零件

1.2.2　案例分析

该阀柄零件的主要结构特点是由两个同锥度、不同方向的锥面和一个球面组成，这三个表面如果在普通车床上加工，则需要偏转小刀架和使用成形车刀，而在数控车床上使用直线和圆弧插补指令即可轻松完成。

但是事实并非如此，先来看下面的例子。如图 1-15 所示，当车刀切至零件左侧半球体的时候，由于 C 型刀片的外圆车刀其副偏角仅有 5°，会将需要保留的材料过多地切除，这个现象称为干涉。而如果采用的是图 1-15 中 V 型刀片的外圆车刀，其副偏角达到了 52°，就可以有效地避免干涉的发生。

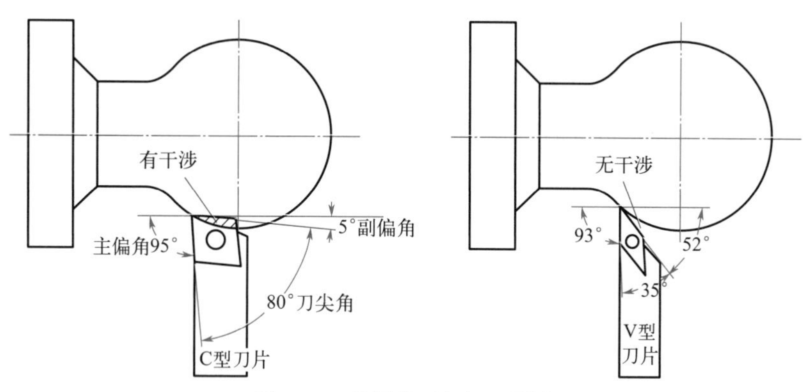

图 1-15　外圆车刀与加工干涉

那么，在具体应用时，应当如何正确选择外圆车刀呢？答案是根据被加工零件的直径变化规律来选取。如果零件的直径变化非单调，为避免发生干涉，就应当选择 V 型刀片的外圆车刀，如图 1-16（a）所示；如果零件的直径变化是单调的，此时则无发生干涉的可能，两种外圆车刀都可以使用。不过由于 C 型刀片的外圆车刀刚性更大，加工时振动小、磨损慢，因此更推荐使用 C 型刀片的外圆车刀，如图 1-16（b）所示。

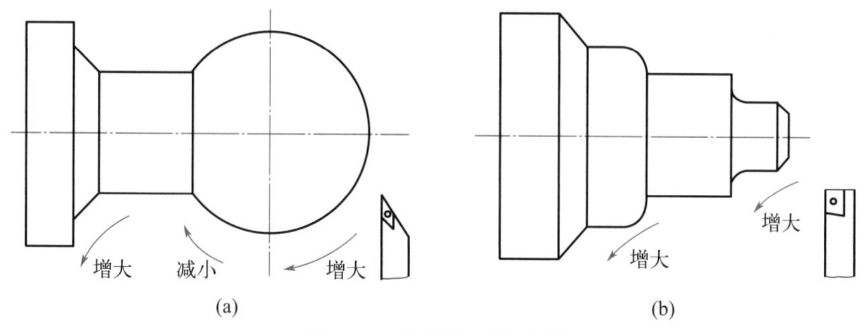

图 1-16　外圆车刀的选择

综上所述，该阀柄零件从右至左各处直径非单调变化，在右侧圆锥段和球段左侧半球均存在干涉危险区。为避免加工时产生刀具与工件的干涉现象，应当选用刀尖角为 35°的外圆车刀来完成粗、精加工，如图 1-17 所示。

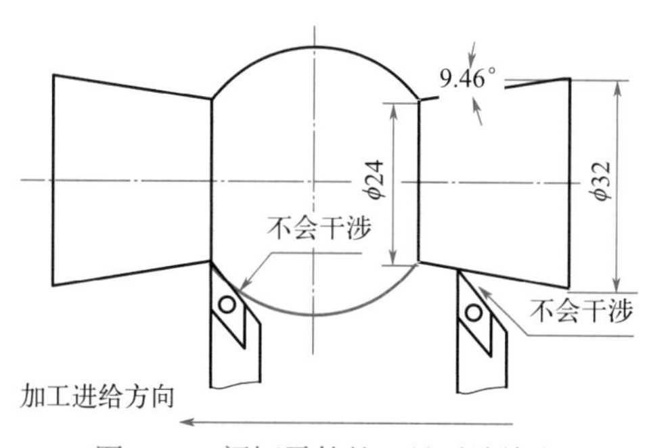

图 1-17　阀柄零件的刀具干涉检查

除此以外，在选用数控车刀的时候，还应具备以下常识：

① 要根据加工表面的类型选取数控车削刀具。数控车削刀具按刀具材料分类，可分为高速钢刀具、硬质合金刀具、金刚石刀具、立方氮化硼刀具、陶瓷刀具和涂层刀具等。按刀具结构分类，可分为整体式、镶嵌式、机夹式（又可细分为可转位和不可转位两种）。常用数控车削刀具及对应加工方法，如图 1-18 所示。

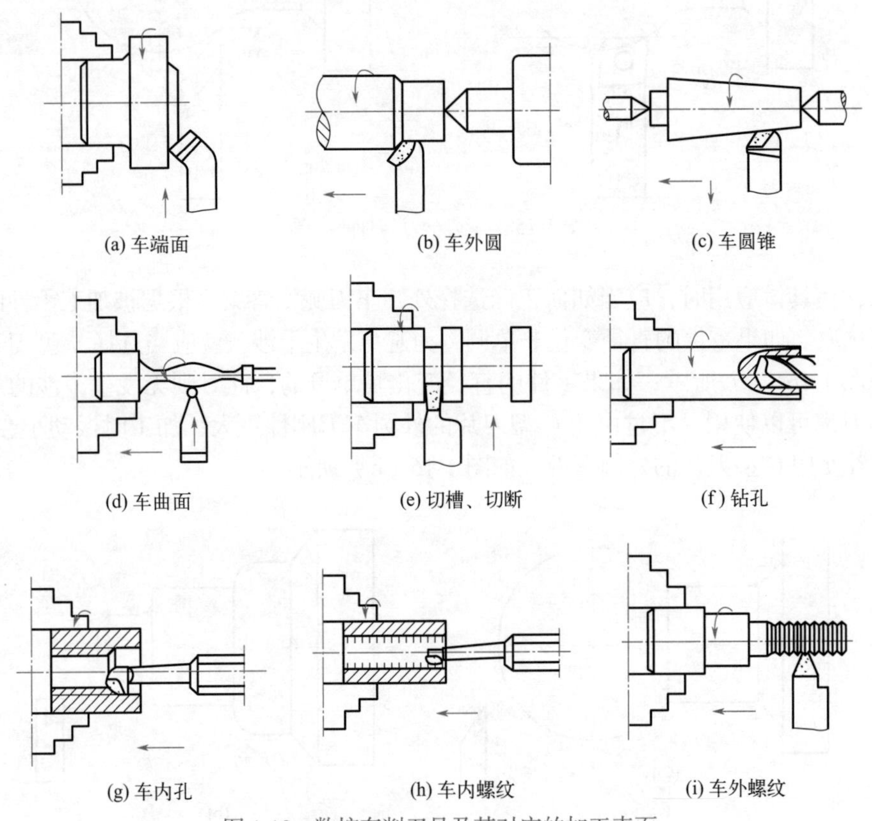

图 1-18 数控车削刀具及其对应的加工表面

② 要选择合适的车刀刀片。可转位刀具是将预先加工好的多边形刀片，用机械夹固的方法夹紧在刀体上的一种刀具。当使用过程中一个切削刃磨钝后，只要将刀片的夹紧装置松开，转位或更换刀片，使新的切削刃进入工作位置，再经夹紧就可以继续使用。刀片一般不需重磨，有利于涂层刀片的推广使用。可转位刀具由切削部分（刀片）和夹持部分（刀体）组成，在刀体上安装的刀片，至少有两个预先加工好的切削刃供使用；刀片转位后，仍可保证切削刃与工件的相对位置，并具有相同的几何参数，卷屑、断屑稳定可靠，能减少停机调刀时间，提高生产效率。可转位刀具一般由刀片、刀垫、夹紧元件和刀体组成，如图 1-19（a）所示。

根据国家标准有关规定，切削用可转位刀片的型号代码由给定意义的字母和数字代号，按一定顺序排列的十个号位组成。其排列顺序如图 1-19（b）所示。

其中每一位字符代表刀片的某种参数，具体意义如下：

1——刀片的几何形状及夹角；2——刀片主切削刃后角（法后角）；3——刀片内接圆直径 d、刀片厚度 s 与刀尖位置尺寸 m 的精度级别；4——刀片型式、紧固方法或断屑槽；5——刀片边长、切削刃长；6——刀片厚度；7——刀尖圆角半径 r_{ε} 或主偏角 k_{r} 或修光刃后角 α_{n}；

8——切削刃状态，刀尖切削刃或倒棱切削刃；9——进刀方向或倒刃角度；10——厂商的补充代号或倒刃角度。

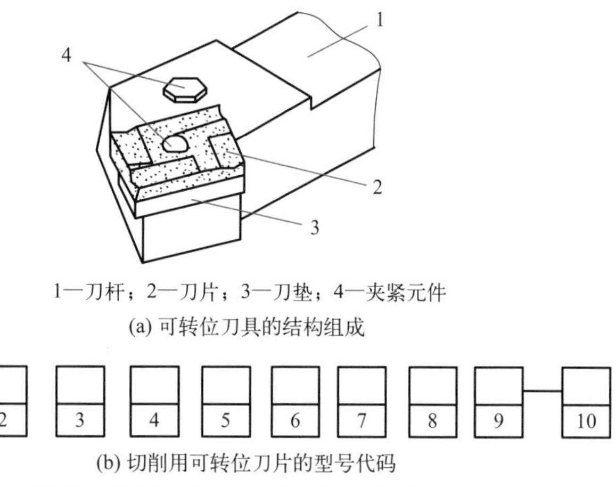

1—刀杆；2—刀片；3—刀垫；4—夹紧元件

(a) 可转位刀具的结构组成

(b) 切削用可转位刀片的型号代码

图 1-19　可转位刀具的结构组成及切削用可转位刀片的型号代码

③ 数控车刀的选择要点。

a. 车端面时，常用 45°主偏角的外圆车刀，要求不高时也可以使用 90°主偏角的外圆车刀的副刀刃切削。

b. 车阶梯轴外圆时，粗加工常用 75°主偏角的外圆车刀；精加工时采用 90°～ 95°主偏角的外圆车刀。

c. 切槽或切断工件时，应采用刀刃宽度等于或小于槽宽的切槽（切断）刀。

d. 车外螺纹时，采用螺纹车刀，并应使刀具的角度与螺纹牙型角相适应。

e. 车内孔、内螺纹时，应选用各类型的镗孔刀，刀杆的伸出量（长径比）应在刀杆直径的 4 倍以内。

1.2.3　工艺设计

根据零件图上最大直径在中间的 ϕ40 圆球，因此选用材料为 Q235 碳素结构钢的 ϕ45 棒料加工。零件加工工艺过程为：

① 安装毛坯，启动主轴，调整刀具至起刀点。

② 使用固定循环指令粗车零件外轮廓。

③ 精车零件外轮廓。

④ 快速退刀，工件停转，加工结束。

本案例零件的加工工序卡，见表 1-3。

表 1-3　加工工序卡

零件名称	阀柄	工序号	01	工序名称	数控车削
加工设备	FANUC 数控车床	夹具名称		三爪自定心卡盘	
零件材料	Q235 钢	毛坯规格		ϕ45 棒料	

续表

工步号	工步内容	刀具编号	刀具类型参数	主轴转速 /（r/min）	进给量 /（mm/r）
1	粗车零件外表面	T1	V 型刀片机夹外圆车刀 35°刀尖角	600	0.1
2	精车零件外表面	T1	V 型刀片机夹外圆车刀 35°刀尖角	1000	0.05

1.2.4 数学计算

为方便编程和对刀，以工件右端面中心点为原点建立编程坐标系，如图 1-20 所示。

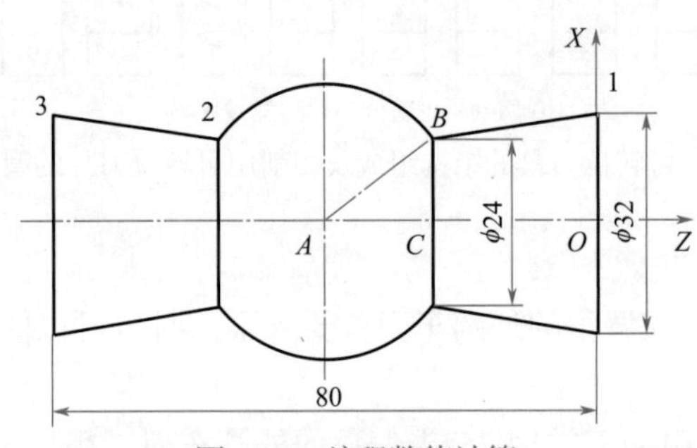

图 1-20　编程数值计算

图 1-20 中只给定了零件的总长度 80，其余各段长度是由直径变化相应形成的。因此，应当先计算直线 *AC* 的长度：作辅助线 *AB*，在直角三角形 *ABC* 中，已知 *AB*=20（球半径），*BC*=12，根据勾股定理可得 *AC*=16，并进一步得到 *OC*=24。

在上述计算结果的基础上，得到在 *XOZ* 编程坐标系下，零件各节点坐标值为：1（X32 Z0），*B*（X24 Z−24），2（X24 Z−56），3（X32 Z−80）。其中各点的 *X* 坐标均为直径值。

1.2.5 程序编制

本案例零件的数控加工程序（使用 FANUC 0i 数控系统）如下：

```
O8898;                          程序名
T0101;                          调用 1 号车刀，并应用刀偏方式建立编程坐标系
M03S600;                        工件旋转，转速为 600r/min
G00X80Z2;                       刀具快速定位到起刀点
G73U9.5R9;                      外圆粗车复合循环，总余量 9.5mm，刀次 9
G73P10Q20U0.3W0.2F0.1;          X、Z 方向精加工余量分别是 0.3mm 和 0.2mm
N10G00X32;
G01Z0;                          刀具调整到加工起点 1
X24Z-24;                        车 1-B 直线
G03X24Z-56R20;                  车 B-2 圆弧
N20G01X32Z-80;                  车 2-3 直线
M05;                            工件停转
M03S1000;                       工件旋转，转速提高到 1000r/min
```

```
G70P10Q20F0.05;                精车
G00X100Z100;                   退刀
M05;                           工件停转
M30;                           程序结束
```

1.3 顶锥零件的数控车削加工案例

1.3.1 案例题目

现使用配备 FANUC 数控系统的车床，采用 45 钢棒料型材为毛坯，对如图 1-21 所示的球头轴类顶锥零件进行编程加工。

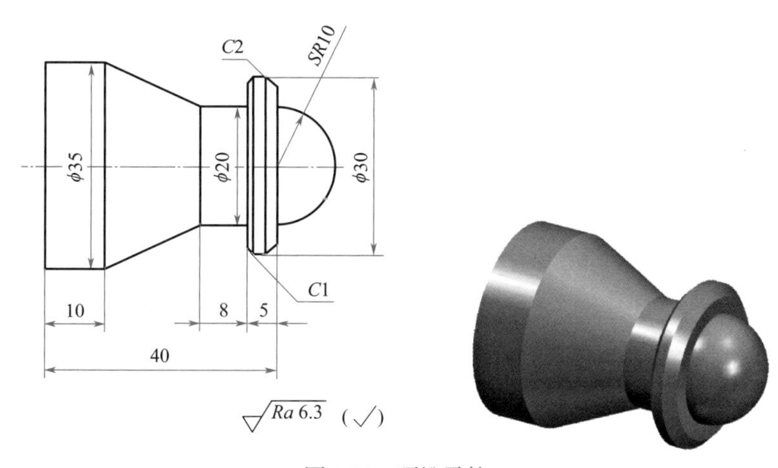

图 1-21 顶锥零件

1.3.2 案例分析

本案例零件的特点是具有一个半球形的右端面，左段为圆柱体，适合装夹。由于 $\phi30$ 轴肩的存在，使得该零件的直径变化规律为非单调，根据上一案例的介绍，应当采用刀尖角较小的 V 型刀片外圆车刀来加工外圆。

在使用棒料毛坯加工外圆时，粗加工固定循环指令在本书 1.1.1 案例中使用的是 G71，而在 1.1.2 案例中使用的是 G73，它们有什么区别呢？

① G71 称为外圆粗车复合循环指令，它特别适合使用棒料毛坯加工直径单调变化的零件。如图 1-22 所示的零件，其直径由右至左单调增加，可以选用 C 型刀片的 90°外圆车刀配合使用 G71 指令进行粗加工。

根据图 1-22 中零件最大直径尺寸 $\phi36$，选取直径 $\phi40$ 的棒料为毛坯材料，如图 1-23 所示。

如图 1-24 所示，设定外圆粗车复合循环每刀切深 2mm，退刀时使刀尖与工件之间径向脱离接触 1mm。粗车时，每刀进给长度由程序中 N10 ～ N20 之间的程序段（即描述工件最终轮廓程序段）进行限定。

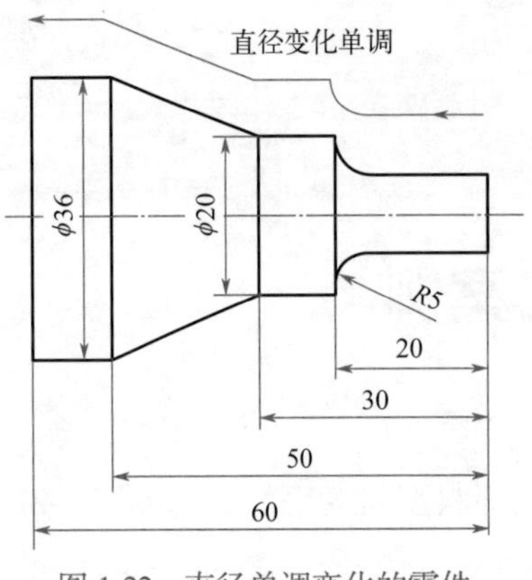

图 1-22　直径单调变化的零件

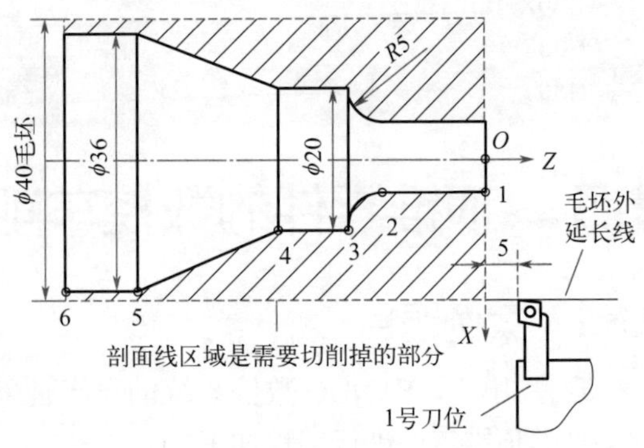

图 1-23　数控加工工艺设计

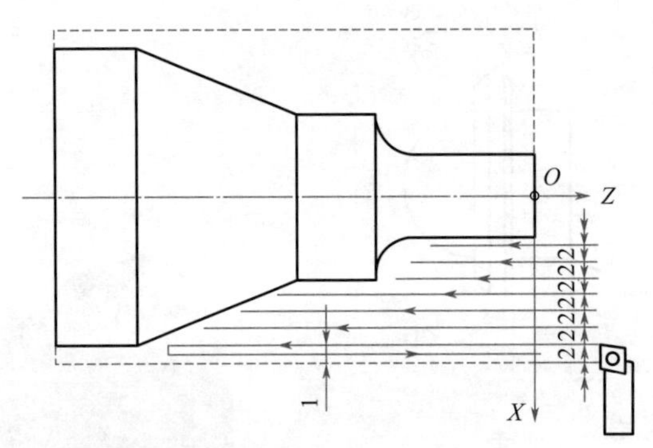

图 1-24　外圆粗车复合循环加工示意

```
……
G00X40Z5;              刀具快速定位到粗车循环起点，毛坯外圆延长线上，如图 1-23 所示
G71U2R1;               外圆粗车复合循环，每刀切深 2mm，退刀时脱离接触 1mm
G71P10Q20U0.5F0.3;     指定最终轮廓起止段号；精加工余量 0.5mm，粗加工进给量 0.3mm
N10G00X10;             描述工件最终轮廓开始段，此处只能设计有 X 方向的直线移动
……
N20Z-60;               描述工件最终轮廓结束段，切直线 5 → 6，如图 1-23 所示
G70P10Q20F0.1;         外圆精车，精加工进给量 0.1mm
……
```

② G73 称为仿形粗车复合循环指令，它特别适合使用棒料毛坯加工直径非单调变化的零件。如图 1-25 所示的零件，其直径由右至左非单调变化，可以选用 V 型刀片的 90°外圆车刀配合使用 G73 指令进行粗加工。

根据图 1-25 中工件最大直径尺寸 $\phi35$，选取直径 $\phi40$ 的棒料为毛坯材料，即如图 1-26 所示的虚线范围。此时，为了防止粗车循环回刀时刀具或切屑拉伤工件，循环起点的径向坐标值应大于毛坯直径，此处选取的是（X80Z5）。

如图 1-27 所示，设定仿形粗车复合循环每刀切深 2mm。其他参数计算如下：

最大切深（出现在零件最小直径处）=（毛坯直径 - 最小直径）÷2=（40−0）÷2=20（mm）

U（粗加工最大单边余量）= 最大切深 - 每刀切深 =20−2=18（mm）

注：减去一个每刀切深的目的，是防止第一刀是完全的空走刀。

R（粗加工循环刀数）= 最大切深 ÷ 每刀切深 =18÷2=9（刀）

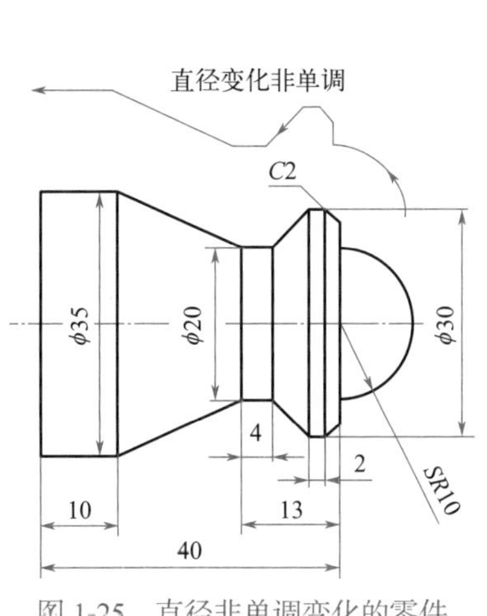

图 1-25　直径非单调变化的零件

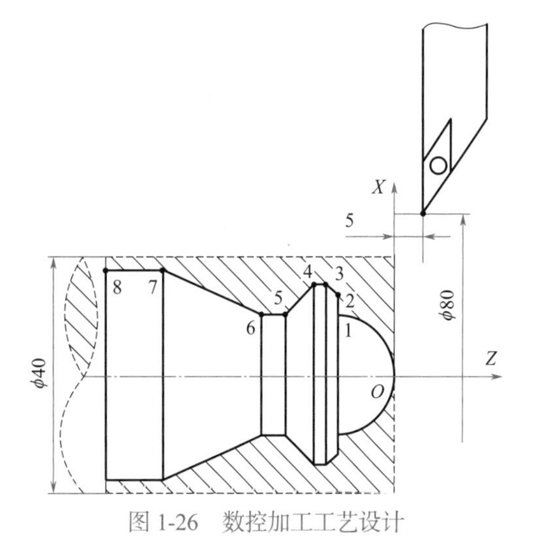

图 1-26　数控加工工艺设计

粗车时，每刀进给路线形状尺寸均与工件最终轮廓形状一致，由程序中 N10 ～ N20 之间的程序段（即描述工件最终轮廓程序段）定义。

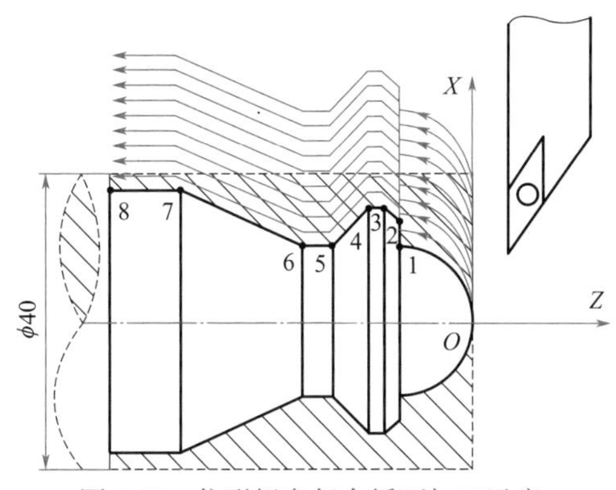

图 1-27　仿形粗车复合循环加工示意

```
……
G00X80Z5;               刀具快速定位到粗车循环起点。注意，不再是毛坯外圆延长线上
G73U18R9;               仿形粗车总切除余量 18mm，分 9 刀车完
G73P10Q20U0.8F0.3;      指定最终轮廓起止段号；精加工余量 0.8mm，粗加工进给量 0.3mm
N10G00X0;               描述工件最终轮廓开始段，快速进刀至中心线。此处 X、Z 坐标都可以有
G01Z0;                  用 G01 指令慢速接触工件右端
……
N20Z-50;                描述工件最终轮廓结束段，加工 7-8 直线
G70P10Q20F0.1;          外圆精车，精加工进给量 0.1mm
……
```

综上所述，本案例应当使用 G73 指令来完成外圆粗车加工。

1.3.3 工艺设计

该球头轴零件尺寸精度要求一般，外表面结构也不复杂，数据计算较为简单。难点在于加工 $\phi30$ 轴肩左端面，该处与 $\phi30$ 圆柱面成直角关系，外圆车刀车削不到。因此，在使用外圆车刀加工外轮廓时，需要设计一条工艺斜线 4-5，然后再使用切槽刀把剩余的三角形余量切除即可，如图 1-28 所示。

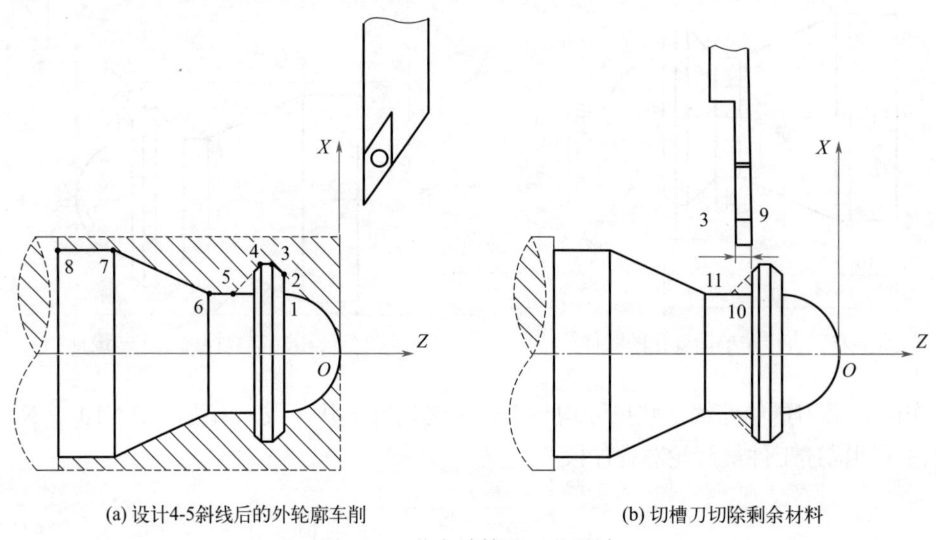

图 1-28　节点计算及工艺设计

本案例零件的加工操作工艺步骤有：

① 安装毛坯，启动主轴，调整刀具至起刀点。

② 使用外圆车刀循环粗车零件外轮廓。

③ 使用外圆车刀精车零件外轮廓。

④ 使用切槽刀切除轴肩左侧剩余材料。

⑤ 快速退刀，工件停转，加工结束。

该零件的加工工序卡，见表 1-4。

表 1-4　加工工序卡

<table>
<tr><td>零件名称</td><td colspan="2">顶锥</td><td>工序号</td><td>01</td><td>工序名称</td><td>数控车削</td></tr>
<tr><td>加工设备</td><td colspan="2">FANUC 数控车床</td><td>夹具名称</td><td colspan="3">自定心卡盘</td></tr>
<tr><td>零件材料</td><td colspan="2">45 钢</td><td>毛坯规格</td><td colspan="3">$\phi40$ 棒料</td></tr>
<tr><td>工步号</td><td colspan="2">工步内容</td><td>刀具编号</td><td>刀具类型参数</td><td>主轴转速 /（r/min）</td><td>进给量 /（mm/r）</td></tr>
<tr><td>1</td><td colspan="2">粗车零件外表面</td><td>T1</td><td>V 型刀片机夹外圆车刀
35°刀尖角</td><td>500</td><td>0.15</td></tr>
</table>

续表

工步号	工步内容	刀具编号	刀具类型参数	主轴转速 /（r/min）	进给量 /（mm/r）
2	精车零件外表面	T1	V 型刀片机夹外圆车刀 35°刀尖角	800	0.06
3	车削 ϕ30 轴肩左端面	T2	机夹切槽刀 刃宽 3mm	600	0.02

1.3.4 数学计算

为方便编程和对刀，以工件右端面中心点为原点建立编程坐标系，如图 1-28 所示。

在 *XOZ* 编程坐标系下，计算并确定该零件各节点坐标值为：*O*（X0 Z0），1（X20 Z-10），2（X26 Z-10），3（X30 Z-12），4（X30 Z-14），5（X20 Z-19），6（X20 Z-23），7（X35 Z-40），8（X35 Z-50），9（X38 Z-15），10（X20 Z-15），11（X20 Z-20）。注意，本例中各点的 *X* 坐标均为直径值。

1.3.5 程序编制

本案例零件的数控加工程序（使用 FANUC 0i 数控系统）如下：

```
O7788;                        程序名
T0101;                        调用 1 号车刀，并应用刀偏方式建立编程坐标系
M03S500;                      工件旋转，转速为 500r/min
G00X80Z5;                     刀具快速定位到起刀点
G73U18R9;                     仿真粗车外圆复合循环，总余量 18mm，刀次 9
G73P10Q20U0.3W0.2F0.15;       X、Z 方向精加工余量分别是 0.3mm 和 0.2mm
N10G00X0;
G01Z0;                        刀具调整到加工起点 1
G03X20Z-10R10;                车 0-1 圆弧
G01X26;                       车 1-2 直线
X30Z-12;                      车 2-3 直线
Z-14;                         车 3-4 直线
X20Z-19;                      车 4-5 直线
Z-23;                         车 5-6 直线
X35Z-40;                      车 6-7 直线
N20Z-50;                      车 7-8 直线
M05;                          工件停转
M03S800;                      工件旋转，转速提高到 800r/min
G70P10Q20F0.06;               精车
G00X100Z100;                  退刀
T0202;                        换用 2 号切槽刀
M05;                          工件停转
M03S600;                      工件旋转，转速 600r/min
G00X38Z-18;                   切槽刀快速定位到 Φ30 轴肩左端面
G01X20F0.02;                  车 Φ30 轴肩左端面
```

```
Z-20;                          纵向进给，完成 Φ20 圆柱面光整加工
G00X100;                       退回至换刀点
Z100;
M05;
M30;                           程序结束
```

1.4 封帽零件的数控车削加工案例

1.4.1 案例题目

现使用配备 FANUC 数控系统的车床，采用 45 钢棒料型材为毛坯，对如图 1-29 所示的环槽类封帽零件进行数控加工。

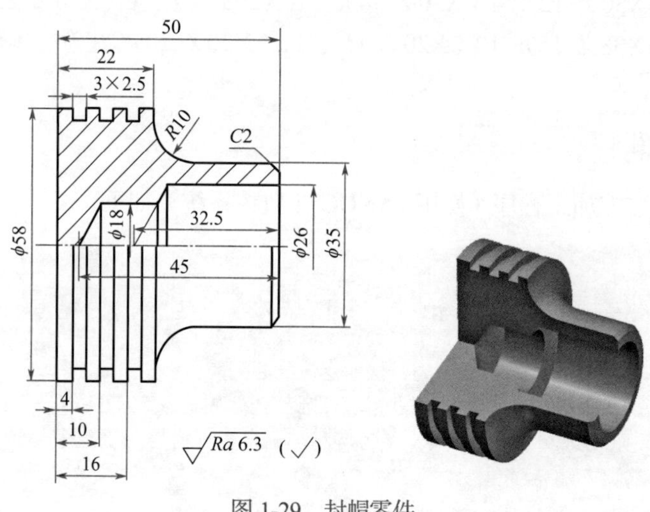

图 1-29 封帽零件

1.4.2 案例分析

该零件精度要求不高，结构特点是在一定外部轮廓形状的基础上，具有两个盲孔串联而成的内部结构和左侧外表面用于安装密封材料的 3 道环槽。外轮廓直径单调变化，可以使用 C 型刀片的外圆车刀配合 G71 指令车出；内孔可以选用相应直径的麻花钻安装在车床尾座上，用如图 1-18（f）所示的加工方法直接钻出；环槽部分则应选用相应宽度的切槽刀分别车出。

由此可见，有些零件的加工是需要很多把刀具配合使用才能加工出来。刀具多了，就给刀具的管理带来难题，目前已经出现了数控车削刀具系统，可以有效地实现刀具的管理与使用。

数控车床工具系统是数控车床刀架与刀具之间连接部分的总称，它的作用是使刀具能快速更换和定位以及传递回转刀具所需的回转运动。它通常是固定在回转刀架上，随之做进给运动或分度转位，并从刀架或转塔刀架上获得自动回转所需的动力。

数控车床工具系统主要由两部分组成：一部分是刀具；另一部分是刀夹。更为完善的工具系统还包括自动换刀装置、刀库、刀具识别装置和刀具自动检测装置。

数控车削加工用工具系统的构成与结构，与机床刀架的形式、刀具类型及刀具是否需要

动力驱动等因素有关。数控车削类工具系统，具有换刀速度快、刀具的重复定位精度高、连接刚度高等特点，能提高机床的加工能力和加工效率。

（1）通用型数控车削工具系统

通用型数控车削工具系统在我国应用较多的是 CZG 车削类整体式工具系统，如图 1-30 所示，图 1-30（a）为非动力刀夹组合形式，图 1-30（b）为动力刀夹组合形式。“CZG”是汉语拼音“车整工”的缩写，该工具系统是以德国 DIN69880 标准为主要内容。把圆柱柄的前端设计成夹持各种车刀和轴向刀具的工作部分，就形成了较为通用的工具系统。工具系统中夹持矩形截面车刀的称为刀夹。

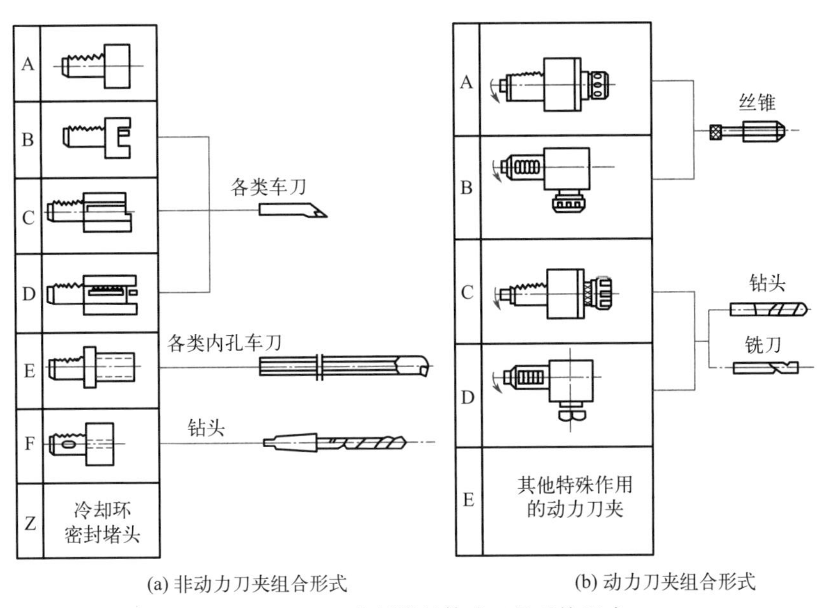

图 1-30　CZG 车削类整体式工具系统组成

CZG 车削工具系统的常用刀夹有轴向刀夹、径向刀夹 TB1、双向刀夹 AR1、弹簧夹头刀夹、U 型浅孔钻刀夹和镗刀刀夹等。

（2）更换刀具头部的数控车削工具系统

由于更换刀具头部的车削工具系统在换刀时只更换刀具头部，所以换刀时需要的空间较小，使得刀库、机械手结构紧凑，这样就允许刀库储存更多的刀具，更适合多品种、较复杂零件的加工。该工具系统的缺点是由于增加了更换头部环节，刀具的连接刚度削弱，对刀片等其他部分的制造精度要求会更高；另外，更换刀具头部的车削工具系统往往采取定制方式，对其标准化及普及推广带来一定的难度。

如图 1-31 所示为 Sandvik 公司研制的 BTS 更换刀具头部车削工具系统的结构。图 1-31（a）中，当拉杆 4 向后移动，前方的涨环 3 端部由拉杆头部锥面推动，涨环 3 涨开，它的外缘周边嵌入刀头模块的内沟槽。如果拉杆继续向后移动，拉杆通过涨环 3 拉住刀头模块向后移动，将刀头模块锁定在刀柄 2 上，如图 1-31（b）所示。当拉杆 4 向前推进，前方的涨环 3 与拉杆头部锥面接触点的直径减小，涨环 3 直径减小，外缘周边和刀头模块内沟槽分离，拉杆 4 将刀头模块推出，如图 1-31（c）所示。拉杆可以通过液压装置自动驱动，也可以通过螺纹或凸轮手动驱动。该系统换刀迅速，能获得很高的重复定位精度和很好的连接刚度。

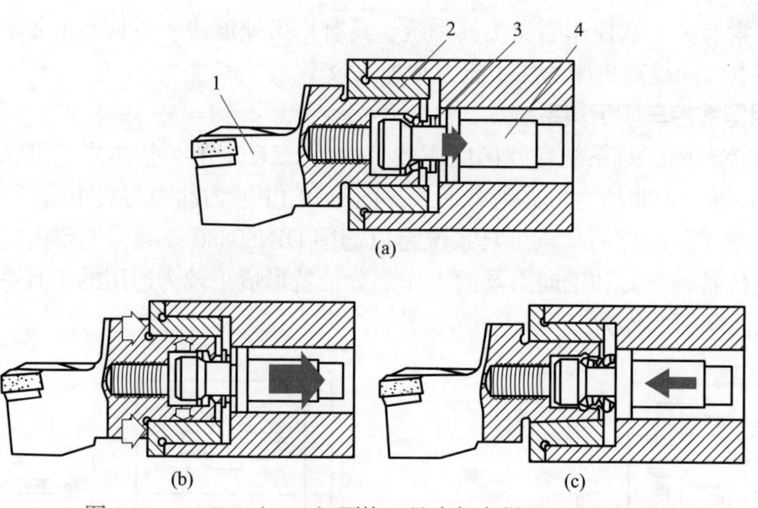

图 1-31 Sandvik（BTS）更换刀具头部车削工具系统结构

1—刀头模块；2—刀柄；3—涨环；4—拉杆

目前市面上常见的更换刀具头部车削工具系统主要有 BTS 工具系统、FTS 工具系统和 CAPTO 工具系统等。

1.4.3 工艺设计

如图 1-32 所示，加工操作步骤设计如下：

① 安装毛坯，启动主轴，调用 ϕ18mm 钻头至起刀点。

② 钻削 ϕ18 盲孔至深度 45mm。该工序在一般机床中为手动加工。

③ 退刀并换用 ϕ26 钻头。

④ 钻削 ϕ26 盲孔至有效深度 32.5mm。

⑤ 退刀并换用外圆车刀。

⑥ 使用外圆车刀循环粗车零件外轮廓。

⑦ 使用外圆车刀精车零件外轮廓。

⑧ 使用切槽车刀车零件左侧外表面 3 道环槽。

⑨ 快速退刀，工件停转，加工结束。

本案例零件的加工工序卡，见表 1-5。

表 1-5 加工工序卡

零件名称	封帽	工序号	01	工序名称	数控车削
加工设备	FANUC 数控车床	夹具名称	自定心卡盘		
零件材料	45 钢	毛坯规格	ϕ60 棒料		

工步号	工步内容	刀具编号	刀具类型参数	主轴转速 /（r/min）	进给量 /（mm/r）
1	钻 ϕ18 盲孔	T5	ϕ18 麻花钻头	500	0.1
2	钻 ϕ26 盲孔	T6	ϕ26 麻花钻头	300	0.1

续表

工步号	工步内容	刀具编号	刀具类型参数	主轴转速 /（r/min）	进给量 /（mm/r）
3	粗车零件外表面	T1	C 型刀片机夹外圆车刀 80°刀尖角	600	0.15
4	精车零件外表面	T1	C 型刀片机夹外圆车刀 80°刀尖角	800	0.08
5	车环槽	T2	3mm 宽机夹切槽车刀	600	0.02

1.4.4 数学计算

为方便编程和对刀，以工件右端面中心点为原点建立编程坐标系，如图 1-32 所示。

在 *XOZ* 编程坐标系下，计算并确定该零件各节点坐标值为：1（X0 Z-45），2（X0 Z-32.5），3（X31.5 Z0），4（X35 Z-2），5（X35 Z-18），6（X55 Z-28），7（X58 Z-28），8（X28 Z-50），9（X53 Z-34），10（X53 Z-40），11（X53 Z-46）。注意，本例中各点的 *X* 坐标均为直径值。

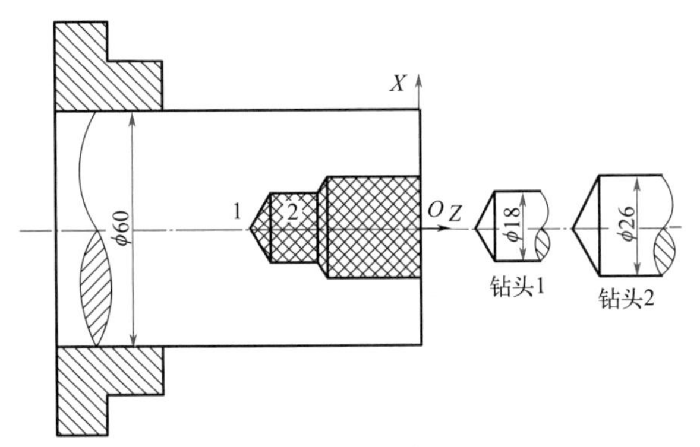

(a) 车削零件内部结构

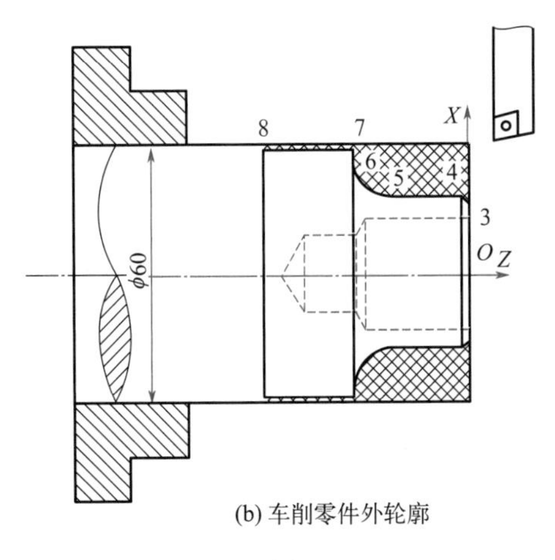

(b) 车削零件外轮廓

图 1-32

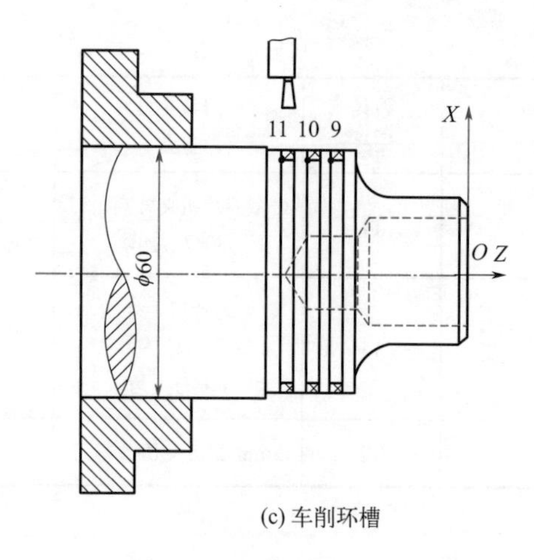

(c) 车削环槽

图 1-32　节点计算及工艺设计

1.4.5　程序编制

在内孔加工完毕的前提下，本案例其他部分的数控加工程序（使用 FANUC 0i 数控系统）如下：

```
O2235;                        程序名
T0101;                        调用 1 号车刀，并应用刀偏方式建立编程坐标系
M03S600;                      工件旋转，转速为 600r/min
G00X60Z5;                     刀具快速定位到起刀点，毛坯外延长线上
G71U2R1;                      外圆粗车复合循环，每刀切深 2mm，退刀 1mm
G71P10Q20U0.3W0.2F0.15;       X、Z 方向精加工余量分别是 0.3mm 和 0.2mm
N10G00X31.5;
G01Z0;                        刀具调整到加工起点 3
X35Z-2;                       车 C2 倒角
Z-18;                         车 φ35 圆柱面
G02X55Z-28R10;                车 5-6 圆弧
G01X58;                       车 6-7 直线
N20Z-50;                      车 φ58 圆柱面
M05;                          工件停转
M03S800;                      工件旋转，转速提高到 800r/min
G70P10Q20F0.08;               精车
G00X100Z100;                  退刀
T0202;                        换用 2 号切槽刀
M05;                          工件停转
M03S600;                      工件旋转，转速 600r/min
G00X65Z-34;                   切槽刀快速定位到第一槽
G01X53F0.02;                  切槽至规定深度
G04P2000;                     槽底停留 2s
G00X65;                       退出环槽
Z-40;                         切槽刀快速定位到第二槽
G01X53F0.02;
G04P2000;
```

```
G00X65;
Z-46;                     切槽刀快速定位到第三槽
G01X53F0.02;
G04P2000;
G00X100;                  退回至换刀点
Z100;
M05;
M30;                      程序结束
```

1.5 陶瓷胎具零件的数控车削加工案例

1.5.1 案例题目

现使用配备 FANUC 数控系统的车床，采用 T8 钢盘型圆饼毛坯，对如图 1-33 所示的轮盘类陶瓷胎具零件进行数控加工。

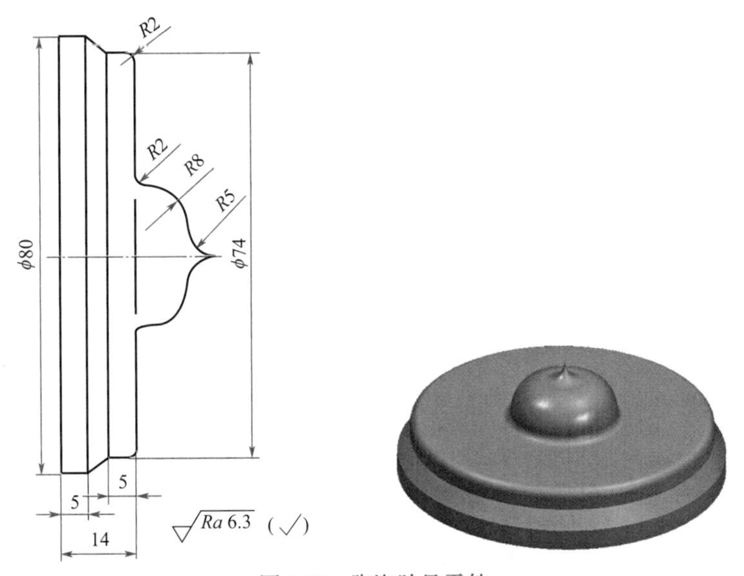

图 1-33 陶瓷胎具零件

1.5.2 案例分析

该零件为长径比较小的轮盘类零件。零件加工轮廓母线由多条直线和圆弧组成，且直径呈单调变化，加工精度要求并不高。可以直接用三爪自定心夹盘装夹圆饼毛坯，采用 95℃型刀片的外圆车刀配合端面粗车复合循环指令 G72 进行加工。与此同时，还应注意以下有关坐标系的两点问题：

（1）数控车削加工中的几个原点

① 机床原点。机床原点也称为机床零位。它的位置通常由机床制造厂确定，数控车床的机床坐标系原点的位置大多规定在其主轴中心线与装夹卡盘的法兰盘端面的交点上，该原点是确定机床固定原点的基准，如图 1-34 所示。

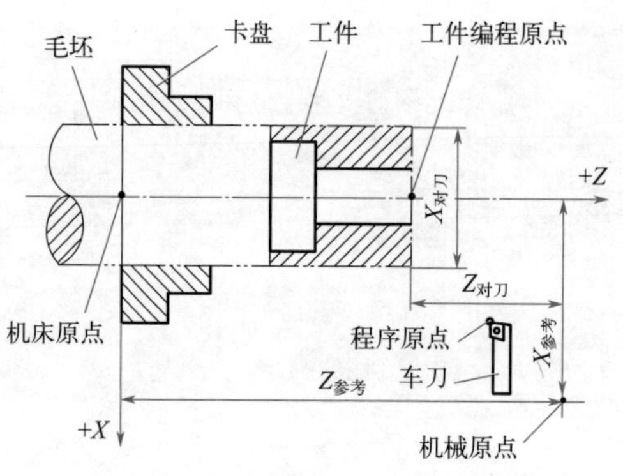

图 1-34　数控车削加工中的坐标系

② 机械原点。机械原点又称为机械零点或机床参考点。机械原点为车床上的固定位置，通常设置在 X 轴和 Z 轴正向的最大行程处，即车床回零后刀架所处的位置。该点至机床原点在其进给轴方向上的距离在机床出厂时已准确确定，如图 1-34 中的 X、Z 向参考值。机械原点的设置便于机床每次重启动后的刀架坐标重置与确认。

③ 工件编程原点。为了方便编程，要在零件图上适当位置，选定一个工件编程原点，该点应尽量设置在零件的工艺设计基准上，并把以这个点为原点建立的坐标系称为工件编程坐标系或零件坐标系。在数控车床上，一般将工件编程原点设在零件的中心线和零件两端面的交点上，如图 1-34 所示。

④ 程序原点。程序原点指刀具（刀尖）在加工程序执行时的起点，又称为程序起点，如图 1-34 所示。程序原点的位置是与工件的编程原点相对应的。一般情况下，一个零件加工完毕，刀具返回程序原点位置，等候命令执行下一个零件的加工。

（2）数控车床结构形式与编程坐标系的关系

数控车床的结构形式分为前置刀架数控车床和后置刀架数控车床，如图 1-35 所示。

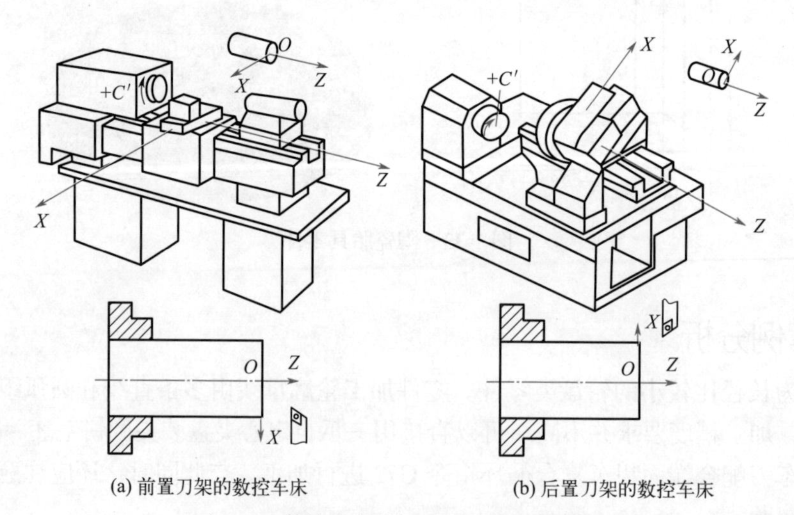

图 1-35　数控车床结构形式与编程坐标系

数控车床前置刀架位于 Z 轴的前面，与传统卧式车床刀架的安置方式相同，刀架导轨为水平导轨；数控车床后置刀架位于 Z 轴的后面，数控车床刀架的导轨方位与正平面倾斜，这样的结构方式便于观察刀具的切削进程，切屑容易扫除，后置空间大，可以设计更多工位的刀架，一般全功能的数控车床都设计为后置刀架。

这两种结构形式的数控车床在使用中的主要区别有：

① 因为国家标准规定，在数控机床上都是选取刀具远离工件方向为该轴的正方向。因此，前置刀架的数控车床其 *X* 轴正方向在图纸上指向下方；而后置刀架的数控车床其 *X* 轴正方向在图纸上则正常指向上方。

② 前置刀架的数控车床在圆弧编程时，要按实际圆弧走刀的反方向编程；而后置刀架的数控车床在圆弧编程时，按实际圆弧走刀的方向编程即可。

③ 因为在数控车床上加工工件时，一般都采用由右至左切削，因此前置刀架数控车床的外圆车刀采用右偏刀；而后置刀架数控车床的外圆车刀采用左偏刀。

本案例将采用前置刀架的数控车床进行加工。

1.5.3 工艺设计

对于轮盘零件的加工，由于其被加工部位的直径相差巨大，为保证表面加工质量均匀一致，常采用恒线速度切削，即随着刀具 *X* 轴坐标的变化，其工件转速也做相应变化。恒线速度切削指令为 G96。

该零件的加工操作工艺步骤有：

① 安装毛坯，启动主轴，调整刀具至起刀点。

② 使用外圆车刀循环粗车零件外轮廓。

③ 使用外圆车刀精车零件外轮廓。

④ 快速退刀，工件停转，加工结束。

该零件的加工工序卡，见表 1-6。

表 1-6 加工工序卡

零件名称	陶瓷胎具	工序号	01	工序名称	数控车削
加工设备	FANUC 数控车床	夹具名称		自定心卡盘	
零件材料	T8 钢	毛坯规格		ϕ85 圆饼料	
工步号	工步内容	刀具编号	刀具类型参数	主轴转速 /（r/min）	进给量 /（mm/r）
1	粗车零件外表面	T1	C 型刀片机夹外圆车刀 80°刀尖角	800	0.1
2	精车零件外表面	T1	C 型刀片机夹外圆车刀 80°刀尖角	1000	0.05

1.5.4 数学计算

为方便编程和对刀，以工件右端面中心点为原点建立编程坐标系，如图 1-36 所示。因为采用端面粗车复合循环指令 G72 编程，所以外圆车刀的副切削刃成为主切削刃。

在 *XOZ* 编程坐标系下，计算并确定该零件各节点坐标值为：1（X80 Z−29），2（X80 Z−24），3（X74 Z−20），4（X74 Z−17），5（X70 Z−15），6（X30 Z−15），7（X26 Z−13），

8（X10 Z−5），*O*（X0 Z0）。注意，本例中各点的 *X* 坐标均为直径值。

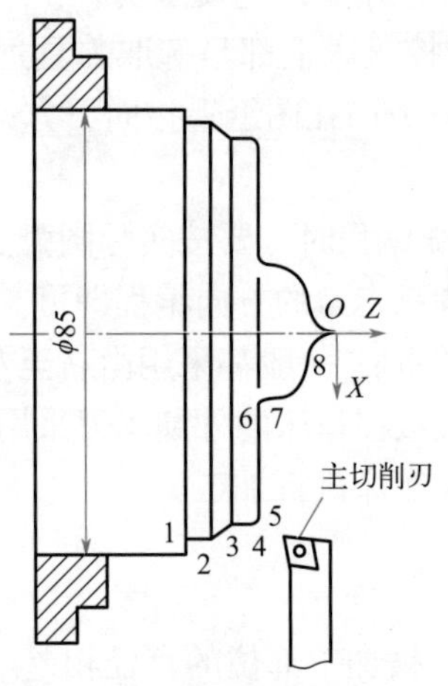

图 1-36　坐标系与数学计算

1.5.5　程序编制

端面粗车复合循环指令 G72 编程时，加工轮廓要从左至右编写，即本例为 1-2-3-……-8-0。而在实际加工时，刀具走刀次序仍然是从右至左的。

本案例的数控加工程序（使用 FANUC 0i 数控系统）如下：

```
O6363;                         程序名
T0101;                         选刀具
G96;                           设为恒线速度切削模式
M03S800;                       粗加工转速 800r/min
G00X100Z0;                     快速至起刀点
G72W2R1;                       端面粗车复合循环
G72P10Q20U0.2W0.2F0.1;
N10G00Z-29;
G01X80;                        移动至 1 点
Z-24;                          1-2 直线
X74Z-20;                       2-3 直线
Z-17;                          3-4 直线
G02X70Z-15R2;                  4-5 圆弧
G01X30;                        5-6 直线
G03X26Z-13R2;                  6-7 圆弧
G02X10Z-5R8;                   7-8 圆弧
N20G03X0Z0R5;                  8-O 圆弧
M05;
M03S1000;                      精加工转速 1000r/min
G70P10Q20F0.05;                精加工
G00X100Z100                    退刀
M05;
G97;                           取消恒线速度切削模式
M30;
```

1.6 定位套零件的数控车削加工案例

1.6.1 案例题目

现使用配备 FANUC 0i 数控系统的车床，采用 45 钢材质的管形毛坯，对如图 1-37 所示的套筒类定位套零件进行编程加工。

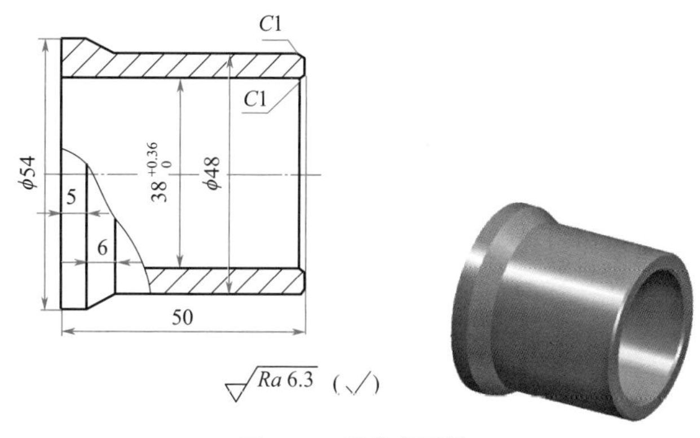

图 1-37 定位套零件

1.6.2 案例分析

本案例零件结构简单，最大的特点是具有一个精度要求相对较高的内孔。由于采用管形毛坯，内孔可以使用镗孔刀直接加工，外圆则采用 C 型刀片外圆车刀加工即可。需要注意的一点是加工内孔时进退刀路线一定要合理，不然会发生撞刀事故。

（1）数控车削加工进给路线的确定

精加工的进给路线基本上是沿零件的设计轮廓进行的，所以进给路线的确定主要是确定粗加工及空行程的进给路线。进给路线指刀具从起刀点开始运动，到完成加工返回该点的过程中，刀具所经过的路线。主要考虑以下 4 种路线：

① 最短的空行程路线。即刀具在没有切削工件时的进给路线，在保证安全的前提下要求尽量短，包括切入和切出的路线。

② 最短的切削进给路线。切削路线最短可有效地提高生产效率，降低刀具的损耗。

③ 大余量毛坯的阶梯切削进给路线。实践证明，粗加工时采用阶梯去除余量的方法是比较高效的。应注意每一个阶梯留出的精加工余量尽可能均匀，以免影响精加工质量。

④ 精加工轮廓的连续切削进给路线。精加工的进给路线要沿着工件的轮廓连续地完成。在这个过程中，应尽量避免刀具的切入、切出、换刀和停顿，避免刀具划伤工件的表面而影响零件的精度。

（2）数控车削加工的退刀和换刀

① 退刀。退刀是指刀具切完一刀，退离工件，为下次切削做准备的动作。它和进刀的动作通常以 G00 的方式（快速）运动，以节省时间。数控车床有三种退刀方式：外圆车刀的斜线退刀如图 1-38（a）所示；切槽刀的先径向后轴向退刀如图 1-38（b）所示；镗孔刀的先轴向后径向退刀如图 1-38（c）所示。退刀路线一定要保证安全性，即退刀的过程中保证刀具不与工件或机床发生碰撞；退刀还要考虑路线最短且速度要快，以提高工作效率。

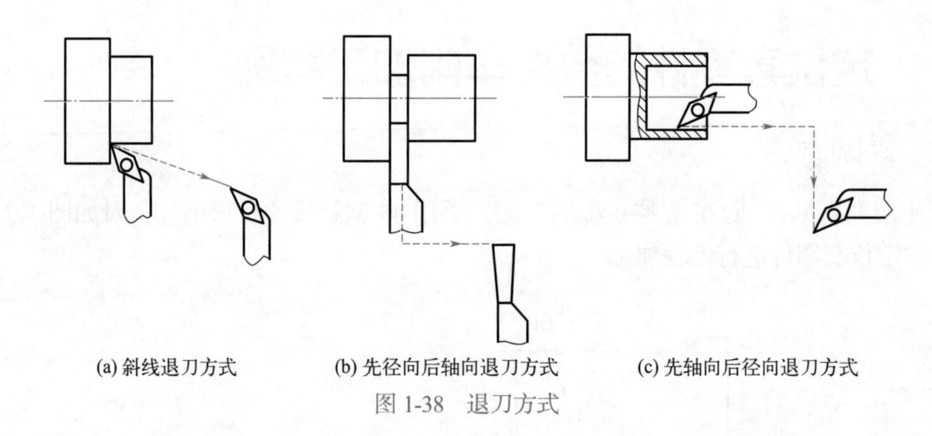

(a) 斜线退刀方式　　(b) 先径向后轴向退刀方式　　(c) 先轴向后径向退刀方式

图 1-38　退刀方式

② 换刀。换刀的关键在换刀点设置上，换刀点必须保证安全性，即在执行换刀动作时，刀架上每一把刀具都不能与工件或机床发生碰撞，而且尽量保证换刀路线最短，即刀具在退离和接近工件时的路线最短。

1.6.3 工艺设计

本案例零件的加工操作步骤为：

① 安装毛坯，启动主轴，调用镗孔刀并快移至起刀点。

② 使用镗孔刀循环粗车零件内孔表面。

③ 使用镗孔刀精车零件内孔表面。

④ 退刀，换用外圆车刀并快速进刀。

⑤ 使用外圆车刀循环粗车零件外圆表面。

⑥ 使用外圆车刀精车零件外圆表面。

⑦ 快速退刀，工件停转，加工结束。

本案例零件的加工工序卡，见表 1-7。

表 1-7　加工工序卡

零件名称	定位套	工序号	01	工序名称	数控车削
加工设备	FANUC 数控车床	夹具名称	自定心卡盘		
零件材料	45 钢	毛坯规格	外径 ϕ55、内径 ϕ30 管形毛坯		
工步号	工步内容	刀具编号	刀具类型参数	主轴转速 /（r/min）	进给量 /（mm/r）
1	粗车内孔表面	T3	T 型刀片机夹内孔车刀 93°主偏角	400	0.1
2	精车内孔表面	T3	T 型刀片机夹内孔车刀 93°主偏角	600	0.05
3	粗车外圆表面	T1	C 型刀片机夹外圆车刀 80°刀尖角	600	0.15
4	精车外圆表面	T1	C 型刀片机夹外圆车刀 80°刀尖角	800	0.06

1.6.4　数学计算

为方便编程和对刀，以工件右端面中心点为原点建立编程坐标系，如图 1-39 所示。

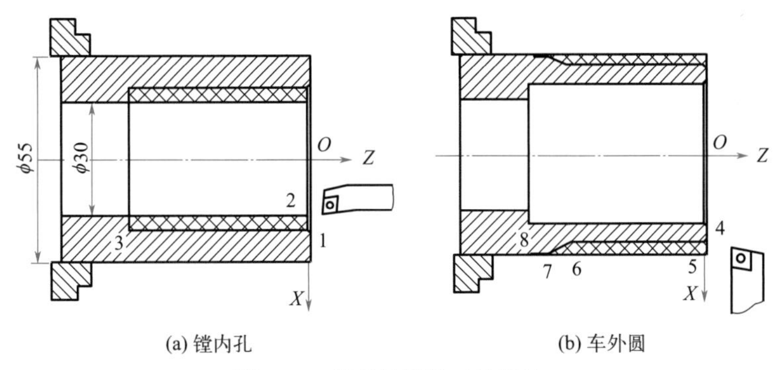

图 1-39　节点计算及工艺设计

因为 $\phi38$ 内孔有公差带要求，故编程时该尺寸应以中间偏差代入，即 2、3 点的 X 坐标为（38.036+38）/2=38.018。在 XOZ 编程坐标系下，计算并确定该零件各节点坐标值为：1（X40 Z0），2（X38.018 Z−1），3（X38.018 Z−50），4（X46 Z0）、5（X48 Z−1）、6（X48 Z−39）、7（X54 Z−45）、8（X54 Z−50）。注意，本例中各点的 X 坐标均为直径值。

1.6.5　程序编制

本案例的数控加工程序（使用 FANUC 0i 数控系统）如下：

```
O1600;                          程序名
T0303;                          选镗孔刀
M03S400;
G00X30Z5;                       定位毛坯孔外延长线
G71U0.5R1;                      内孔粗车循环
G71P10Q20U-0.3W0F0.1;           车内孔时 ,U 后为负值
N10G00X40
G01Z0;
X38.018Z-1;
Z-50;
N20X28;
M05;
M03S600;
G70P10Q20F0.05;                 精车内孔
G00Z100;
X100;
M05;
T0101;                          选外圆车刀
M03S600;
G00X55Z5;                       定位于毛坯外圆延长线上
G71U1R1;
```

```
G71P30Q40U0.3W0F0.15;            粗车外圆
N30G00X46;
G01Z0;
X48Z-1;
Z-39;
X54Z-45;
N40Z-50;
M05;
M03S800;
G70P30Q40F0.06;                  精车外圆
G00X100Z100;
M05;
M30;
```

1.7 直螺纹接头零件的数控车削加工案例

1.7.1 案例题目

现使用配备 FANUC 数控系统的车床，采用 45 钢棒料型材为毛坯，对如图 1-40 所示的直螺纹接头零件进行编程加工。

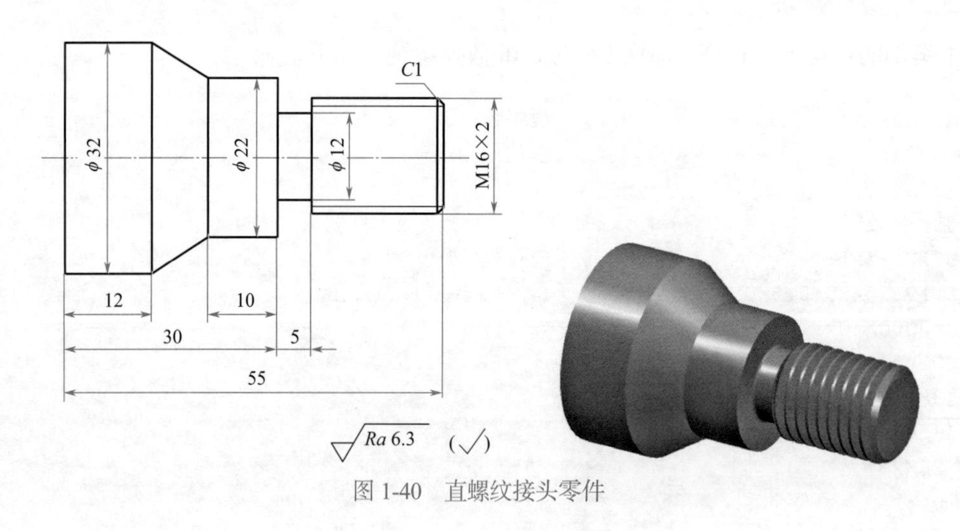

图 1-40 直螺纹接头零件

1.7.2 案例分析

螺纹加工是数控车床的重要工作之一。在 FANUC 数控系统中，加工螺纹的指令常采用 G92 指令。该指令除了加工直螺纹，还可以加工锥螺纹和内螺纹等。

(1) G92 指令的编程要点

螺纹单一切削循环指令 G92 把“切入①→螺纹切削②→退刀③→返回④”四个动作作为一个循环，用一个程序段来完成，从而简化编程，如图 1-41 所示。

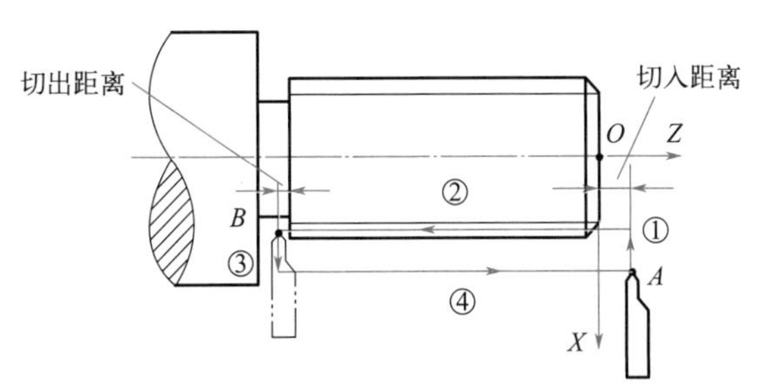

图 1-41　G92 指令加工圆柱螺纹的运动轨迹

指令格式：

```
……
G00X（a）__Z（a）__；            X（a）、Z（a）为切削螺纹循环起点 A 的坐标
G92X（b）__Z（b）__F__；         X（b）、Z（b）为切削螺纹第一刀终点 B 的坐标，F 为螺纹的导程
X（c）__；                       X（c）为切削螺纹第二刀的终点坐标
X（d）__；                       X（d）为切削螺纹第三刀的终点坐标
……
```

在编写螺纹加工程序时，起点坐标和终点坐标应考虑切入距离和切出距离；由于螺纹车刀是成形刀具，所以刀刃与工件接触线较长，切削力也较大。为避免切削力过大造成刀具损坏或在切削中引起刀具振动，通常在切削螺纹时需要多次进给才能完成，如图 1-42 所示。每次进给的背吃刀量根据螺纹牙深按递减规律分配。切削常用米制螺纹的进给次数与背吃刀量的关系，见表 1-8。

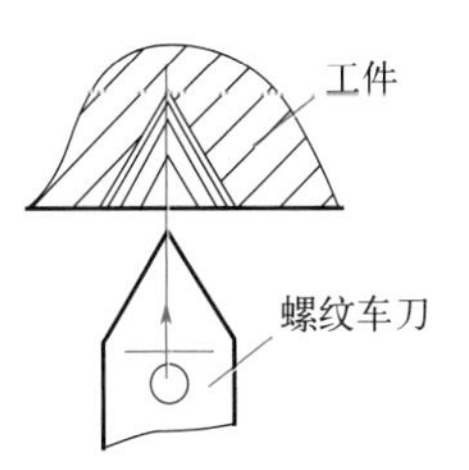

图 1-42　螺纹切削进刀方法

表 1-8　切削常用米制螺纹的进给次数与背吃刀量的关系　　单位：mm

米制螺纹　牙深 =0.6495*P*（*P* 为螺距）								
螺距		1.0	1.5	2.0	2.5	3.0	3.5	4.0
牙深		0.649	0.974	1.299	1.624	1.949	2.273	2.598
进给次数及背吃刀量	1 次	0.7	0.8	0.9	1.0	1.2	1.5	1.5
	2 次	0.4	0.6	0.6	0.7	0.7	0.7	0.8
	3 次	0.2	0.4	0.6	0.6	0.6	0.6	0.6
	4 次	—	0.16	0.4	0.4	0.4	0.6	0.6
	5 次	—	—	0.1	0.4	0.4	0.4	0.4
	6 次	—	—	—	0.15	0.4	0.4	0.4
	7 次	—	—	—	—	0.2	0.2	0.4
	8 次	—	—	—	—	—	0.15	0.3
	9 次	—	—	—	—	—	—	0.2

（2）数控车削加工中切削用量的选择

① 粗加工时数控车削用量的选择原则。首先，选取尽可能大的背吃刀量；其次，要根据数控机床动力和刚性的限制条件等，选取尽可能大的进给量；最后根据刀具耐用度确定最佳的切削速度。

② 精加工时数控车削用量的选择原则 。首先，根据粗加工后的余量确定背吃刀量；其次，根据已加工表面粗糙度要求，选取较小的进给量；最后，在保证刀具耐用度的前提下，尽可能选用较高的切削速度。

初学编程时，车削用量的选取可参考表 1-9。

表 1-9　数控车削切削用量参考表

零件材料及毛坯尺寸	加工内容	背吃刀量 a_p/mm	主轴转速 n/（r/min）	进给量 f/（mm/r）	刀具材料
45 钢，直径 $\phi20\sim\phi60$ 坯料，内孔直径 $\phi13\sim\phi20$	粗加工	1 ～ 2.5	300 ～ 800	0.15 ～ 0.4	硬质合金（YT 类）
	精加工	0.25 ～ 0.5	600 ～ 1000	0.08 ～ 0.2	
	切槽、切断（切刀宽度 3 ～ 5mm）		300 ～ 500	0.05 ～ 0.1	
	钻中心孔		300 ～ 800	0.1 ～ 0.2	高速钢
	钻孔		300 ～ 500	0.05 ～ 0.2	高速钢

1.7.3　工艺设计

本案例零件结构简单，外圆表面可以用外圆车刀按外圆固定循环切削；退刀槽可以使用切槽刀按螺纹退刀槽指令直接加工；螺纹部分则可以使用螺纹车刀按车螺纹固定循环指令车削而成，如图 1-43 所示。加工工艺操作步骤如下：

① 安装毛坯，启动主轴，调用外圆车刀至起刀点。

② 使用外圆车刀循环粗车零件外轮廓。

③ 使用外圆车刀精车零件外轮廓。

④ 退至换刀点，换用切槽刀并快移至起刀点。

⑤ 使用切槽刀车出退刀槽。

⑥ 退至换刀点，换用螺纹车刀并快移至起刀点。

⑦ 使用螺纹刀车制螺纹。

⑧ 快速退刀，工件停转，加工结束。

本案例零件的加工工序卡，见表 1-10。

表 1-10　加工工序卡

零件名称	直螺纹接头	工序号	01	工序名称	数控车削
加工设备	FANUC 数控车床	夹具名称	自定心卡盘		
零件材料	45 钢	毛坯规格	$\phi35$ 棒料		

续表

工步号	工步内容	刀具编号	刀具类型参数	主轴转速 /（r/min）	进给量 /（mm/r）
1	粗车零件外表面	T1	C 型刀片机夹外圆车刀 80°刀尖角	600	0.15
2	精车零件外表面	T1	C 型刀片机夹外圆车刀 80°刀尖角	800	0.06
3	车退刀槽	T4	机夹切槽刀 刃宽 5mm	600	0.05
4	车螺纹	T6	螺纹车刀 16 系列刀片	400	2

1.7.4　数学计算

为方便编程和对刀，以工件右端面中心点为原点建立编程坐标系，如图 1-43 所示。

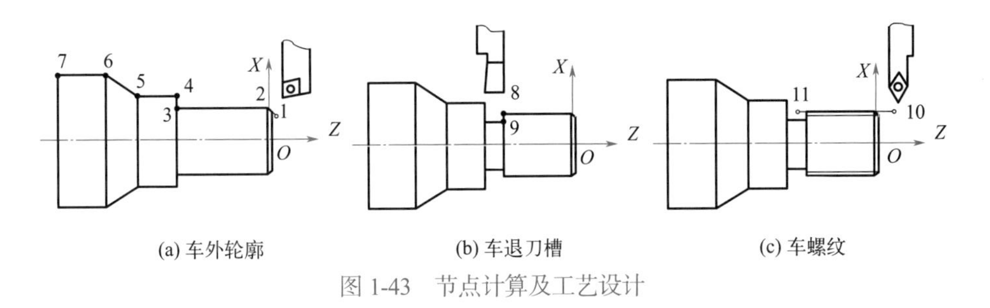

图 1-43　节点计算及工艺设计

在 *XOZ* 编程坐标系下，计算并确定该零件各节点坐标值为：1（X14 Z1），2（X16 Z-1），3（X16 Z-25），4（X22 Z-25），5（X22 Z-35），6（X32 Z-43），7（X32 Z-55），8（X16 Z-20），9（X12 Z-20），10（X16 Z5），11（X16 Z-22）。注意，本例中各点的 *X* 坐标均为直径值。

1.7.5　程序编制

本直螺纹零件加工案例的数控加工程序（使用 FANUC 0i 数控系统）如下：

```
O1701;                    程序名
T0101;                    选外圆车刀
M03S600;
G00X35Z5;
G71U1R1;                  外圆粗车复合循环粗车外圆
G71P10Q20U0.3W0F0.15;
N10G00X14;
G01Z0;
X16Z-1;                   车 C1 倒角
Z-25;                     车 2-3 直线
X22;                      车 3-4 直线
Z-35;                     车 4-5 直线
```

```
X32Z-43;                      车 5-6 直线
N20Z-55;                      车 6-7 直线
M05;
M03S800;
G70P10Q20F0.06;               精车外圆表面
G00X100Z100;
T0404;                        换切槽刀
M05;
M03S600;
G00X24Z-20;                   定位至切槽位置
G01X12F0.05;                  切退刀槽
G04P2000;                     槽底暂停
G00X100
Z100;                         退刀
T0606;                        选螺纹车刀
M05;
M03S400;
G00X16Z5;                     螺纹加工起点
G92X15.1Z-22F2;               螺纹加工循环，第一刀
X14.5;                        螺纹加工第二刀
X13.9;                        螺纹加工第三刀
X13.5;                        螺纹加工第四刀
X13.4;                        螺纹加工第五刀
G00X100Z100;                  快速退刀至换刀点
M05;                          主轴停转
M30;                          程序结束
```

1.8 锥螺纹封头零件的数控车削加工案例

1.8.1 案例题目

现使用配备 FANUC 数控系统的车床，采用 45 钢棒料型材为毛坯，对如图 1-44 所示的锥螺纹封头零件进行编程加工。

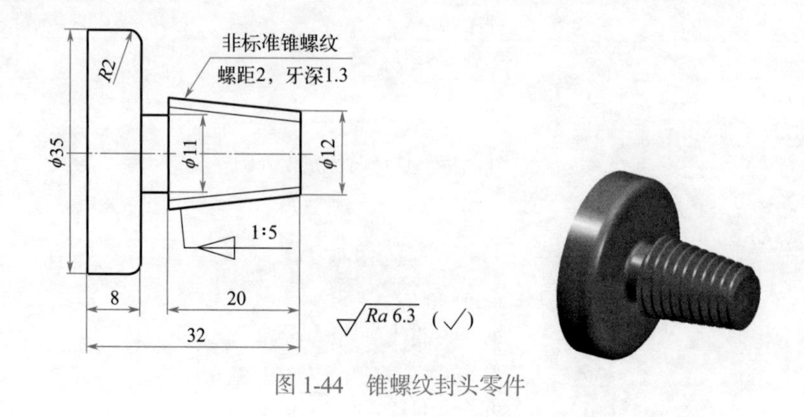

图 1-44 锥螺纹封头零件

1.8.2 案例分析

该零件结构简单，外轮廓可以用外圆车刀按外圆固定循环切削；退刀槽可以使用切槽刀按切槽指令直接加工；螺纹部分则可以使用螺纹车刀按车螺纹固定循环指令 G92 车削而成，车锥螺纹时的进给路线应与圆锥母线平行。

1.8.3 工艺设计

本案例加工操作步骤如下：

① 安装毛坯，启动主轴，调用外圆车刀至起刀点。

② 使用外圆车刀循环粗车零件外轮廓。

③ 使用外圆车刀精车零件外轮廓。

④ 退至换刀点，换用切槽刀并快移至起刀点。

⑤ 使用切槽刀车出退刀槽。

⑥ 退至换刀点，换用螺纹车刀并快移至起刀点。

⑦ 使用螺纹刀车制螺纹。

⑧ 快速退刀，工件停转，加工结束。

本案例零件的加工工序卡，见表 1-11。

表 1-11 加工工序卡

零件名称	锥螺纹封头	工序号	01	工序名称	数控车削
加工设备	FANUC 数控车床	夹具名称	自定心卡盘		
零件材料	45 钢	毛坯规格	ϕ40 棒料		
工步号	工步内容	刀具编号	刀具类型参数	主轴转速 /（r/min）	进给量 /（mm/r）
1	粗车零件外表面	T1	C 型刀片机夹外圆车刀 80°刀尖角	600	0.15
2	精车零件外表面	T1	C 型刀片机夹外圆车刀 80°刀尖角	800	0.06
3	车退刀槽	T4	机夹切槽刀 刃宽 3mm	600	0.05
4	车螺纹	T6	螺纹车刀 16 系列刀片	400	2

1.8.4 数学计算

为方便编程和对刀，以工件右端面中心点为原点建立编程坐标系，如图 1-45 所示。

在 *XOZ* 编程坐标系下，计算并确定该零件各节点坐标值为：1（X12 Z0），2（X16 Z−20），3（X16 Z−24），4（X31 Z−24），5（X35 Z−26），6（X35 Z−32），7（X20 Z−23），8（X11 Z−24），9（X11.6 Z2），10（X16.2 Z−21）。注意，本例中各点的 *X* 坐标均为直径值。

使用 G92 指令车锥螺纹时需要计算加工螺纹起始点 9 与终止点 10 之间的半径差值，如图 1-45（c）所示，得到 $R=(11.6-16.2)/2=-2.3$（mm）。

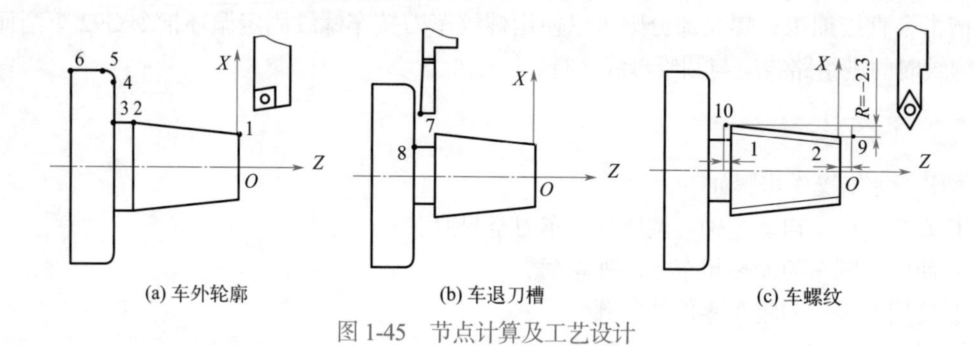

图 1-45　节点计算及工艺设计

1.8.5　程序编制

本锥螺纹零件加工案例的数控加工程序（使用 FANUC 0i 数控系统）如下：

```
O1702;                              程序名
T0101;                              选外圆车刀
M03S600;
G00X40Z5;                           快速定位于毛坯外圆延长线
G71U1R1;                            外圆粗车固定循环
G71P10Q20U0.3W0F0.15;
N10G00X12;
G01Z0;                              定位于 1 点
X16Z-20;                            切 1-2 直线
Z-24;                               切 2-3 直线
X31;                                切 3-4 直线
G03X35Z-26R2;                       切 4-5 圆弧
N20G01Z-32;                         切 5-6 直线
M05;
M03S800;
G70P10Q20F0.06;                     精车外圆表面
G00X100Z100;
T0404;                              换切槽刀
M05;
M03S600;
G00X20Z-23;                         定位于退刀槽外侧
G01X11F0.05;                        切退刀槽第一刀
G00X20;
G01Z-24;
X11;                                切退刀槽第二刀
G00X100;
Z100;
T0606;                              换螺纹车刀
M05;
M03S400;
```

```
G00X11.6Z2;                    定位于螺纹切削起点
G92X15.3Z-21R-2.3F2;           切锥螺纹与第一刀
X14.7;                         切锥螺纹与第二刀
X14.1;                         切锥螺纹与第三刀
X13.7;                         切锥螺纹与第四刀
X13.6;                         切锥螺纹与第五刀
G00X100Z100;
M05;
M30;
```

1.9 螺纹轴套零件的数控车削加工案例

1.9.1 案例题目

现使用配备 FANUC 数控系统的车床，采用 45 钢棒料型材为毛坯，对如图 1-46 所示的具有内螺纹的轴套零件进行编程加工。

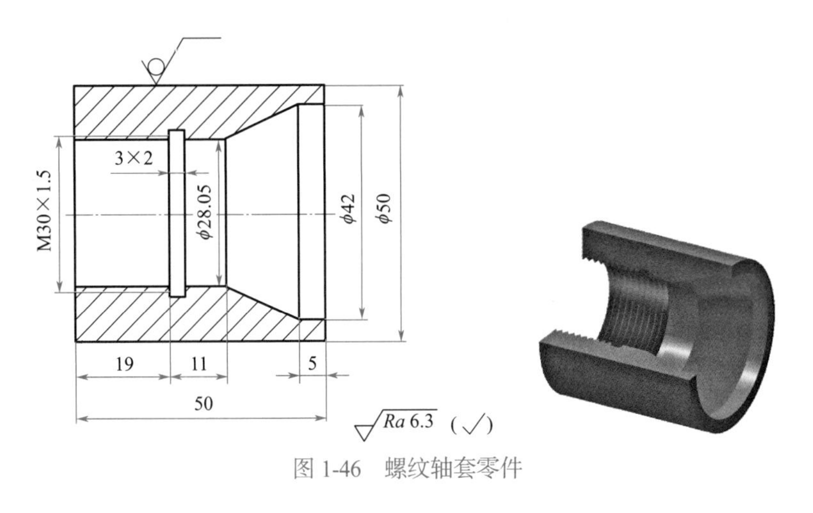

图 1-46　螺纹轴套零件

1.9.2 案例分析

该零件外轮廓不需要切削加工；内部结构相对复杂，首先要使用钻头打底孔，再使用镗孔刀车出零件的内轮廓；然后使用内切槽刀车出退刀槽；最后用内螺纹车刀车制内螺纹，如图 1-47 所示。

1.9.3 工艺设计

本案例加工操作步骤如下：

① 安装毛坯，启动主轴，调用钻头至起刀点。

② 钻削 ϕ28.05 螺纹底孔。

③ 退至换刀点，换用镗孔刀。

④ 使用镗孔刀循环粗车零件内轮廓。

⑤ 使用镗孔刀精车零件内轮廓。

⑥ 退至换刀点，换用内切槽刀并快移至起刀点。

⑦ 使用内切槽刀车出退刀槽。

⑧ 退至换刀点，换用内螺纹车刀并快移至起刀点。

⑨ 使用内螺纹刀车制内螺纹。

⑩ 快速退刀，工件停转，加工结束。

本案例内螺纹零件的加工工序卡，见表 1-12。

表 1-12　加工工序卡

零件名称	螺纹轴套		工序号	01	工序名称	数控车削
加工设备	FANUC 数控车床		夹具名称	自定心卡盘		
零件材料	45 钢		毛坯规格	ϕ50 棒料		
工步号	工步内容		刀具编号	刀具类型参数	主轴转速 /（r/min）	进给量 /（mm/r）
1	钻螺纹底孔		T5	麻花钻头 ϕ28.05	500	0.1
2	粗车内轮廓		T3	T 型刀片机夹内孔车刀 93°主偏角	400	0.06
3	精车内轮廓		T3	T 型刀片机夹内孔车刀 93°主偏角	600	0.04
4	车退刀槽		T4	机夹内切槽刀 刃宽 3mm	400	0.03
5	车内螺纹		T6	内螺纹车刀 16 系列刀片	400	1.5

1.9.4 数学计算

为方便编程和对刀，以工件右端面中心点为原点建立编程坐标系，如图 1-47 所示。

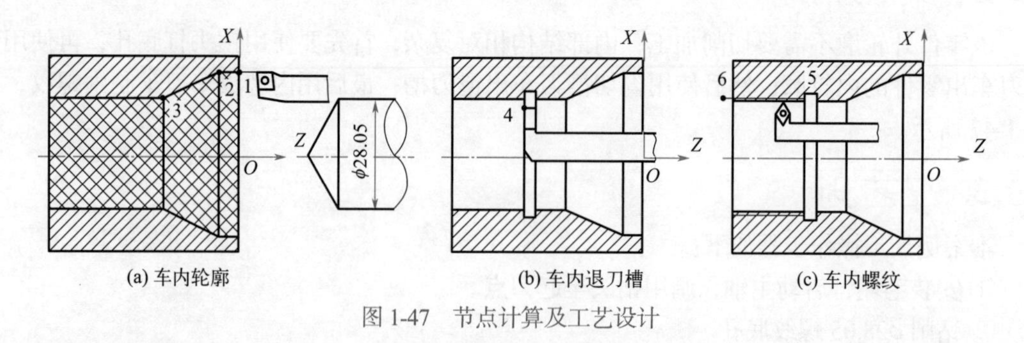

图 1-47　节点计算及工艺设计

在 *XOZ* 编程坐标系下，计算并确定该零件各节点坐标值为：1（X42 Z0），2（X42 Z−5），3（X28.5 Z−20），4（X25 Z−31），5（X28.05 Z−30），6（X28.05 Z−51）。注意，本例中各点的 *X* 坐标均为直径值。

1.9.5 程序编制

在用钻头钻好底孔之后，本内螺纹零件加工案例的数控加工程序（使用 FANUC 0i 数控系统）如下：

```
O1703;                              程序名
T0303;                              选外圆车刀
M03S400;
G00X28.05Z5;                        快速定位于底孔外延长线
G71U0.5R1;
G71P10Q20U-0.2W0F0.06;              粗车内轮廓
N10G00X42;
G01Z-5;
X28.05Z-20;
N20Z-51;
M5;
M03S600;
G70P10Q20F0.04;                     精车内轮廓
G00Z100;
X100;
T0404;                              选机夹内切槽刀
M05;
M03S400;
G00X25;
Z-31;                               定位于内环槽加工起点
G01X24.5F0.03;                      切内环槽
G04P2000;                           槽底暂停
G00X25;
Z100;
X100;
T0606;                              选内螺纹车刀
G00X25;
Z-25;
X28.05 Z-30;                        定位于内螺纹加工起点
G92X28.85Z-51F1.5;                  切内螺纹第一刀
X29.45;                             切内螺纹第二刀
X29.85;                             切内螺纹第三刀
X30;                                切内螺纹第四刀
G00Z-100;
X100;
M05;
M30;
```

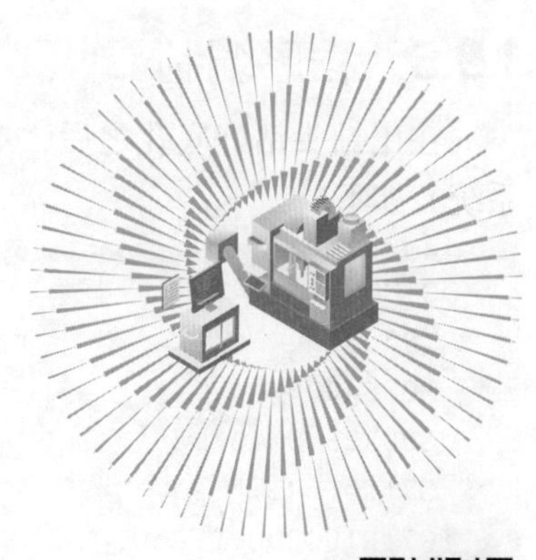

第2章 调头装夹零件的数控车削加工案例

扫码看视频

2.1 调头轴零件的数控车削加工案例

2.1.1 案例题目

调头装夹零件是指不能在一次装夹过程中将零件的所有部位全部加工完成的零件。这一类零件在结构上往往存在中间与两端因直径变化而无法一次走刀完成的特征。通过一次装夹只能车削加工一端，而另一端则需要通过调头装夹来完成车削加工。

现使用数控车床，采用45钢棒料型材为毛坯，对如图2-1所示的调头轴零件进行编程加工。

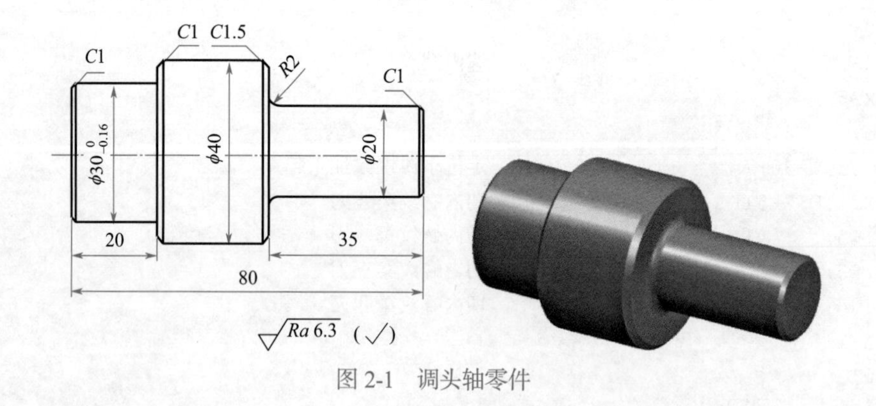

图2-1 调头轴零件

2.1.2 案例分析

本案例调头轴零件的结构特点是中间大、两端小，因此，该零件应首先加工 $\phi30$ 和 $\phi40$ 两个轴段，再通过工件调头装夹加工出 $\phi20$ 等结构，如图2-2所示。需要注意的是，调头后应测量夹爪端面与毛坯右端面之间的长度 L，如图2-2（b）所示，此时的 Z 轴对刀应按照 $L-60$ 的数值来确定新的编程坐标系原点。

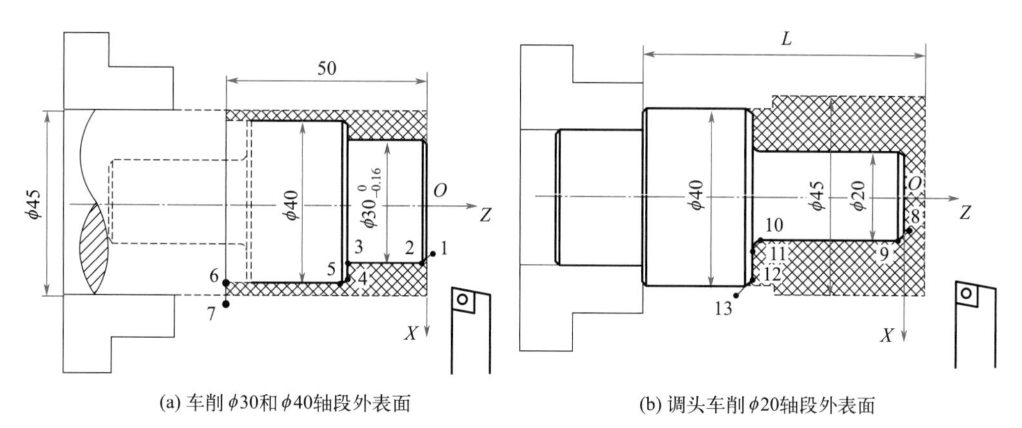

(a) 车削 ϕ30和 ϕ40轴段外表面　　(b) 调头车削 ϕ20轴段外表面

图 2-2　节点计算及工艺设计

2.1.3　工艺设计

本案例零件的加工工艺过程为：

① 安装毛坯，启动主轴，调整刀具至起刀点。

② 使用外圆车刀循环粗车零件 ϕ30 和 ϕ40 两个轴段外轮廓，如图 2-2（a）所示。

③ 使用外圆车刀精车零件 ϕ30 和 ϕ40 两个轴段外轮廓。

④ 调头装夹，测量 L，依此重新对刀，如图 2-2（b）所示。

⑤ 使用外圆车刀循环粗车零件 ϕ20 轴段外轮廓，如图 2-2（b）所示。

⑥ 使用外圆车刀精车零件 ϕ20 轴段外轮廓。

⑦ 快速退刀，工件停转，加工结束。

本案例零件的加工工序卡，见表 2-1。

表 2-1　加工工序卡

零件名称	调头轴	工序号	01	工序名称	数控车削
加工设备	数控车床	夹具名称	自定心卡盘		
零件材料	45 钢	毛坯规格	ϕ45 棒料		

工步号	工步内容	刀具编号	刀具类型参数	主轴转速 /（r/min）	进给量 /（mm/r）
1	粗车 ϕ30 和 ϕ40 轴段外表面	T1	C 型刀片机夹外圆车刀 80°刀尖角	500	0.15
2	精车 ϕ30 和 ϕ40 轴段外表面	T1	C 型刀片机夹外圆车刀 80°刀尖角	800	0.06
3	工件调头	—	—	—	—
4	粗车 ϕ20 轴段外表面	T1	C 型刀片机夹外圆车刀 80°刀尖角	500	0.15
5	精车 ϕ20 轴段外表面	T1	C 型刀片机夹外圆车刀 80°刀尖角	800	0.06

2.1.4 数学计算

为方便编程和对刀，以工件右端面中心点为原点建立编程坐标系，如图 2-2 所示。

在 *XOZ* 编程坐标系下，计算并确定该零件各节点坐标值为：1（X26 Z1），2（X29.92 Z−1），3（X29.92 Z−20），4（X38 Z−20），5（X40 Z−21），6（X40 Z−50），7（X50 Z−50），8（X16 Z1），9（X20 Z−1），10（X20 Z−33），11（X24 Z−35），12（X37 Z−35），13（X42 Z−37.5）。注意，本例中各点的 *X* 坐标均为直径值。

2.1.5 程序编制

本调头轴零件加工案例的数控加工程序（使用 FANUC 0i 数控系统）如下。

① 第一次装夹后的程序：

```
O3636;                          程序名
T0101;                          调用 1 号车刀，并应用刀偏方式建立编程坐标系
M07;                            切削液开
M03S500;                        工件旋转，转速为 500r/min
G00X45Z5;                       刀具快速定位到起刀点
G71U1R2;                        外圆粗车复合循环
G71P10Q20U0.5W0.3F0.15;
N10G00X26;                      刀具调整到加工原点
Z1;
G01X29.92Z-1;                   车 φ30 左端面 C1 倒角
Z-20;                           车 φ30 圆柱面
X38;
X40Z-21;                        车 φ40 左端面 C1 倒角
N20Z-50;                        车 φ40 圆柱面
M05;
M03S800;                        主轴提高转速到 800r/min
G70P10Q20F0.06;                 精加工
G00X100Z100;                    退刀
M05;                            工件停转
M09                             切削液关
M30;                            程序结束
```

② 测量工件剩余总长，调头重新装夹。*Z* 向重新对刀。调头装夹后的程序为：

```
O3939;                          程序名
T0101;                          调用 1 号车刀，并应用刀偏方式建立编程坐标系
M07;                            切削液开
M03S500;                        工件旋转，转速为 500r/min
G00X45Z5;                       刀具快速定位到起刀点
G71U1R2;                        外圆粗车复合循环
G7P10Q20U0.5W0.3F0.15;
N10G00X16;                      刀具调整到加工原点
Z1;
G01X20Z-1;                      车 φ20 右端面 C1 倒角
Z-33;                           车 φ20 圆柱面
```

```
G02X24Z-35R2;                      车R2圆弧
G01X37;
N20X42Z-37.5;                      车φ40右端面C1.5倒角
M05;
M03S800;                           主轴提高转速到800r/min
G70P10Q20F0.06;                    精加工
G00X100Z100;                       退刀
M05;                               工件停转
M09                                切削液关
M30;                               程序结束
```

2.2 调头孔零件的数控车削加工案例

2.2.1 案例题目

有的时候不光阶梯轴需要调头装夹加工，有些阶梯孔零件也需要调头装夹加工。现使用数控车床，采用45钢管料型材为毛坯，也可以采用ϕ50棒料并用ϕ18钻头钻出通孔后作为毛坯，对如图2-3所示的调头孔零件进行编程加工。

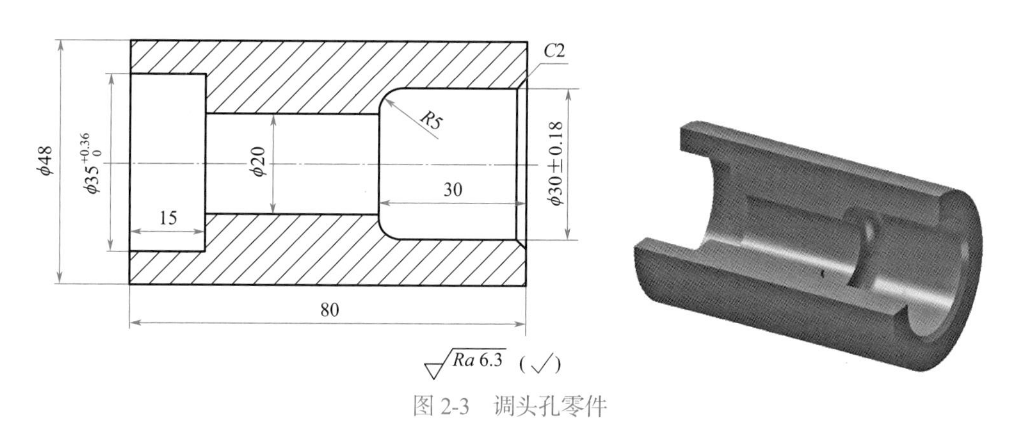

图2-3 调头孔零件

2.2.2 案例分析

本案例调头孔零件的结构特点是内孔两端大中间小，采用一次装夹只能加工一端大孔，不能把两端的大孔同时加工出来。因此，该零件应首先加工ϕ35和ϕ20两个内孔，再通过工件调头装夹加工出ϕ30内孔，如图2-4所示。需要注意的是，本案例零件外轮廓为通圆柱，无其他结构，且毛坯长度即为零件最后长度，所以调头后在适当位置装夹即可。两把刀具需重新Z向对刀并存入新的刀补号。

2.2.3 工艺设计

本案例零件的加工过程为：

① 安装毛坯，启动主轴，调整刀具至起刀点。

② 使用内孔车刀车削零件ϕ35和ϕ20两个内孔，如图2-4（a）所示。

③ 使用外圆车刀车削零件ϕ48外圆的一部分，如图2-4（a）所示。为了使调头后外圆与

内孔表面加工衔接流畅，无接刀痕迹，以上两步均应多切出一定的长度。

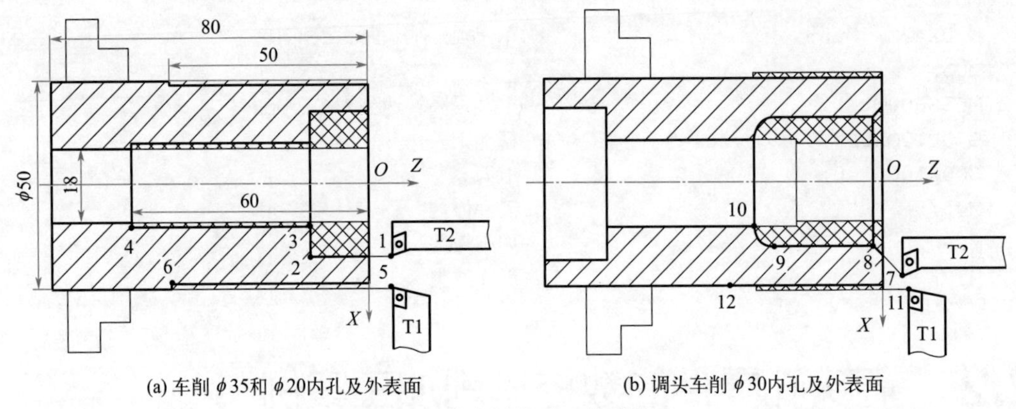

(a) 车削 ϕ35和 ϕ20内孔及外表面　(b) 调头车削 ϕ30内孔及外表面

图 2-4　节点计算及工艺设计

④ 调头并在适当位置装夹，刀具重新对刀，刀补值存入新地址，后续加工调用新的刀补值即可。

⑤ 使用内孔车刀车削零件 ϕ30 内孔，如图 2-4（b）所示。

⑥ 使用外圆车刀车削零件 ϕ48 外圆剩余部分，如图 2-4（b）所示。

⑦ 快速退刀，工件停转，加工结束。

本案例零件的加工工序卡，见表 2-2。

表 2-2　加工工序卡

零件名称	调头孔	工序号	01	工序名称	数控车削
加工设备	数控车床	夹具名称		自定心卡盘	
零件材料	45 钢	毛坯规格		外径 ϕ45、内径 ϕ18 的管料	

工步号	工步内容	刀具编号	刀具类型参数	主轴转速 /（r/min）	进给量 /（mm/r）
1	粗车 ϕ35 和 ϕ20 内孔	T3	T 型刀片机夹内孔车刀 93°主偏角	600	0.15
2	精车 ϕ35 和 ϕ20 内孔	T3	T 型刀片机夹内孔车刀 93°主偏角	1000	0.06
3	粗车 ϕ48 外圆（部分）	T1	C 型刀片机夹外圆车刀 80°刀尖角	600	0.15
4	精车 ϕ48 外圆（部分）	T1	C 型刀片机夹外圆车刀 80°刀尖角	1000	0.06
5	工件调头	—	—	—	—
6	粗车 ϕ30 内孔	T3	T 型刀片机夹内孔车刀 93°主偏角	600	0.15

续表

工步号	工步内容	刀具编号	刀具类型参数	主轴转速 /（r/min）	进给量 /（mm/r）
7	精车 $\phi30$ 内孔	T3	T 型刀片机夹内孔车刀 93°主偏角	1000	0.06
8	粗车 $\phi48$ 外圆（剩余部分）	T1	C 型刀片机夹外圆车刀 80°刀尖角	600	0.15
9	精车 $\phi48$ 外圆（剩余部分）	T1	C 型刀片机夹外圆车刀 80°刀尖角	1000	0.06

2.2.4 数学计算

为方便编程和对刀，本案例零件以右端面中心点为原点建立编程坐标系，如图 2-4 所示。因两端大孔均有公差要求，编程时均应采用中间偏差值代入程序。

在 *XOZ* 编程坐标系下，计算并确定该零件各节点坐标值为：1（X35.18 Z3），2（X35.18 Z−15），3（X20 Z−15），4（X20 Z−60），5（X50 Z3），6（X48 Z−50），7（X34 Z2），8（X30 Z−2），9（X30 Z−25），10（X20 Z−30），11（X50 Z3），12（X48 Z−35）。注意，本例中各点的 *X* 坐标均为直径值。

2.2.5 程序编制

本调头轴零件加工案例的数控加工程序（使用 FANUC 0i 数控系统）如下。

① 第一次装夹后的程序：

```
O2201;                      程序名
T0303;                      选取内孔车刀
M03S600;
G00X18Z3;
G71U0.5R1;
G71P10Q20U-0.2W0F0.15;      粗车 Φ35 和 Φ20 两个内孔
N10G00X35.18;
G01Z-15;                    车 1-2 直线
X20;                        车 2-3 直线
N20Z-60;                    车 3-4 直线
M05;
M03S1000;
G70P10Q20F0.06;             精车 Φ35 和 Φ20 两个内孔
G00Z100;
X100;                       退刀
T0101;                      选取外圆车刀
M05;
M03S600;
G00X50Z3;
G71U0.5R1;
G71P30Q40U0.2F0.15;         粗车外圆（部分）
```

```
N30G00X48;
N40G01Z-50;                    车 5-6 直线
M05;
M03S1000;
G70P30Q40F0.06;                精车外圆（部分）
G00X100Z100;
M05;
M30;
```

② 调头并在适当位置重新装夹。两把刀具 Z 向重新对刀。调头装夹后的程序为：

```
O2202;                         程序名
T0304;                         选内孔车刀，04 号刀补值
M03S600;
G00X18Z3;
G71U0.5R1;
G71P50Q60U-0.2W0F0.15;         粗车 φ30 内孔
N50G00X34;
G01X30Z-2;                     车 C2 倒角
Z-25;                          车 8-9 直线
G03X20Z-30R5;                  车 9-10 圆弧
N60G01X17;
M05;
M03S1000;
G70P50Q60F0.06;                精车 φ30 内孔
G00Z100;
X100;
T0102;                         选取外圆车刀，02 号刀补值
M05;
M03S600;
G00X50Z3;
G71U0.5R1;
G71P70Q80U0.2F0.15;            粗车外圆（剩余部分）
N70G00X48;
N80G01Z-35;                    车 11-12 直线
M05;
M03S1000;
G70P70Q80F0.06;                精车外圆（剩余部分）
G00X100Z100;
M05;
M30;
```

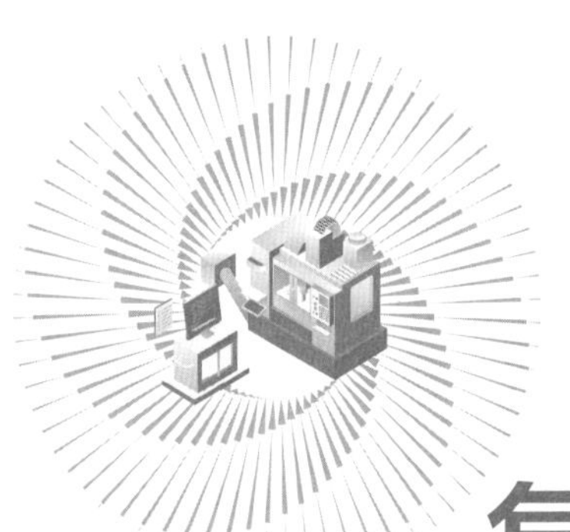

扫码看视频

第3章 复杂节点计算零件的数控车削加工案例

3.1 画法几何法节点计算零件的数控车削加工案例

3.1.1 案例题目

在数控编程前，加工轨迹的起点、终点，轨迹曲线的交点、切点等这些节点在编程坐标系中的坐标值必须全部准确地计算出来。有些零件的节点很容易计算，而有些零件的节点计算却非常复杂。

现使用前置刀架数控车床，采用45钢棒料型材为毛坯，对如图3-1所示的把手零件进行编程加工。

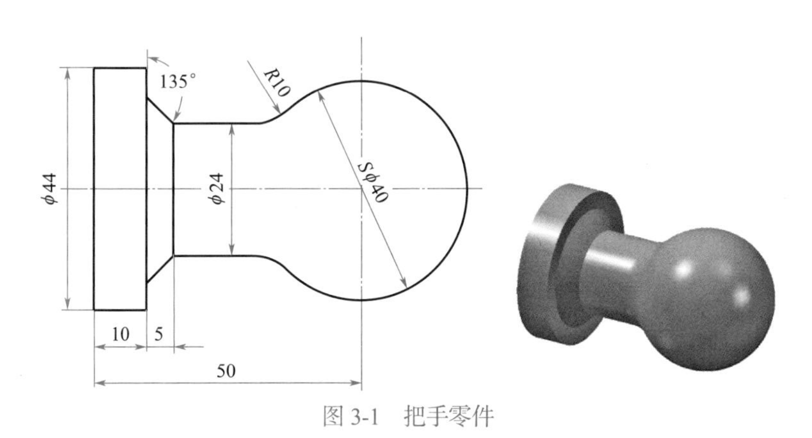

图3-1 把手零件

3.1.2 案例分析

本案例把手零件是典型的直径变化非单调的轴类零件。在加工时，因零件最大直径为$\phi44$，故可以采用$\phi45$棒料毛坯。选用V型刀片的尖头外圆车刀，配合仿形粗车复合循环指令G73，通过一次装夹加工完成全部外轮廓，最后使用切断刀切下工件即可，如图3-2所示。

根据图 3-1 中工件最大直径尺寸 ϕ44，选取直径 ϕ45 的棒料为毛坯材料。此时，为了防止粗车循环回刀时刀具或切屑拉伤工件，循环起点的径向坐标值应大于毛坯直径，本例选取的是（X80 Z5）。

如图 3-3 所示，设定仿形粗车复合循环每刀切深 2mm。其他参数计算如下：

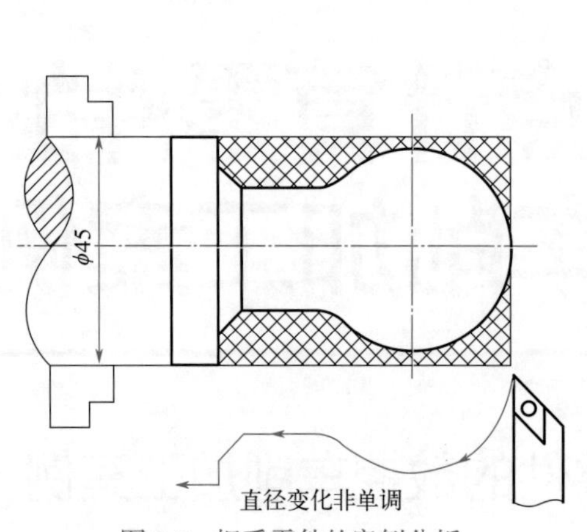

图 3-2　把手零件的案例分析

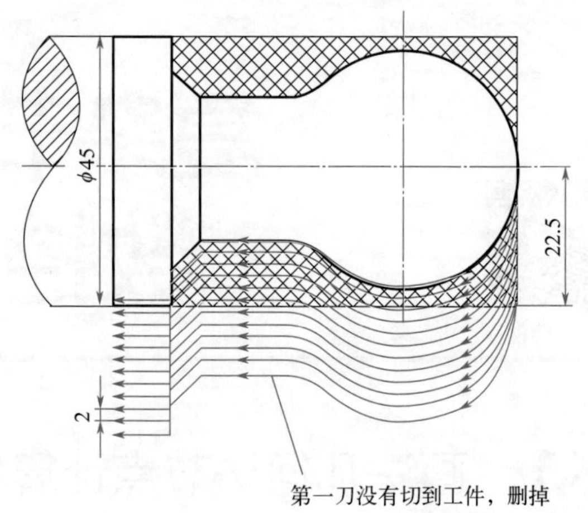

图 3-3　把手零件粗加工刀具轨迹及参数计算

最大切深（出现在零件最小直径处）=（毛坯直径 - 最小直径）÷2=(45−0)÷2=22.5（mm）

U（粗加工最大单边余量）= 最大切深 - 每刀切深 =22.5−2=20.5（mm）

注：减去一个每刀切深的目的，是防止第一刀是完全的空走刀。

R（粗加工循环刀数）= 最大切深 ÷ 每刀切深 =22.5÷2 ≈ 11（刀）

3.1.3　工艺设计

本案例零件的加工工艺过程为：

① 安装毛坯，启动动主轴，调整刀具至起刀点。

② 使用外圆车刀循环粗车零件外轮廓。

③ 使用外圆车刀精车零件外轮廓。

④ 快速退刀，工件停转，加工结束。

本案例零件的加工工序卡，见表 3-1。

表 3-1　加工工序卡

零件名称	把手	工序号	01	工序名称	数控车削
加工设备	数控车床	夹具名称	自定心卡盘		
零件材料	45 钢	毛坯规格	ϕ45 棒料		
工步号	工步内容	刀具编号	刀具类型参数	主轴转速 /（r/min）	进给量 /（mm/r）
1	粗车零件外表面	T1	C 型刀片机夹外圆车刀 80°刀尖角	600	0.15

续表

工步号	工步内容	刀具编号	刀具类型参数	主轴转速 /（r/min）	进给量 /（mm/r）
2	精车零件外表面	T1	C 型刀片机夹外圆车刀 35°刀尖角	1000	0.06

3.1.4 数学计算

为方便编程和对刀，以工件右端面中心点为原点建立编程坐标系，如图 3-4 所示。

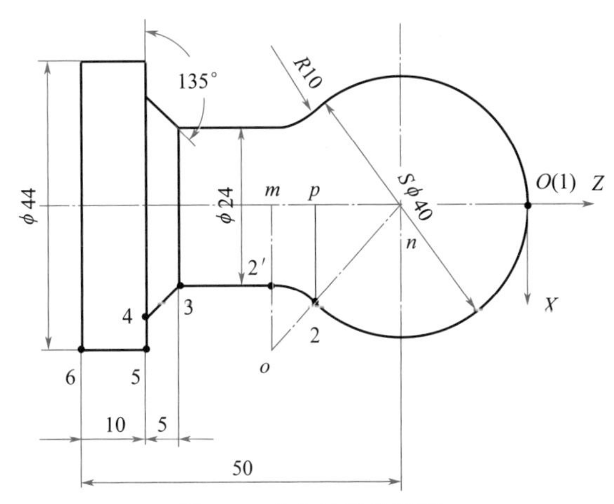

图 3-4 节点的数学计算

在 *XOZ* 编程坐标系下，计算并确定该零件各节点坐标值为：1（X0 Z0），2（X29.334 Z−33.597），2′（X24 Z−40.396），3（X24 Z−55），4（X34 Z−60），5（X44 Z−60），6（X44 Z−70）。注意，本例中各点的 *X* 坐标均为直径值。其中两个切点 2 和 2′ 的坐标值计算过程如下：

$$no = 20 + 10 = 30\text{mm}; \qquad mo = 24/2 + 10 = 22\text{mm}$$

$$mn = \sqrt{no^2 - mo^2} = \sqrt{30^2 - 22^2} = \sqrt{416} \approx 20.396\text{mm}$$

$$\frac{p2}{n2} = \frac{mo}{no}; \qquad \frac{p2}{20} = \frac{22}{30}; \qquad p2 \approx 14.667\text{mm}$$

$$\frac{pn}{n2} = \frac{mn}{no}; \qquad \frac{pn}{20} = \frac{20.396}{30}; \qquad pn \approx 13.597\text{mm}$$

因此，2′ 点的 *Z* 坐标 $=-(mn+n1)=-(20.396+20)=-40.396$；2 点的 *X* 坐标 $=2\times p2=2\times 14.667=29.334$，*Z* 坐标 $=-(pn+n1)=-(13.597+20)=-33.597$。

由此可见，仅仅这样一个看似简单的零件，其节点坐标计算就比较麻烦，而对于特别复杂的零件，其节点坐标计算将会更为困难。其实，可以利用计算机和绘图软件的强大计算能力，帮助我们轻松解决节点坐标计算的难题，这个方法就是画法几何法。该方法的基本操作过程如下：

① 打开计算机绘图软件，利用画法几何的知识，把这个零件的轮廓按尺寸绘制出来；

② 利用平移功能，把图形上的编程坐标系原点与软件绘图区的原点重合；
③ 点击“查询坐标”命令，用鼠标找到节点并点击；
④ 最后，通过确认并在出现的对话框中显示各个节点的坐标值，如图 3-5 所示。

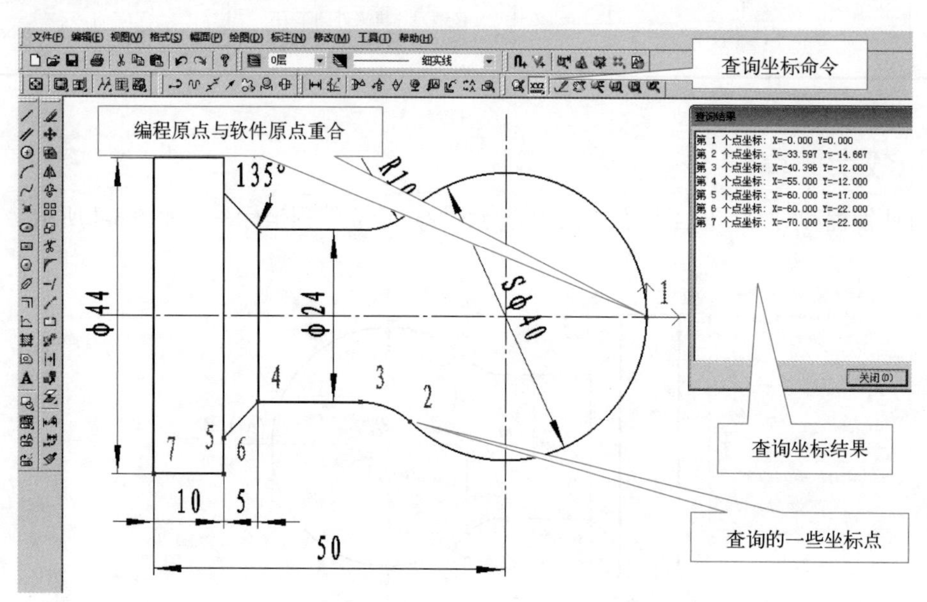

图 3-5　画法几何法计算节点坐标值

3.1.5　程序编制

本案例把手零件加工的数控加工程序（使用 FANUC 0i 数控系统）如下：

```
O3001;                          程序名
T0101;                          调用 1 号车刀，并应用刀偏方式建立编程坐标系
M07;                            切削液开
M03S600;                        工件旋转，转速为 600r/min
G00X80Z5;                       刀具快速定位到起刀点
G73U20.5R11;                    仿形粗车外圆复合循环
G73P10Q20U0.5W0F0.15;
N10G00X0;
G01Z0;                          刀具调整到加工原点
G03X29.334Z-33.597R20;          车 Sφ40 球头
G02X24Z-40.396R10;              车 R10 圆弧过渡
G01Z-55;                        车 φ24 轴段
X34Z-60;                        车 3-4 圆锥
X44;
N20Z-70;                        车 φ44 圆柱面
M05;
M03S1000;                       主轴提高转速到 1000r/min
G70P10Q20F0.06;                 精加工
G00X100Z100;                    退刀
M05;                            工件停转
M09                             切削液关
M30;                            程序结束
```

3.2 解析几何法节点计算零件的数控车削加工案例

3.2.1 案例题目

现使用配备 FANUC 数控系统的后置刀架数控车床，采用铝合金棒料型材为毛坯，对如图 3-6 所示的空竹轴零件进行编程加工。

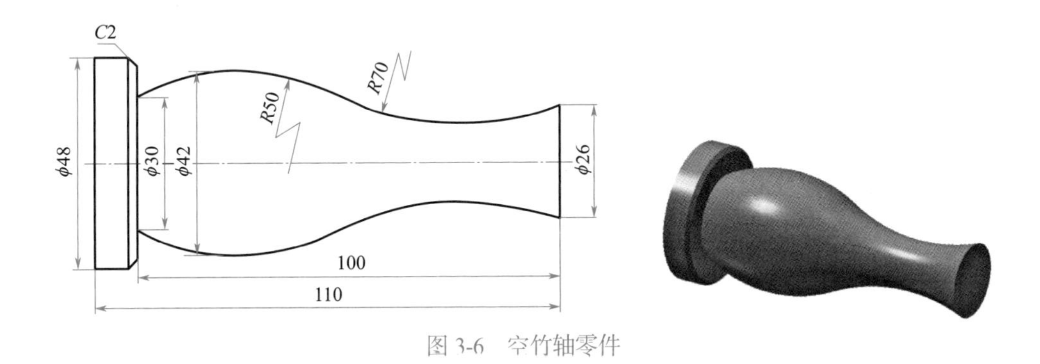

图 3-6 空竹轴零件

3.2.2 案例分析

本案例零件为直径变化非单调的细长轴，其主要结构特点是具有较为复杂的外部形状。在加工时可以选用 ϕ50 棒料为毛坯，选用 V 型刀片的尖头外圆车刀，配合仿形粗车复合循环指令 G73，通过一次装夹加工完成全部外轮廓表面，最后使用切断刀切下工件即可，如图 3-7 所示。

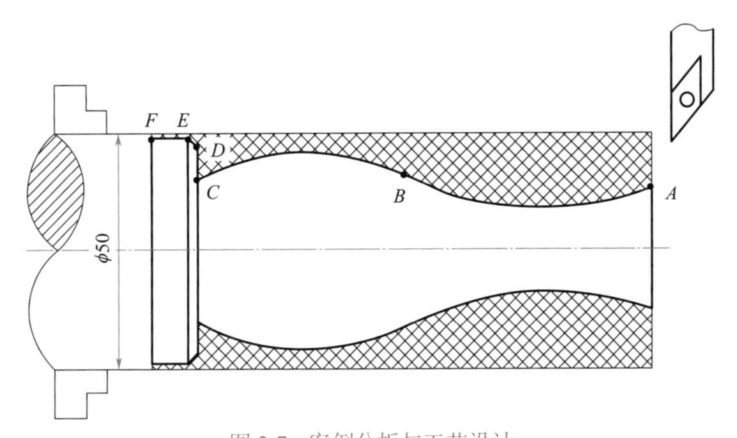

图 3-7 案例分析与工艺设计

3.2.3 工艺设计

本案例空竹轴零件的加工操作步骤如下：

① 安装毛坯，启动主轴，选用外圆车刀并移至起刀点。

② 使用外圆车刀循环粗车零件外轮廓。

③ 使用外圆车刀精车零件外轮廓。

④ 退刀，工件停转，加工结束。

其加工工序卡见表 3-2。

表 3-2　加工工序卡

零件名称	空竹轴	工序号	01	工序名称	数控车削
加工设备	FANUC 数控车床	夹具名称	自定心卡盘		
零件材料	铝合金	毛坯规格	ϕ50 棒料		
工步号	工步内容	刀具编号	刀具类型参数	主轴转速 /（r/min）	进给量 /（mm/r）
1	粗车零件外表面	T2	V 型刀片机夹外圆车刀 35°刀尖角	800	0.2
2	精车零件外表面	T2	V 型刀片机夹外圆车刀 35°刀尖角	1200	0.08

3.2.4　数学计算

为方便编程及操作，以工件右端面中心点为原点建立编程坐标系，如图 3-8 所示。本案例零件除 B 点以外，其他节点坐标都非常容易计算，这里不再赘述。

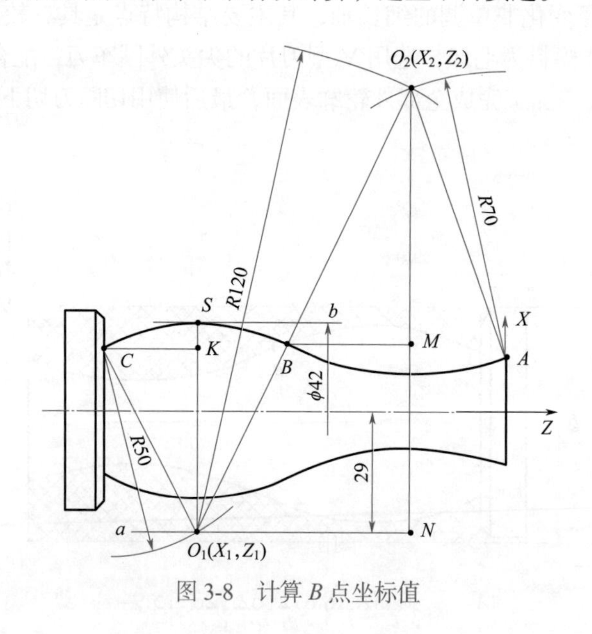

图 3-8　计算 B 点坐标值

① 解析几何法计算 B 点坐标值的过程，如图 3-8 所示。

a. 设 $R50$ 的圆心为 O_1，$R70$ 的圆心为 O_2。因为圆弧 BC 与水平线 b 相切于点 S，因此圆弧 BC 的圆心 O_1 一定在过 S 点的铅垂线上。过 C 点作辅助线 CK 垂直 SO_1 于点 K。

b. 在直角△ O_1KC 中，$CO_1=50$，$KO_1=SO_1-SK=50-(42/2-30/2)=50-6=44$，利用勾股定理求 CK，即

$$CK=\sqrt{CO_1^2-KO_1^2}=\sqrt{50^2-44^2}=23.749$$

c. 依据以上计算结果，可以得到 O_1 点坐标值为

$$Z_1=Z_C+CK=-100+23.749=-76.251$$

$$X_1=-(SO_1-42/2)=-(50-21)=-29$$

d. 利用两点间距离公式，分别列出求解线段 AO_2 和 O_1O_2 长度的计算式如下：

$$\begin{cases} AO_2=\sqrt{\left(X_2-X_A\right)^2+\left(Z_2-Z_A\right)^2} \\ O_1O_2=\sqrt{\left(X_2-X_1\right)^2+\left(Z_2-Z_1\right)^2} \end{cases}$$

其中，$AO_2=70$，$O_1O_2=50+70=120$，$X_1=-29$，$Z_1=-76.251$，$X_A=26/2=13$，$Z_A=0$。将各个数值代入上式，得到方程组如下：

$$\begin{cases} \sqrt{\left(X_2-13\right)^2+Z_2^2}=70 \\ \sqrt{\left(X_2+29\right)^2+\left(Z_2+76.251\right)^2}=120 \end{cases}$$

求解方程组，并去掉一个无效解后，得到圆弧 AB 的圆心 O_2 坐标值为 $X_2=78.872$，$Z_2=-23.682$。

e. 过 O_2 点向下作铅垂线，过 O_1 点向右作水平线，两线交于点 N。过 B 点向右作水平线交 O_2N 于点 M。

f. 由于 BM 和 O_1N 同时垂直于 O_2N，因此 $\triangle O_1O_2N \backsim \triangle BO_2M$。利用相似三角形的性质，得到以下方程：

$$\frac{BM}{O_1N}=\frac{O_2B}{O_1O_2}$$

其中，$O_1O_2=50+70=120$，$O_2B=70$，$O_1N=|Z_1-Z_2|=|-76.251+23.682|=52.569$。代入上式后，得到 $BM=30.665$。

g. 在直角△O_2MB 中，已知 $BM=30.665$，$O_2B=70$，利用勾股定理可以求出 O_2M，即

$$O_2M=\sqrt{O_2B^2-BM^2}=\sqrt{70^2-30.665^2}=62.926$$

h. 依据以上计算结果，最终可以确定两圆弧切点 B 的坐标值为

$$X_B=X_2-O_2M=78.872-62.926=15.946$$

B 点在直径编程方式下的 X 坐标值为 15.946×2= 31.892。

$$Z_B=Z_2-BM=-23.682-30.665=-54.347$$

最后得到在 XOZ 编程坐标系下，本案例零件各节点坐标值为：A（X26 Z0），B（X31.892 Z-54.347），C（X30 Z-100），D（X44 Z-100），E（X48 Z-102），F（X48 Z-110）。其中各点的 X 坐标均为直径值。

② G73 指令中 U、R 参数的确定。本案例毛坯直径为 $\phi50$，零件最小直径出现在线段 MN 与零件交界处，该处的直径 $=2\times(X_2-70)=2\times(78.872-70)=17.744$，取最小直径为 $\phi18$。设粗加工

每刀切深 2mm。

$$U=(\text{毛坯直径}-\text{最小直径})/2-2=(50-18)/2-2=16-2=14;\ R=16/2=8$$

3.2.5 程序编制

本案例空竹轴零件加工的数控加工程序（使用 FANUC 0i 数控系统）如下：

```
O3002;                          程序名
T0202;                          选取 2 号外圆车刀
M03S800;
G00X80Z5;                       刀具快速移动至起刀点
G73U14R8;
G73P100Q200U0.2W.1F0.2;         仿形粗车复合循环加工外轮廓
N100G00X26;
G01Z0;                          慢速接触到 A 点
G02X31.892Z-54.347R70;          切 A-B 圆弧
G03X30Z-100R50;                 切 B-C 圆弧
G01X44;                         切 C-D 直线
X48Z-102;                       切 D-E 直线
N200Z-110;                      切 E-F 直线
M05;
M03S1200;
G70P100Q200F0.08;               精车外轮廓
G00X100Z100;                    退刀
M05;
M30;
```

3.3 宏程序节点计算零件的数控车削加工案例

3.3.1 案例题目

现使用配备华中数控系统的车床，采用铝合金棒料型材为毛坯，对如图 3-9 所示的椭圆套零件进行编程加工。

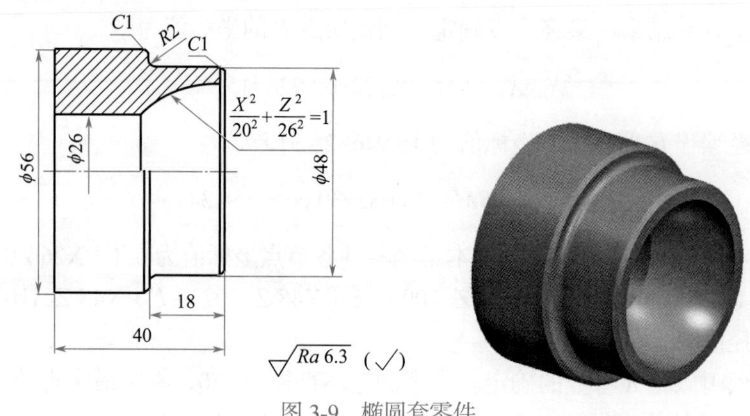

图 3-9 椭圆套零件

3.3.2 案例分析

该零件的主要结构特点是具有一个椭圆形凹槽。在加工时，可以首先使用 ϕ25 钻头在 ϕ60 铝合金棒料毛坯中心部钻削底孔，然后用外圆车刀加工外轮廓，最后用镗孔刀加工椭圆形凹槽。加工椭圆形凹槽需要使用宏程序编程。宏程序编程时有两种自变量的选取方式，分别为等 Z 轴长度自变量［如图 3-10（a）所示］和等圆心角度自变量［如图 3-10（b）所示］，在实际编程时要根据被加工曲线的特点灵活选取。很显然，本案例为保证加工弧长的步长均匀性，椭圆部分采用 Z 坐标值（0 ～ −26）的等 Z 轴长度为自变量较好。

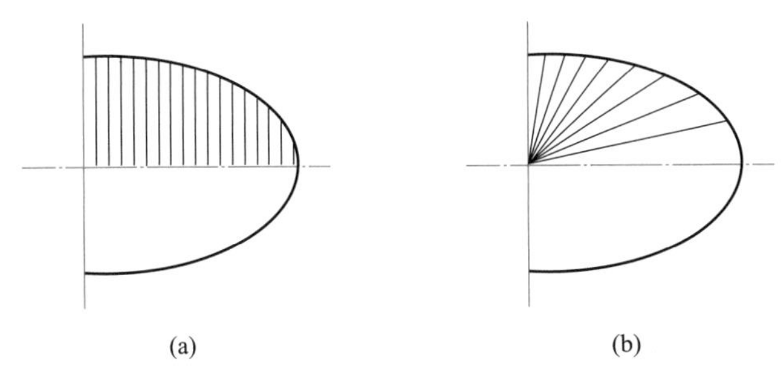

图 3-10 宏程序自变量选取与加工弧长的关系

3.3.3 工艺设计

本案例零件的加工操作步骤如下：

① 安装毛坯，启动主轴，调整钻头至起刀点。

② 手动钻削底孔。

③ 退至换刀点，换用外圆车刀。

④ 使用外圆车刀循环粗车外轮廓。

⑤ 使用外圆车刀精车外轮廓。

⑥ 退至换刀点，换用镗孔刀。

⑦ 使用镗孔刀循环粗车椭圆凹槽。

⑧ 使用镗孔刀精车椭圆凹槽。

⑨ 快速退刀，工件停转，加工结束。

本案例的加工工序卡，见表 3-3。

表 3-3 加工工序卡

零件名称	椭圆套	工序号	01	工序名称	数控车削
加工设备	华中数控车床	夹具名称		自定心卡盘	
零件材料	铝合金	毛坯规格		ϕ60 棒料型材	
工步号	工步内容	刀具编号	刀具类型参数	主轴转速 /（r/min）	进给量 /（mm/r）
1	钻底孔	—	ϕ25 锥柄麻花钻头	400	0.1

续表

工步号	工步内容	刀具编号	刀具类型参数	主轴转速 /（r/min）	进给量 /（mm/r）
2	粗车零件外表面	T1	C 型刀片机夹外圆车刀 80°刀尖角	600	0.2
3	精车零件外表面	T1	C 型刀片机夹外圆车刀 80°刀尖角	1000	0.1
4	粗车零件内表面	T3	T 型刀片机夹内孔车刀 93°主偏角	600	0.1
5	精车零件内表面	T3	T 型刀片机夹内孔车刀 93°主偏角	1000	0.05

3.3.4 数学计算

为方便编程和对刀，以工件右端面中心点为原点建立编程坐标系，如图 3-11 所示。

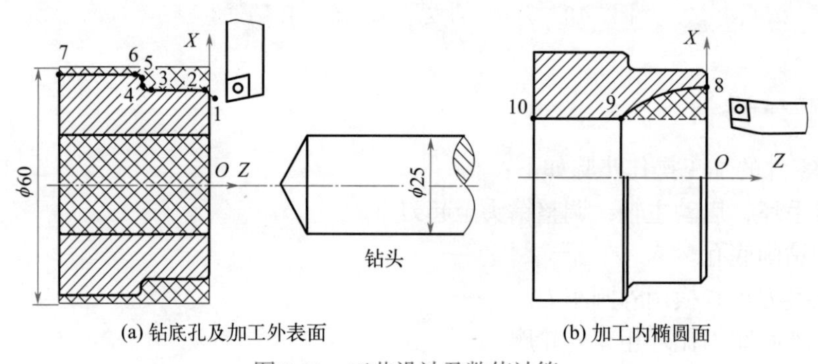

(a) 钻底孔及加工外表面　　(b) 加工内椭圆面

图 3-11　工艺设计及数值计算

在 *XOZ* 编程坐标系下，计算并确定该零件各节点坐标值为：1（X44 Z1），2（X48 Z−1），3（X48 Z−16），4（X52 Z−18），5（X54 Z−18），6（X56 Z−19），7（X56 Z−40），8（X40 Z0），9（X26 Z−19.758），10（X26 Z−40）。其中各点的 *X* 坐标均为直径值。

3.3.5 程序编制

本案例椭圆套零件的数控加工程序（使用华中数控系统）如下：

```
%3003;                              程序名
G40G95G97G21G36;                    机床初始化
T0101;                              选取外圆车刀
M03S600;
G00X60.0Z5.0;
G71U1.0R1.0P30Q40X0.3Z0F0.2;        外圆粗车复合循环
G00X100.0Z100.Z0;
M05;
M03S1000;                           精车外圆提速
```

```
G00X60.0Z5.0;
N30G00X44.0;
G01Z1.0F0.1;
X48.0Z-1.0;                                   车右侧C1倒角
Z-16.0;                                       车2-3直线
G02X52.0Z-18.0R2.0;                           车3-4圆弧
G01X54.0;                                     车4-5直线
X56.0Z-19.0;                                  车左侧C1倒角
N40Z-40.0;                                    车6-7直线
G00X100.0Z100.0;
M05;
T0303;                                        选取内孔车刀
M03S600;
G00X25.0Z5.0;
G71U1.0R1.0P70Q80X-0.2Z0F.1;                  粗车内孔循环
G00X100.0Z100.0;
M05;
M03S1000;                                     精车内孔提速
G00X25.0Z5.0;
N70G00X40.0;
G01Z0F0.05;
#1=0;
#1=#1-0.1;                                    Z轴坐标自变量每步增加0.1mm
WHILE[#2GE-20.0];                             判断椭圆循环起止
#2=2*SQRT[[1-[#1*#1]/[26.0*26.0]]*20.0*20.0]; X轴坐标因变量计算
G01X[#2]Z[#1];                                每步切直线拟合椭圆
ENDW;
N80G01X24.0;
G00Z100.0;
X100.0;                                       退刀
M05;
M30;
```

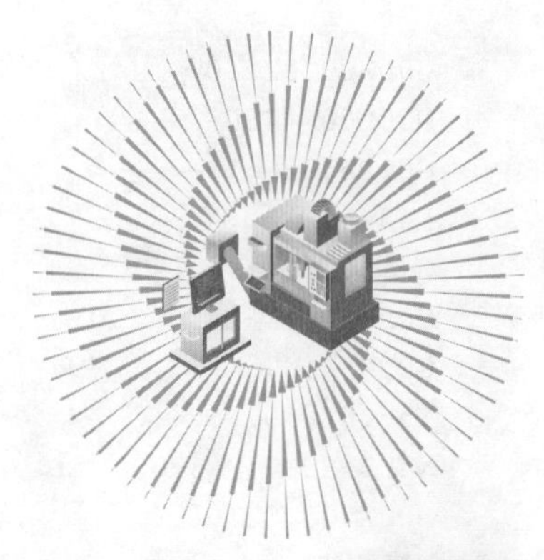

第 4 章 复杂工艺零件的数控车削加工案例

扫码看视频

4.1 双头连接零件的数控车削加工案例

4.1.1 案例题目

现使用配备 FANUC 数控系统的车床，采用 45 钢棒料型材为毛坯，对如图 4-1 所示的双头连接零件进行编程加工。

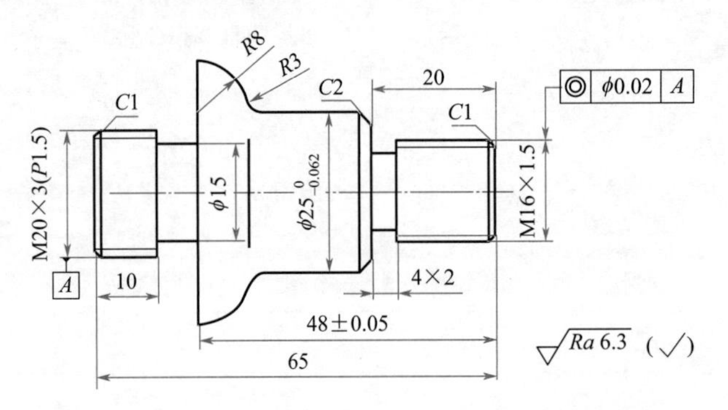

图 4-1 双头连接零件

4.1.2 案例分析

本案例零件是一个用于安装其他物体的连接物品。左段为安装部，其 M20 螺纹用于与基体的连接，因为要求能够快装快卸，所以该螺纹采用双线螺纹；右段为装配部，其 ϕ25 圆柱面用于与其他零件的精密配合，M16 螺纹用于紧固。

本案例零件的结构特点是中间大两端小，仍然需要调头加工。加工时，先加工零件的右段，如图 4-2（a）所示。因为两端都有螺纹，所以调头之后，只能装夹光轴段，如图 4-2（b）所示。但是，被夹紧的 ϕ25 圆柱面是有较高精度要求的轴段，被夹紧后精度容易丧失。所以，如图 4-2 所示的加工工艺方案是不合适的。

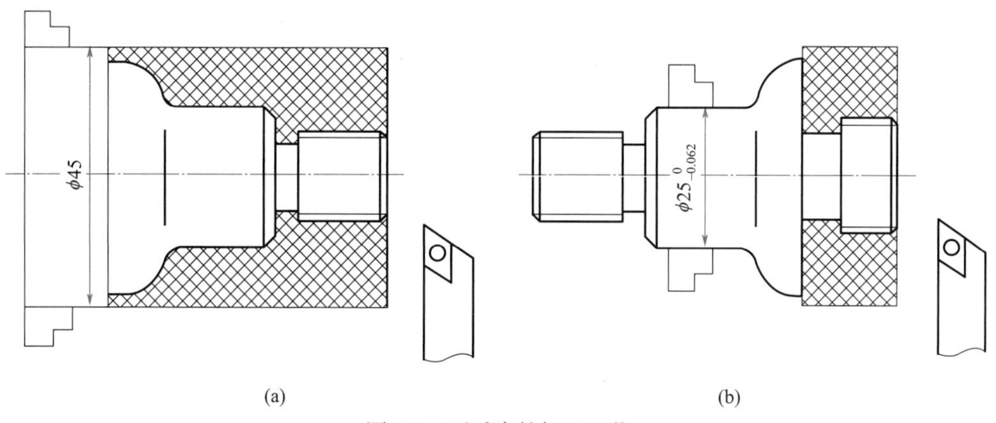

图 4-2　不适当的加工工艺

解决方法是调头之后，使用工艺套夹紧，如图 4-3 所示。首先加工的是零件图上的零件左段，如图 4-3（a）所示；然后，用一个另外加工好的工艺套旋紧加工好的工件左段并调头装夹，夹盘夹紧的是工艺套，不会伤及工件，如图 4-2（b）所示。加工完毕，旋下工艺套即可。

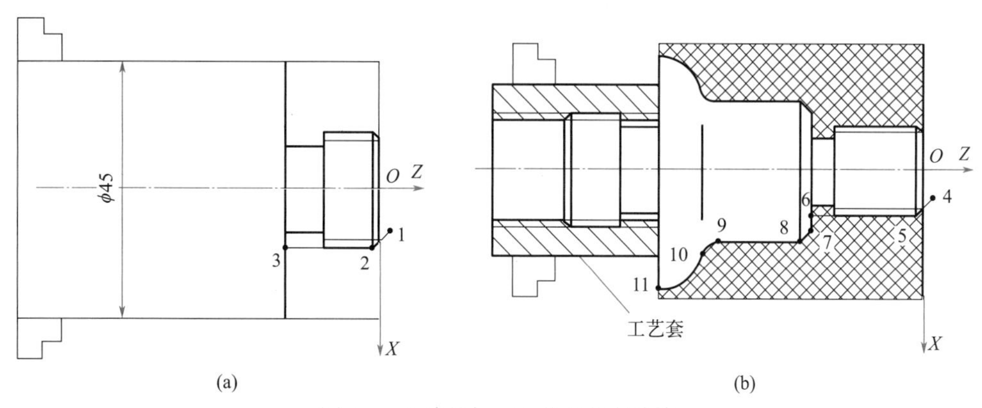

图 4-3　正确的加工工艺及节点计算

4.1.3　工艺设计

本案例零件的加工工艺步骤如下：

① 安装毛坯，启动主轴，调用刀具至起刀点。

② 使用外圆车刀循环粗车零件左段外轮廓。

③ 使用外圆车刀精车零件左段外轮廓。

④ 退刀并换用切槽刀。

⑤ 使用切槽刀切削左段退刀槽。

⑥ 退刀并换用螺纹刀。

⑦ 使用螺纹刀切削 M20 双线螺纹。

⑧ 退刀换用外圆车刀。

⑨ 卸下工件，旋上工艺套，调头装夹工艺套部位。测量工件长度，依此重新对刀。

⑩ 使用外圆车刀循环粗车零件右段外轮廓。

⑪ 使用外圆车刀精车零件右段外轮廓。

⑫ 退刀并换用切槽刀。

⑬ 使用切槽刀切削右段退刀槽。

⑭ 退刀并换用螺纹刀。

⑮ 使用螺纹刀切削 M16 螺纹。

⑯ 快速退刀，工件停转，卸下工件，旋下工艺套，加工结束。

本案例零件的加工工序卡，见表 4-1。

表 4-1　加工工序卡

零件名称	双头连接零件	工序号	01	工序名称	数控车削
加工设备	FANUC 数控车床	夹具名称		自定心卡盘	
零件材料	45 钢	毛坯规格		ϕ45 棒料	
工步号	工步内容	刀具编号	刀具类型参数	主轴转速 /（r/min）	进给量 /（mm/r）
1	粗车零件左段外表面	T1	C 型刀片机夹外圆车刀 80°刀尖角	500	0.15
2	精车零件左段外表面	T1	C 型刀片机夹外圆车刀 80°刀尖角	800	0.06
3	车零件左段退刀槽	T2	机夹切槽刀 刃宽 4mm	400	0.02
4	车 M20 螺纹	T3	螺纹车刀 16 系列刀片	300	3
5	旋上工艺套，工件调头	—	—	—	—
6	粗车零件右段外表面	T1	C 型刀片机夹外圆车刀 80°刀尖角	500	0.15
7	精车零件右段外表面	T1	C 型刀片机夹外圆车刀 80°刀尖角	800	0.06
8	车右段退刀槽	T2	机夹切槽刀 刃宽 4mm	400	0.02
9	车 M16 螺纹	T3	螺纹车刀 16 系列刀片	300	1.5

4.1.4　数学计算

为方便编程和对刀，以工件右端面中心点为原点建立编程坐标系，如图 4-3 所示。

在 *XOZ* 编程坐标系下，计算并确定该零件各节点坐标值为：1（X14 Z2），2（X20 Z−1），3（X20 Z−17），4（X10 Z2），5（X16 Z−1），6（X16 Z−20），7（X21 Z−20），8（X24.969 Z−22），9（X24.969 Z−37.417），10（X-29.364 Z−40.303），11（X41 Z−48）。注意，本例中各点

的 *X* 坐标均为直径值。有公差要求的尺寸均采用中间偏差编程。

4.1.5 程序编制

本案例双头连接零件的数控加工程序（使用 FANUC 0i 数控系统）如下。

① 第一次装夹的程序：

```
O4101;                          程序名
T0101;                          选取外圆车刀
M03S500;
G00X45Z5;                       定位于毛坯外延长线
G71U1R1;
G71P10Q20U0.3W0F0.15;           外圆粗车固定循环
N10G00X14
Z2;
G01X20Z-1;
Z-17;
N20X46;
M05;
M03S800;
G70P10Q20F0.06;                 外圆精车
G00X100Z100;                    退刀
M05;
M03S400;
T0202;                          选切槽刀
G00X50;
Z-17;                           定位于切退刀槽第一刀位置
X22;
G01X15F0.02;                    切退刀第一刀槽
G04P1000;                       槽底停留
G00X22;
Z-14;                           定位于切退刀槽第二刀位置
G01X15F0.02;                    切退刀第二刀槽
G04P1000;
G00X100;
Z100;                           退刀
M05;
M03S300;
T0303;                          选取螺纹车刀
G00X22Z5;                       第一条螺纹循环起点 Z 设为 5
G92X19.2Z-11F3;                 车第一条螺纹
X18.6
X18.2;
X18.04;
G00X22;
Z3.5;                           第一条螺纹循环起点 Z=5-P=5-1.5=3.5
G92X19.2Z-11F3;                 车第二条螺纹
X18.6
```

```
X18.2;
X18.04;
G00X100Z100;                       退刀
M05;
M30;
```

② 调头并使用工艺套装夹后的程序：

```
O4102;                             程序名
T0104;                             选取外圆车刀，调头后刀补值记入 04 号
M03S500;
G00X45Z5;                          快速定位于毛坯外延长线
G71U1R1;
G71P10Q20U0.3W0F0.15;              粗车外圆固定循环
N10G00X10
Z2;
G01X16Z-1;
Z-20;
X21;
X24.969Z-22;
Z-37.417;
G02X-29.364Z-40.303R3;             切 R3 圆弧
G03X41Z-48R8;                      切 R8 圆弧
N20G01Z-50;
M05;
M03S800;
G70P10Q20F0.06;                    精车外圆
G00X100Z100;                       退刀
M05;
M03S400;
T0205;                             选取切槽刀，调头后刀补值记入 05 号
G00X50;
Z-20;                              定位于退刀槽位置外侧
X18;
G01X14F0.02;                       切退刀槽
G04P1000;                          槽底停留
G00X100;
Z100;                              退刀
M05;
M03S300;
T0306;                             选取螺纹车刀，调头后刀补值记入 06 号
G00X18Z5;                          为了便于车螺纹排屑，设置 X18，大于 M16
G92X15.2Z-18F1.5;                  车 M16 螺纹循环
X14.6
X14.2;
X14.04;
G00X100Z100;                       退刀
M05;
M30;
```

4.2 管接头零件的数控车削加工案例

4.2.1 案例题目

现使用配备 FANUC 数控系统的车床，采用 45 钢棒料型材为毛坯，对如图 4-4 所示的管接头零件进行编程加工。

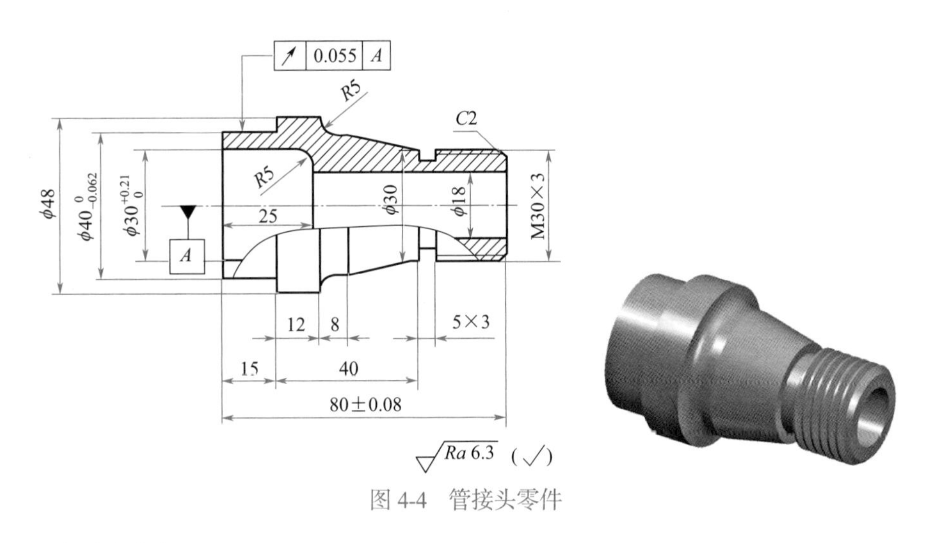

图 4-4　管接头零件

4.2.2 案例分析

该零件的结构特点是中间大两端小，仍然需要调头加工。考虑到零件右边的螺纹和锥面不易夹持，因此应先加工零件左边，再加工零件右边，如图 4-5 所示。

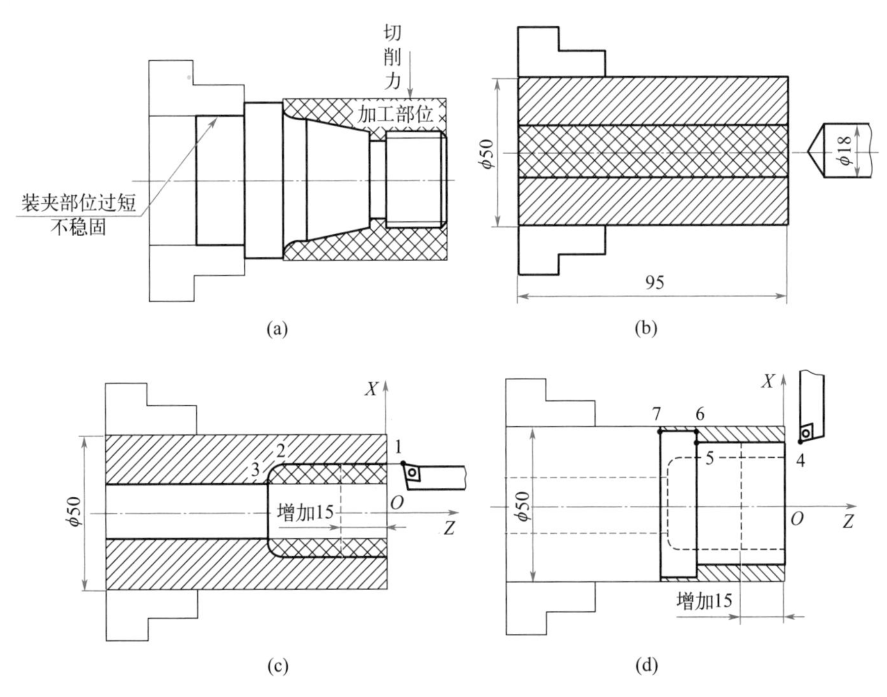

图 4-5

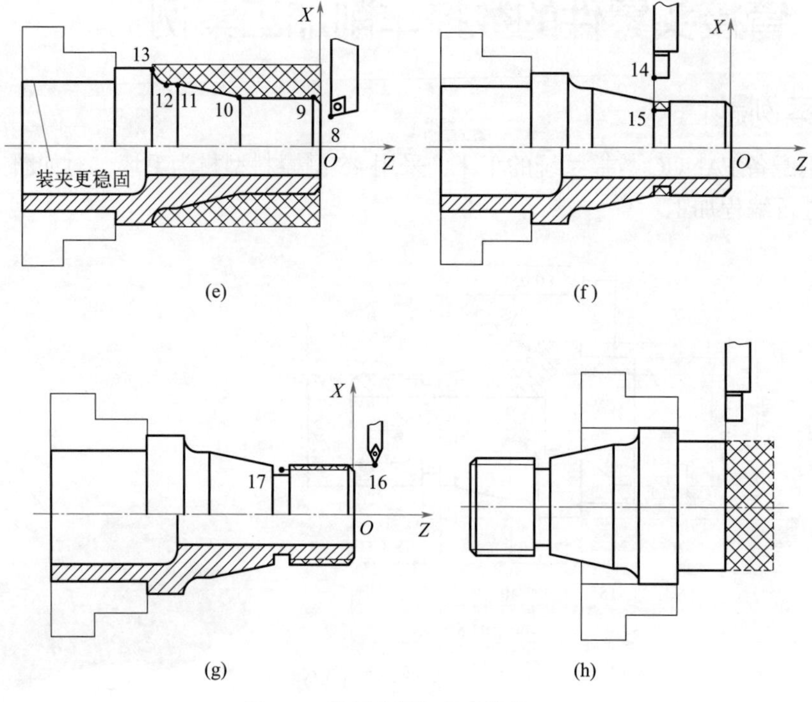

图 4-5　案例分析与节点计算

不过有一点需要注意的是，当工件调头后，夹持左边加工右边时，因左边 ϕ40mm 圆柱只有 15mm 长，并且是空心结构，夹持接触长度过短、刚度不足，右侧切削力很容易使工件变形，甚至脱落，如图 4-5（a）所示。解决方法是加长 ϕ40mm 圆柱面到 30mm，如图 4-5（e）所示，这样会大大提高切削系统刚度。缺点是加工完成后，会增加一个再调头，切除多余长度的工序，如图 4-5（h）所示。

4.2.3　工艺设计

本案例零件的加工工艺步骤如下：

① 安装毛坯，启动主轴，调用钻头至起刀点。

② 钻削零件内部底孔，如图 4-5（b）所示。

③ 退刀并换用镗孔刀。

④ 使用镗孔刀循环粗车零件左侧内部轮廓，如图 4-5（c）所示。

⑤ 使用镗孔刀精车零件左侧内部轮廓，如图 4-5（c）所示。

⑥ 退刀并换用外圆车刀。

⑦ 使用外圆车刀循环粗车零件左边外轮廓，如图 4-5（d）所示。

⑧ 使用外圆车刀精车零件左边外轮廓，如图 4-5（d）所示。

⑨ 调头装夹，测量毛坯右侧剩余长度，依此重新对刀。对刀值存入另外的刀补值号。

⑩ 使用外圆车刀循环粗车零件右边外轮廓，如图 4-5（e）所示。

⑪ 使用外圆车刀精车零件右边外轮廓，如图 4-5（e）所示。

⑫ 退刀并换用切槽刀。

⑬ 使用切槽刀切削退刀槽，如图 4-5（f）所示。

⑭ 退刀并换用螺纹刀。

⑮ 使用螺纹刀切削螺纹，如图 4-5（g）所示。

⑯ 再次调头装夹，测量 ϕ40mm 圆柱面长度，在适当位置手动切除多余部分，如图 4-5（h）所示。

⑰ 快速退刀，工件停转，加工结束。

本案例零件的加工工序卡，见表 4-2。

表 4-2　加工工序卡

零件名称	管接头	工序号	01	工序名称	数控车削
加工设备	FANUC 数控车床	夹具名称		自定心卡盘	
零件材料	45 钢	毛坯规格		ϕ50mm 棒料	
工步号	工步内容	刀具编号	刀具类型参数	主轴转速 /（r/min）	进给量 /（mm/r）
1	钻 ϕ18mm 底孔	T5	麻花钻头 ϕ18mm	600	0.1
2	粗车零件内表面	T3	T 型刀片机夹内孔车刀 93°主偏角	600	0.1
3	精车零件内表面	T3	T 型刀片机夹内孔车刀 93°主偏角	800	0.05
4	粗车零件左侧外表面	T1	C 型刀片机夹外圆车刀 80°刀尖角	600	0.15
5	精车零件左侧外表面	T1	C 型刀片机夹外圆车刀 80°刀尖角	800	0.08
6	工件调头	—	—	—	—
7	粗车零件右侧外表面	T1	C 型刀片机夹外圆车刀 80°刀尖角	600	0.15
8	精车零件右侧外表面	T1	C 型刀片机夹外圆车刀 80°刀尖角	800	0.08
9	车退刀槽	T4	机夹切槽刀 刃宽 5mm	400	0.05
10	车螺纹	T6	螺纹车刀（反装） 16 系列刀片	300	3
11	工件调头，手动定长	T4	机夹切槽刀 刃宽 5mm	400	—

4.2.4　数学计算

为方便编程和对刀，以工件右端面中心点为原点建立编程坐标系，如图 4-5（c）（d）（e）（f）（g）所示。在 *XOZ* 编程坐标系下，计算并确定该零件各节点坐标值为：1（X30.105 Z3），2（X30.105 Z−35），3（X20 Z−40），4（X39.969 Z5），5（X39.969 Z−30），6（X48 Z−30），

7（X48 Z-42），8（X20 Z3），9（X30 Z-2），10（X30 Z-25），11（X38 Z-45），12（X38 Z-48），13（X48 Z-53），14（X45 Z-25），15（X24 Z-25），16（X31 Z5），17（X26.1 Z-23）。注意，本例中各点的 X 坐标均为直径值。

① 有公差要求的尺寸均采用中间偏差编程。其中左侧 ϕ30mm 孔的 X 坐标 =（30.21+30）/2=30.105；左侧 ϕ40mm 外圆的 X 坐标 =（40-0.062+40）/2=39.969。

② 右侧 M30 螺纹的编程坐标处理。为了使加工螺纹时，每次空回刀不磨损已加工表面，且利于排除切屑，螺纹加工的循环编程起点 16 应位于工件外侧，并且其 X 坐标应大于螺纹外径，这里选取 16（X31 Z5）；螺纹加工的循环编程的终点应位于退刀槽内，因此 17 点 Z 坐标选取 -23。加工螺纹过程中，其 X 坐标变化应按照递减的原则逐刀分布。查表 1-8 可知，螺距 P=3mm 的米制螺纹，其牙深为 1.949mm，分 7 刀次车削完成，每刀次 X 向背吃刀量依次为 1.2mm、0.7mm、0.6mm、0.4mm、0.4mm、0.4mm、0.2mm，总 X 向坐标减少 3.9 mm ≈ 1.949mm×2。所以 17 点 X 坐标 =30-3.9=26.1。

4.2.5 程序编制

本案例管接头零件的数控加工程序（使用 FANUC 0i 数控系统）如下。

① 第一次装夹的程序：

```
O4201;                                   程序名
T0303;                                   选取内孔车刀
M03S600;
G00X18Z3;                                快速定位于底孔外侧延长线上
G71U1R1;
G71P10Q20U-0.2W0F0.1;                    粗车内孔循环
N10G00X30.105
G01Z-35;
G03X20Z-40R5;
N20G01X17;
M05;
M03S800;
G70P10Q20F0.05;                          精车内孔
G00Z100;
X100;                                    退刀
M05;
T0101;                                   选取外圆车刀
M03S600;
G00X50Z5;                                快速定位于毛坯外圆延长线上
G71U1R1;
G71P30Q40U0.2W0F0.15;                    粗车外圆循环
N30G00X39.969;
G01Z-30;
X48;
Z-42
N40X51;
M05;
M03S800;
```

```
G70P30Q40F0.08;                    精车外圆
G00X100Z100;
M05;
M30;                               程序结束
```

② 调头装夹后的程序：

```
O4202;                             程序名
T0105;                             选取外圆车刀，用 5 号刀补值建立调头后的编程坐标系
M03S600;
G00X50Z3;                          快速定位于毛坯外圆延长线上
G71U1R1;
G71P500Q60U0.2W0F0.15;             粗车外圆循环
N50G00X20;
G01X30Z-2;
Z-25;
X38Z-45;
Z-48;
G02X48Z-53R5;
N60G01X51;
M05;
M03S800;
G70P50Q60F0.08;                    精车外圆
G00X100Z100;                       退刀
M05;
T0404;                             选取切槽刀
M03S400;
G00X45Z-25;                        快速定位退刀槽外侧
X32;                               快速下刀
G01X24F0.05;                       切削退刀槽
G04P2000;                          槽底暂停
G00X100;
Z100;                              退刀
M05;
T0606;                             选取螺纹车刀
M03S300;
G00X31Z5;                          快速定位于螺纹加工循环起点
G92X28.8Z-23F3;                    加工螺纹第一刀
X28.1;                             加工螺纹第二刀
X27.5;                             加工螺纹第三刀
X27.1;                             加工螺纹第四刀
X26.7;                             加工螺纹第五刀
X26.3                              加工螺纹第六刀
X26.1                              加工螺纹第七刀
G00X100;
Z100;                              退刀
M05;                               停转
M30;                               程序结束
```

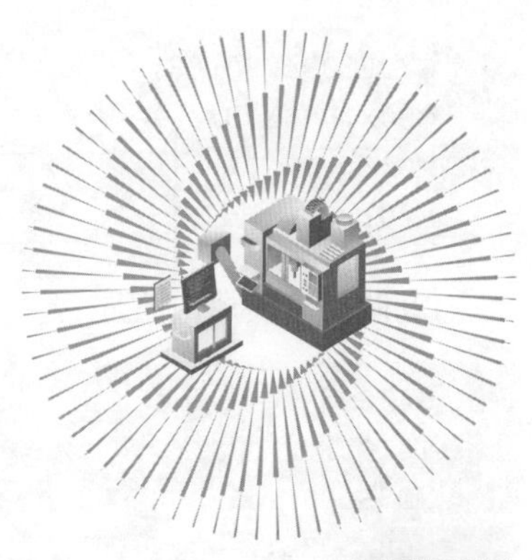

第5章 组合件的数控车削加工案例

5.1 连接端子组合件的数控车削加工案例

5.1.1 案例题目

在实际生产中，零件与零件之间往往是相互配合使用的，因此要车削加工组合件需要掌握零件尺寸精度、形状位置公差和表面粗糙度的控制，从而保证零件间的配合精度。

现使用配备 FANUC 数控系统的数控车床加工如图 5-1 和图 5-2 所示的连接端子组合件中的两个零件。通过零件 1 右端的 M30 外螺纹与零件 2 左端的 M30 内螺纹的旋合，最终成为如图 5-3 所示的连接端子组合件。

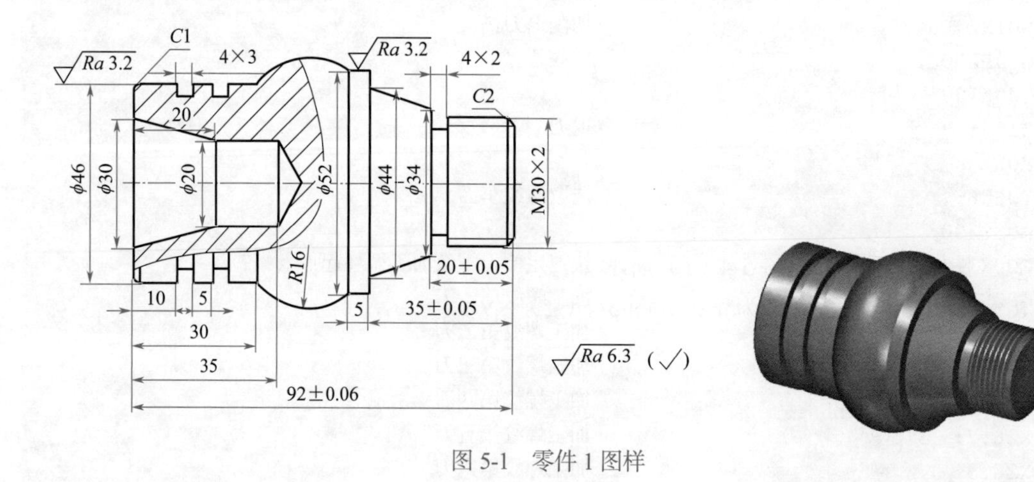

图 5-1 零件 1 图样

5.1.2 工艺设计

本案例连接端子组合件主要由以下一些工艺结构组成，即外圆、外螺纹、外槽、内孔、内螺纹、内槽，重点在内外螺纹的互相配合。两零件的加工工艺过程设计如下。

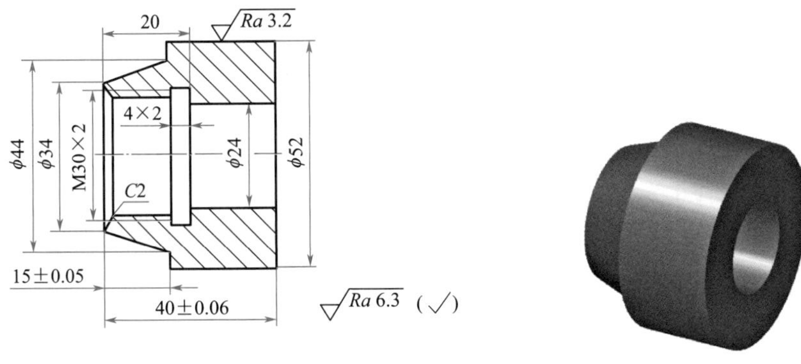

图 5-2　零件 2 图样

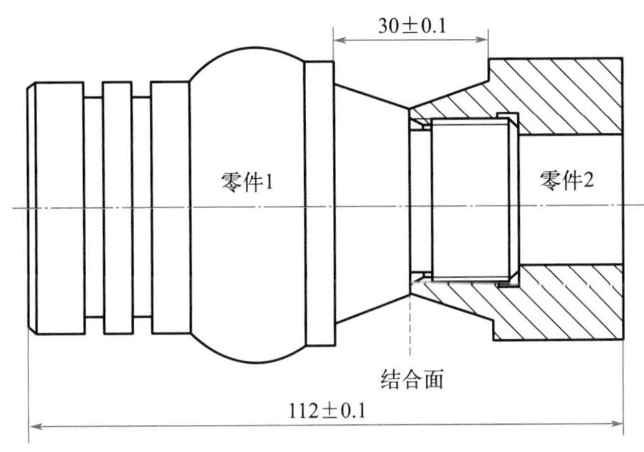

图 5-3　连接端子组合体图样

（1）零件 1 的加工工艺过程

① 装夹外圆右端，左端外圆粗加工，加工至 ϕ52 外圆处，精加工各档外圆。如图 5-4（a）所示。

② 加工 2×4 两处外槽，至精度要求，如图 5-4（b）所示。

③ 用的 ϕ18 钻头钻孔，孔深 35mm，如图 5-4（c）所示。

④ 粗加工内孔后，再精加工内孔至精加工要求，如图 5-4（d）所示。

⑤ 调头装夹 ϕ46 的外圆，打表找正，平端面控制总长。

⑥ 粗、精车螺纹外圆和锥面，精加工至尺寸要求，如图 5-4（e）所示。

⑦ 车螺纹退刀槽，如图 5-4（f）所示。

⑧ 车螺纹，加工至合格为止，如图 5-4（g）所示。

（2）零件 2 的加工工艺过程

① 装夹外圆左端，用 ϕ22 的钻头钻通孔，如图 5-5（a）所示。

② 粗加工 ϕ52 外圆，精加工至尺寸要求，如图 5-5（b）所示

③ 调头装夹 ϕ52 外圆，平端面控制总长。

④ 车外锥至加工精度，如图 5-5（c）所示

⑤ 粗加工内孔后，再精加工内孔至精度要求，如图 5-5（d）所示。

⑥ 车螺纹退刀槽，如图 5-5（e）所示。

⑦ 车内螺纹，加工至合格，如图 5-5（f）所示。

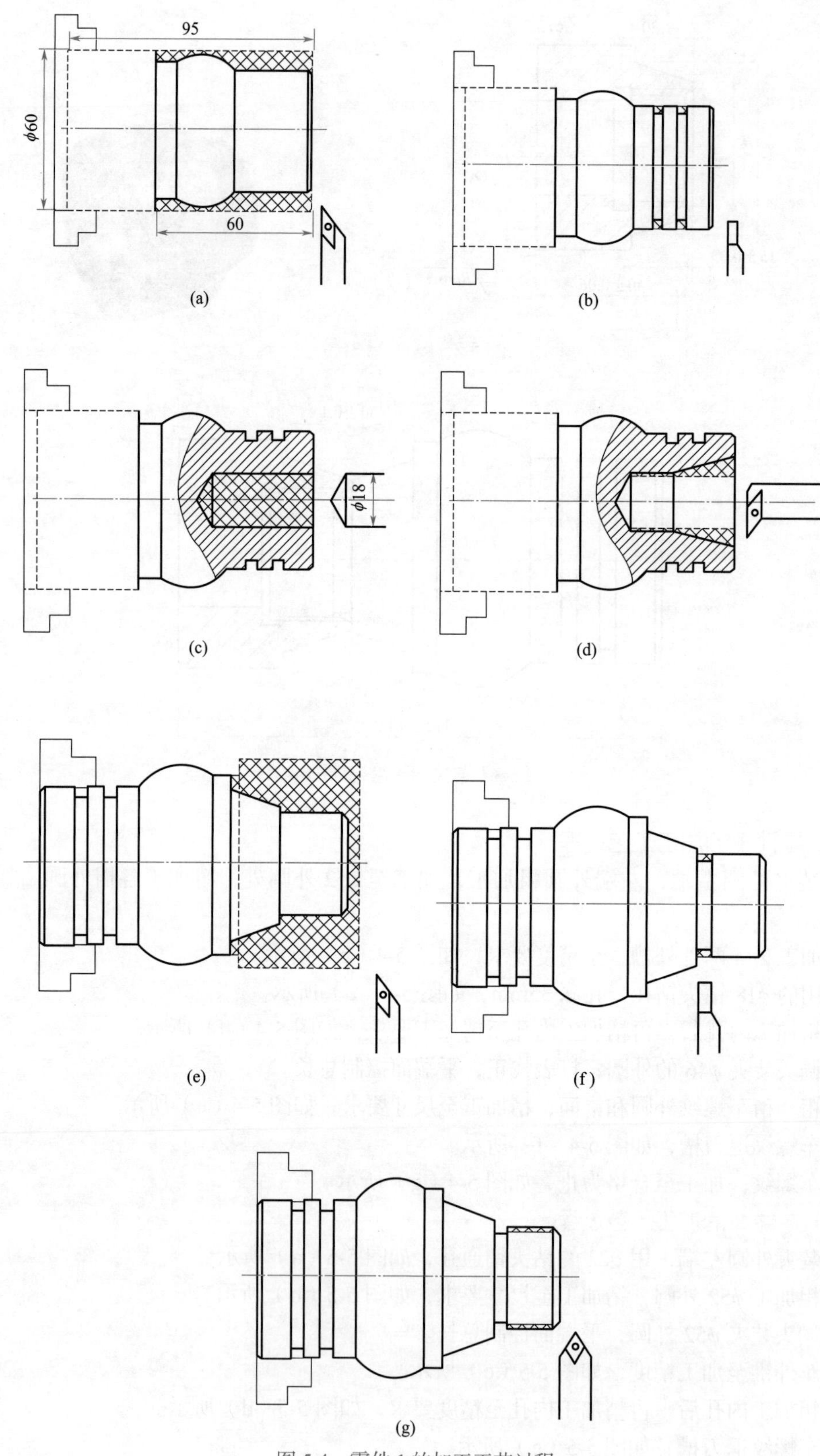

图 5-4　零件 1 的加工工艺过程

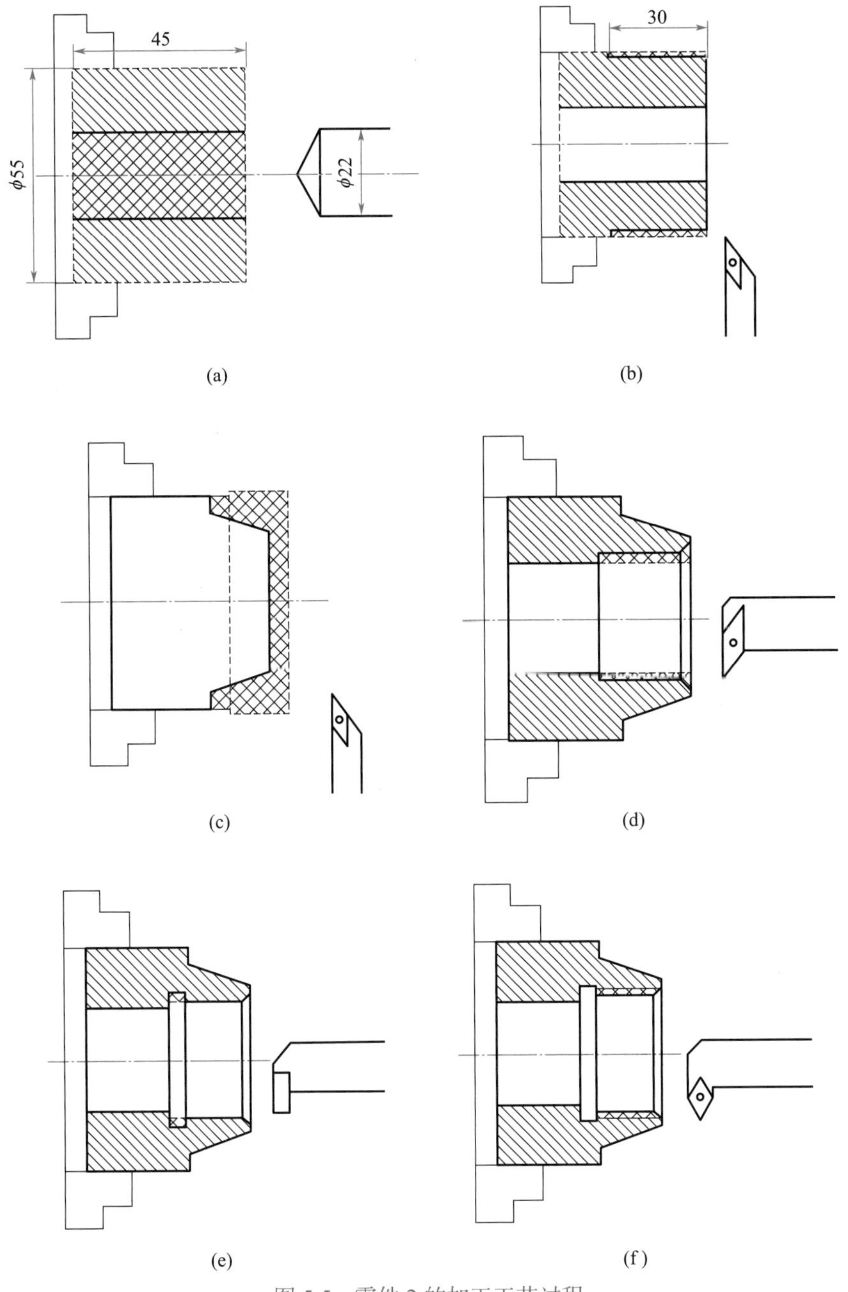

图 5-5　零件 2 的加工工艺过程

5.1.3　刀具选择

本案例连接端子组合件加工过程中使用到的刀具，见表 5-1。

表 5-1　刀具参数表

序号	刀具号	刀具类型	刀具半径	数量	加工表面	备注
1	T0101	93°外圆刀	0.4mm	1	外轮廓	刀尖 35°
2	T0202	外切槽刀	4mm 槽宽	1	外螺纹退刀槽	—

续表

序号	刀具号	刀具类型	刀具半径	数量	加工表面	备注
3	T0303	外螺纹刀	—	1	外螺纹	刀尖 60°
4	T0404	93°内孔刀	0.4mm	1	内轮廓	刀尖 35°
5	T0505	内沟槽刀	4mm 槽宽	1	内螺纹退刀槽	—
6	T0606	内螺纹刀	—	1	内螺纹	刀尖 60°
7	—	麻花钻头	ϕ18	1	钻零件 1 底孔	—
8	—	麻花钻头	ϕ22	1	钻零件 2 底孔	—

5.1.4 切削用量

本案例连接端子组合件加工过程中，各个加工工序选用的切削用量，见表 5-2。

表 5-2 切削用量参数表

加工部位	加工类型	主轴转速 /（r/min）	进给量 /（mm/min）	背吃刀量 /mm
外轮廓	粗加工	800	120	2
	精加工	1500	60	0.5
内轮廓	粗加工	700	100	1
	精加工	1000	50	0.5
环槽	外退刀槽	400	30	刃宽
	内退刀槽	300	20	刃宽
螺纹	外螺纹	400	F2	每刀递减
	内螺纹	400	F2	每刀递减

5.1.5 加工程序

本案例连接端子组合件两个零件的数控加工程序，见表 5-3 和表 5-4。

表 5-3 零件 1 数控加工程序卡片

<table>
<tr><td rowspan="3">数控车床程序卡片</td><td>零件毛坯</td><td colspan="3">ϕ60×95</td><td>编写日期</td><td>2022-10</td></tr>
<tr><td>零件名称</td><td>零件 1</td><td>图号</td><td>01</td><td>材料</td><td>45 钢</td></tr>
<tr><td>车床型号</td><td>CK6140</td><td>夹具名称</td><td>自定心夹盘</td><td>车间</td><td>金工一</td></tr>
<tr><td>程序号</td><td colspan="3">O0001</td><td colspan="3">编程原点：工件左端面与中心线交点</td></tr>
<tr><td>程序段号</td><td colspan="3">程序</td><td colspan="3">说明</td></tr>
<tr><td>N10</td><td colspan="3">O0001</td><td colspan="3">左端粗加工复合循环及精加工程序</td></tr>
</table>

续表

程序号	O0001	编程原点：工件左端面与中心线交点
程序段号	程序	说明
N20	M03 S800 M08	主轴正转，转速 800r/min，冷却液开
N30	T0101	刀具选择，刀具偏置建立工件坐标系
N40	G00 X62 Z5	快速点定位，工件加工起始点
N50	G71 U2 R5	外径粗车循环
N55	G71 P130 Q190 U0.5 W0.1 F120	
N60	G00 X100	退刀
N70	Z100	
N80	M05	主轴停转
N90	M00 M09	程序暂停，冷却液关
N100	M03 S1500 M08	主轴正转，转速 1500r/min，冷却液开
N110	T0101	刀具选择
N120	G00 X62 Z5	快速点定位，工件加工起始点
N130	G42 G00 X44 Z3	刀具靠近工件起始点，刀补建立
N140	G01 Z0 F60	
N150	X46 Z-1	倒角
N160	Z-30	
N170	G03 X52 Z-52 R16	
N180	G01 Z-70	
N190	G40 G00 X62	加工结束，刀补取消
N200	X100	退刀
N210	Z100	
N220	M05 M09	主轴停转，冷却液关
N230	M30	程序结束，返回程序头
程序号	O0002	编程原点：工件左端面与中心线交点
程序段号	程序	说明
N10	O0002	2×4 外槽加工（左刀点对刀）
N20	M03 S400 M08	主轴正转，转速 400r/min，冷却液开
N30	T0202	刀具选择
N40	G00 X47 Z5	快速点定位，工件加工起始点
N50	Z-14	
N60	G01 X40 F30	切第一个槽

续表

程序号	O0002	编程原点：工件左端面与中心线交点
程序段号	程序	说明
N70	X47	
N80	G00 Z-23	
N90	G01 X40	切第二个槽
N100	X47	
N110	G00 X100	退刀
N120	Z100	
N130	M05 M09	主轴停转，冷却液关
N140	M30	程序结束，返回程序头
程序号	O0003	编程原点：工件左端面与中心线交点
程序段号	程序	说明
N10	O0003	内孔粗加工复合循环及精加工程序
N20	M03 S700 M08	主轴正转，转速 700r/min，冷却液开
N30	T0404	刀具选择
N40	G00 X18 Z5	快速点定位，工件加工起始点
N50	G71 U1 R0.5	内径粗车循环
N55	G71 P130 Q170 U-0.5 W0.1 F100	
N60	G00 X18	退刀
N70	Z100	
N80	M05	主轴停转
N90	M00 M09	程序暂停，冷却液关
N100	M03 S1000 M08	主轴正转，转速 1000r/min，冷却液开
N110	T0404	刀具选择
N120	G00 X18 Z5	快速点定位，工件加工起始点
N130	G41 G00 X30 Z3	刀具靠近工件起始点，刀补建立
N140	G01 Z0 F50	
N150	X20 Z-20	
N160	Z-35	
N170	G40 G00 X18	加工结束，刀补取消
N180	Z100	退刀
N190	M05 M09	主轴停转，冷却液关
N200	M30	程序结束，返回程序头

续表

程序号	O0004	编程原点：工件右端面与中心线交点
程序段号	程序	说明
N10	O0004	右端粗加工复合循环及精加工程序
N20	M03 S800 M08	主轴正转，转速 800r/min，冷却液开
N30	T0101	刀具选择
N40	G00 X62 Z5	快速点定位，工件加工起始点
N50	G71 U2 R5	外径粗车循环
N55	G71 P130 Q190 U0.5 W0.1 F120	
N60	G00 X100	退刀
N70	Z100	
N80	M05	主轴停转
N90	M00 M09	程序暂停，冷却液关
N100	M03 S1500 M08	主轴正转，转速 1500r/min，冷却液开
N110	T0101	刀具选择
N120	G00 X62 Z5	快速点定位，工件加工起始点
N130	G42 G00 X26 Z3	刀具靠近工件起始点，刀补建立
N140	G01 Z0 F60	
N150	X30 Z-2	倒角
N160	Z-20	
N170	X34	
N180	X44 Z-35	
N190	G40 G00 X62	加工结束，刀补取消
N200	X100	退刀
N210	Z100	
N220	M05 M09	主轴停转，冷却液关
N230	M30	程序结束，返回程序头
程序号	O0005	编程原点：工件右端面与中心线交点
程序段号	程序	说明
N10	O0005	外螺纹退刀槽（左刀点对刀）
N20	M03 S400 M08	主轴正转，转速 400r/min，冷却液开
N30	T0202	刀具选择
N40	G00 X40 Z5	快速点定位，工件加工起始点

续表

程序号	O0005	编程原点：工件右端面与中心线交点
程序段号	程序	说明
N50	Z-20	
N60	G01 X26 F30	
N70	X40	
N80	G00 X100	退刀
N90	Z100	
N100	M05 M09	主轴停转，冷却液关
N110	M30	程序结束，返回程序头
程序号	O0006	编程原点：工件右端面与中心线交点
程序段号	程序	说明
N10	O0006	外螺纹加工程序
N20	M03 S400 M08	主轴正转，转速 400r/min，冷却液开
N30	T0303	刀具选择
N40	G00 X35 Z5	快速点定位，工件加工起始点
N50	G76 021060 Q100 R100	外螺纹复合循环
N55	G76 X27.4 Z-18 P1300 Q200 F2	
N60	G00 X100	退刀
N70	Z100	
N80	M05 M09	主轴停转，冷却液关
N90	M30	程序结束，返回程序头

表 5-4　零件 2 数控加工程序卡片

<table>
<tr><td rowspan="3">数控车床程序卡片</td><td>零件毛坯</td><td colspan="3">ϕ55×45</td><td>编写日期</td><td></td></tr>
<tr><td>零件名称</td><td>零件 2</td><td>图号</td><td>02</td><td>材料</td><td>45 钢</td></tr>
<tr><td>车床型号</td><td>CK6140</td><td>夹具名称</td><td>自定心夹盘</td><td>车间</td><td></td></tr>
<tr><td>程序号</td><td colspan="3">O0007</td><td colspan="3">编程原点：工件右端面与中心线交点</td></tr>
<tr><td>程序段号</td><td colspan="3">程序</td><td colspan="3">说明</td></tr>
<tr><td>N10</td><td colspan="3">O0007</td><td colspan="3">ϕ52 外圆加工</td></tr>
<tr><td>N20</td><td colspan="3">M03 S800 M08</td><td colspan="3">主轴正转，转速 800r/min，冷却液开</td></tr>
<tr><td>N30</td><td colspan="3">T0101</td><td colspan="3">刀具选择</td></tr>
<tr><td>N40</td><td colspan="3">G00 X55 Z5</td><td colspan="3">快速点定位，工件加工起始点</td></tr>
<tr><td>N50</td><td colspan="3">X52</td><td colspan="3"></td></tr>
</table>

续表

程序号	O0007	编程原点：工件右端面与中心线交点
程序段号	程序	说明
N60	G01 Z-36 F120	
N70	G00 X100	退刀
N80	Z100	
N90	M05 M09	主轴停转，冷却液关
N100	M30	程序结束，返回程序头
程序号	O0008	编程原点：工件左端面与中心线交点
程序段号	程序	说明
N10	O0008	左端粗加工复合循环及精加工程序
N20	M03 S800 M08	主轴正转，转速 800r/min，冷却液开
N30	T0101	刀具选择
N40	G00 X57 Z5	快速点定位，工件加工起始点
N50	G71 U2 R5	外径粗车循环
N55	G71 P130 Q160 U0.5 W0.1 F120	
N60	G00 X100	退刀
N70	Z100	
N80	M05	主轴停转
N90	M00 M09	程序暂停，冷却液关
N100	M03 S1500 M08	主轴正转，转速 1500r/min，冷却液开
N110	T0101	刀具选择
N120	G00 X57 Z5	快速点定位，工件加工起始点
N130	G42 G00 X34 Z3	刀具靠近工件起始点，刀补建立
N140	G01 Z0 F60	
N150	X44 Z-15	
N160	G40 G00 X57	加工结束，刀补取消
N170	X100	退刀
N180	Z100	
N190	M05 M09	主轴停转，冷却液关
N200	M30	程序结束，返回程序头
程序号	O0009	编程原点：工件左端面与中心线交点
程序段号	程序	说明
N10	O0009	内孔粗加工复合循环及精加工程序

续表

程序号	O0009	编程原点：工件左端面与中心线交点
程序段号	程序	说明
N20	M03 S700 M08	主轴正转，转速 700r/min，冷却液开
N30	T0404	刀具选择
N40	G00 X22 Z5	快速点定位，工件加工起始点
N50	G71 U1 R0.5	内径粗车循环
N55	G71 P130 Q190 U-0.5 W0.1 F100	
N60	G00 X22	退刀
N70	Z100	
N80	M05	主轴停转
N90	M00 M09	程序暂停，冷却液关
N100	M03 S1000 M08	主轴正转，转速 1000r/min，冷却液开
N110	T0101	刀具选择
N120	G00 X22 Z5	快速点定位，工件加工起始点
N130	G41 G00 X31.47 Z3	刀具靠近工件起始点，刀补建立
N140	G01 Z0 F50	
N150	X27.4 Z-2	倒角
N160	Z-20	
N170	X24	
N180	Z-41	
N190	G40 G00 X22	加工结束，刀补取消
N200	Z100	退刀
N210	M05 M09	主轴停转，冷却液关
N220	M30	程序结束，返回程序头
程序号	O0010	编程原点：工件左端面与中心线交点
程序段号	程序	说明
N10	O0010	内螺纹退刀槽加工程序（左刀点对刀）
N20	M03 S300 M08	主轴正转，转速 300r/min，冷却液开
N30	T0505	刀具选择
N40	G00 X25 Z5	快速点定位，工件加工起始点
N50	Z-20	
N60	G01 X31.4 F20	切槽

续表

程序号	O0010	编程原点：工件左端面与中心线交点
程序段号	程序	说明
N70	X25	退刀
N80	G00 Z100	
N90	M05 M09	主轴停转，冷却液关
N100	M30	程序结束，返回程序头
程序号	O0011	编程原点：工件左端面与中心线交点
程序段号	程序	说明
N10	O0011	内螺纹加工程序
N20	M03 S400 M08	主轴正转，转速 400r/min，冷却液开
N30	T0606	刀具选择
N40	G00 X25 Z5	快速点定位，工件加工起始点
N50	G76 021060 Q100 R-100	内螺纹复合循环
N55	G76 X30 Z-17 P1300 Q200 F2	
N60	G00 X25	退刀
N70	Z100	
N80	M05 M09	主轴停转，冷却液关
N90	M30	程序结束，返回程序头

5.2 锥套三体组合件的数控车削加工案例

5.2.1 案例题目

现使用配备 FANUC 数控系统的车床，采用 45 钢棒料型材为毛坯，对如图 5-6 ～图 5-9 所示的锥套三体组合件进行编程加工。

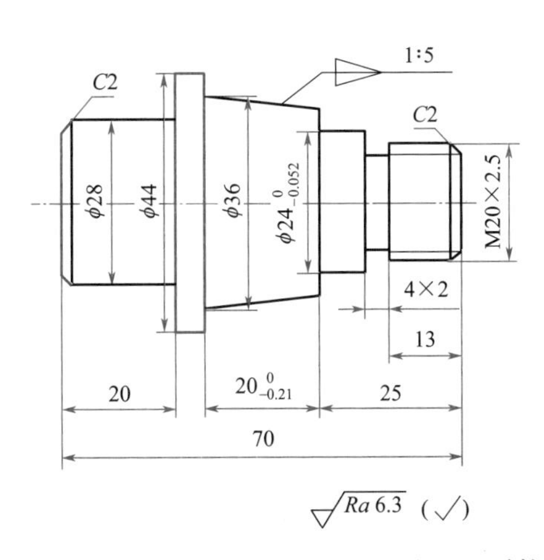

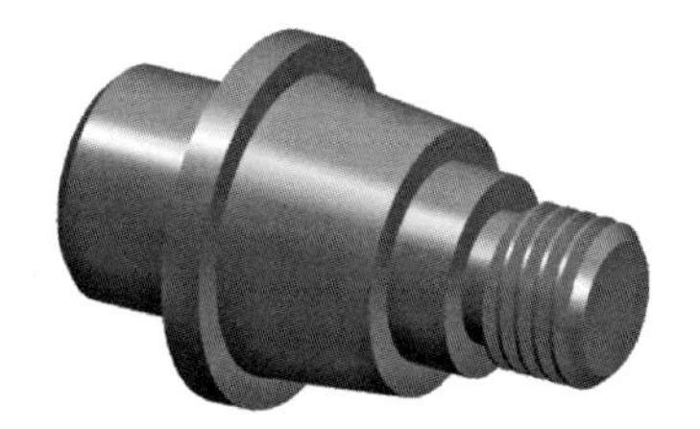

图 5-6 零件 1 图样

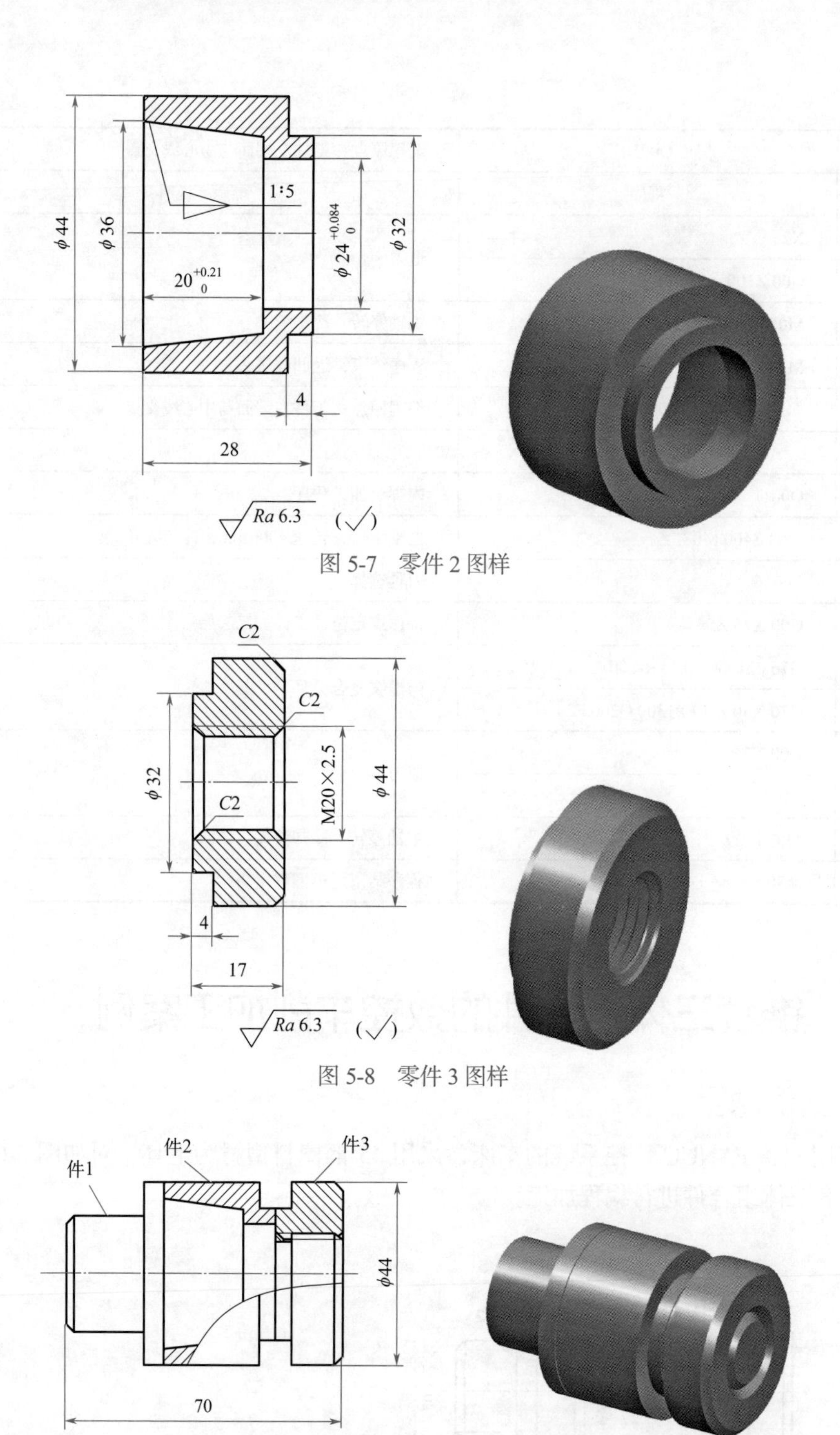

图 5-7　零件 2 图样

图 5-8　零件 3 图样

图 5-9　锥套三体组合件组合图样

5.2.2 案例分析

该组合件的特点是由三个零件组合而成，其中件 1 与件 2 通过锥面配合，件 3 与件 1 通过螺纹连接配合。件 1 需要调头加工，件 2 和件 3 加工可以不调头。件 1 的螺纹部分直接在机床上车出，件 3 的内螺纹部分及孔口倒角由钳工制作，不在机床上完成。

5.2.3 工艺设计

（1）零件 1 加工操作步骤

① 安装毛坯，启动主轴，调用外圆车刀至起刀点。
② 用外圆车刀循环粗车零件左侧外轮廓。
③ 使用外圆车刀精车零件左侧外轮廓。
④ 调头装夹，测量工件长度，依此重新 Z 向对刀。
⑤ 使用外圆车刀循环粗车零件右侧外轮廓。
⑥ 使用外圆车刀精车零件右侧外轮廓。
⑦ 退刀并换用切槽刀。
⑧ 使用切槽刀切削退刀槽。
⑨ 退刀并换用螺纹刀。
⑩ 使用螺纹刀切削外螺纹。
⑪ 快速退刀，工件停转，加工结束。

（2）零件 2 加工操作步骤

① 安装毛坯，启动主轴，调用钻头至起刀点。
② 钻削零件内部底孔。
③ 退刀并换用镗孔刀。
④ 使用镗孔刀循环粗车零件内部圆锥面。
⑤ 使用镗孔刀精车零件内部圆锥面。
⑥ 退刀并换用外圆车刀。
⑦ 使用外圆车刀循环粗车零件外轮廓。
⑧ 使用外圆车刀精车零件外轮廓。
⑨ 退刀并换用切槽刀。
⑩ 车零件 $\phi32$ 圆柱面及切下零件。
⑪ 快速退刀，工件停转，加工结束。

（3）零件 3 加工操作步骤

① 安装毛坯，启动主轴，调用钻头至起刀点。
② 钻削零件内部底孔。
③ 退刀并换用外圆车刀。
④ 使用外圆车刀循环粗车零件外轮廓。
⑤ 使用外圆车刀精车零件外轮廓。
⑥ 退刀并换用切槽刀。
⑦ 车零件 $\phi32$ 圆柱面及切下零件。
⑧ 快速退刀，工件停转，加工结束。
⑨ 钳工制作：孔口倒角及攻螺纹。

5.2.4 刀具选择

因篇幅所限以下仅对零件 2 的加工进行叙述。

零件 2 加工过程中使用的刀具见表 5-5。

表 5-5　零件 2 刀具参数表

序号	刀具号	刀具类型	刀具半径	数量	加工表面	备注
1	T0101	93°外圆刀	0.4mm	1	外轮廓	刀尖 80°
2	T0404	93°内孔刀	0.4mm	1	内轮廓	刀尖 80°
3	T0202	外切槽刀	4mm 槽宽	1	ϕ32 轴段	—
4	—	麻花钻头	ϕ18	1	钻底孔	—

5.2.5 切削用量

本案例零件 2 加工过程中切削用量选择，见表 5-6。

表 5-6　零件 2 切削用量参数表

加工部位	加工类型	主轴转速 /（r/min）	进给量 /（mm/r）	背吃刀量 /mm
外轮廓	粗加工	800	0.15	2
	精加工	1500	0.08	0.5
内轮廓	粗加工	700	0.15	1
	精加工	1000	0.08	0.5

5.2.6 加工程序

本案例锥套三体组合件中零件 2 的加工采用 ϕ50 棒料毛坯。先使用钻头钻出 ϕ18 底孔，接下来的内、外轮廓车削如图 5-10 所示。

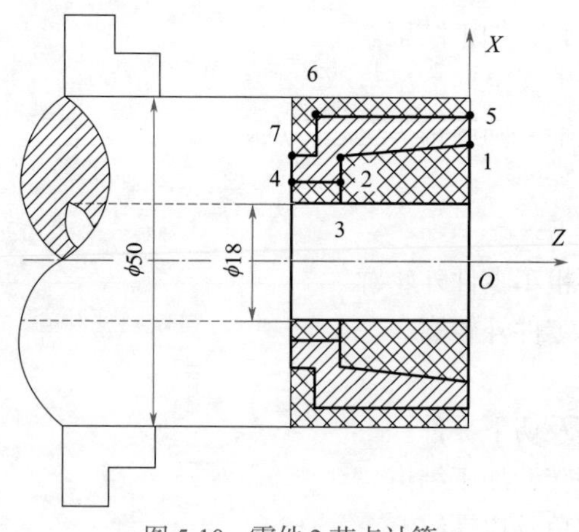

图 5-10　零件 2 节点计算

在 XOZ 坐标系中，确定各个节点坐标为：1（X36 Z0），2（X32 Z−20），3（X24 Z−20），4（X24 Z−28），5（X44 Z0），6（X44 Z−24），7（X32 Z−28）。其中 X 坐标均为直径值。

本案例锥套三体组合件中零件 2 的数控加工程序，见表 5-7。

表 5-7　零件 2 数控加工程序卡片

<table>
<tr><td rowspan="3">数控车床
程序卡片</td><td>零件毛坯</td><td colspan="3">ϕ50 棒料</td><td>编写日期</td><td>2022-12</td></tr>
<tr><td>零件名称</td><td>零件 2</td><td>图号</td><td>02</td><td>材料</td><td>45 钢</td></tr>
<tr><td>车床型号</td><td>CK6140</td><td>夹具名称</td><td>自定心夹盘</td><td>车间</td><td>金工一</td></tr>
<tr><td>程序号</td><td colspan="3">O4202</td><td colspan="3">编程原点：工件右端面与中心线交点</td></tr>
<tr><td>程序段号</td><td colspan="3">程序</td><td colspan="3">说明</td></tr>
<tr><td>N10</td><td colspan="3">O4202</td><td colspan="3">程序名</td></tr>
<tr><td>N20</td><td colspan="3">M03 S700 M08</td><td colspan="3">转速 700r/min，切削液开</td></tr>
<tr><td>N30</td><td colspan="3">T0404</td><td colspan="3">选内孔车刀</td></tr>
<tr><td>N40</td><td colspan="3">G00 X18 Z5</td><td colspan="3">快速点定位，工件加工起始点</td></tr>
<tr><td>N50</td><td colspan="3">G71 U1 R1</td><td colspan="3">内孔粗车循环</td></tr>
<tr><td>N55</td><td colspan="3">G71 P60 Q110 U-0.2 W0 F0.15</td><td colspan="3"></td></tr>
<tr><td>N60</td><td colspan="3">G00 X36</td><td colspan="3">循环开始</td></tr>
<tr><td>N70</td><td colspan="3">G01 Z0</td><td colspan="3"></td></tr>
<tr><td>N80</td><td colspan="3">X32 Z-20</td><td colspan="3"></td></tr>
<tr><td>N90</td><td colspan="3">X24</td><td colspan="3"></td></tr>
<tr><td>N100</td><td colspan="3">Z-28</td><td colspan="3"></td></tr>
<tr><td>N110</td><td colspan="3">X17</td><td colspan="3">循环结束</td></tr>
<tr><td>N120</td><td colspan="3">S1000</td><td colspan="3">精车提速</td></tr>
<tr><td>N130</td><td colspan="3">G70 P60 Q110 F0.08</td><td colspan="3">内孔精车</td></tr>
<tr><td>N140</td><td colspan="3">G00 Z100</td><td colspan="3"></td></tr>
<tr><td>N150</td><td colspan="3">X100</td><td colspan="3"></td></tr>
<tr><td>N160</td><td colspan="3">T0101</td><td colspan="3">选取外圆车刀</td></tr>
<tr><td>N170</td><td colspan="3">S800</td><td colspan="3"></td></tr>
<tr><td>N180</td><td colspan="3">G00 X50 Z5</td><td colspan="3">定位于毛坯外圆延长线上</td></tr>
<tr><td>N190</td><td colspan="3">G71 U1 R1</td><td colspan="3"></td></tr>
<tr><td>N200</td><td colspan="3">G71 P210 Q230 U0.3 W0 F0.15</td><td colspan="3">外圆粗车循环</td></tr>
<tr><td>N210</td><td colspan="3">G00 X44</td><td colspan="3">循环开始</td></tr>
<tr><td>N220</td><td colspan="3">G01 Z-28</td><td colspan="3"></td></tr>
</table>

续表

程序号	O4202	编程原点：工件右端面与中心线交点
程序段号	程序	说明
N230	X51	循环结束
N240	S1500	精车提速
N250	G70 P210 Q230 F0.08	外圆精车
N260	G00 X100 Z100	
N270	T0202	选取切槽刀
N280	S600	
N290	G00 X52 Z-28	定位于 ϕ32 圆柱面外侧
N300	G01 X32 F0.02	切削 ϕ32 圆柱面
N310	G04 P2000	槽底停留
N320	G00 X100	
N330	Z100	
N340	M05 M09	停转，切削液关
N350	M30	程序结束

第 2 篇
数控铣削加工案例分析与实战

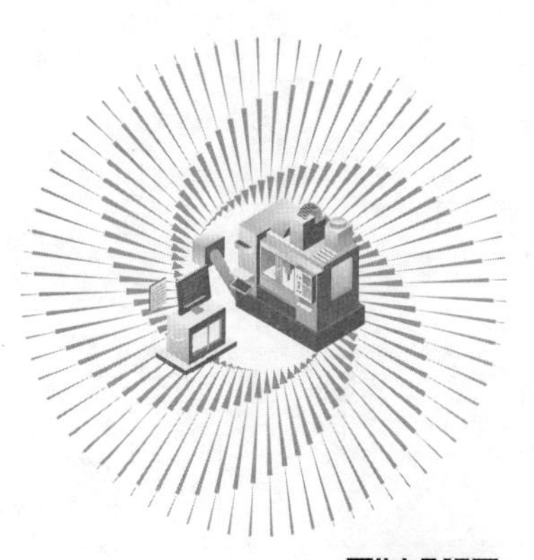

第6章 轨迹特征零件的数控铣削加工案例

扫码看视频

6.1 数字模板零件的数控铣削加工案例

6.1.1 案例题目

轨迹编程是指使用数控铣削编程基本指令，控制数控铣刀的中心按照图纸给定的轨迹线进给运动，从而实现铣削加工的编程方式。此时，铣刀更像一支笔，用它来描绘一些文字或者图案，其加工原理如图6-1所示。

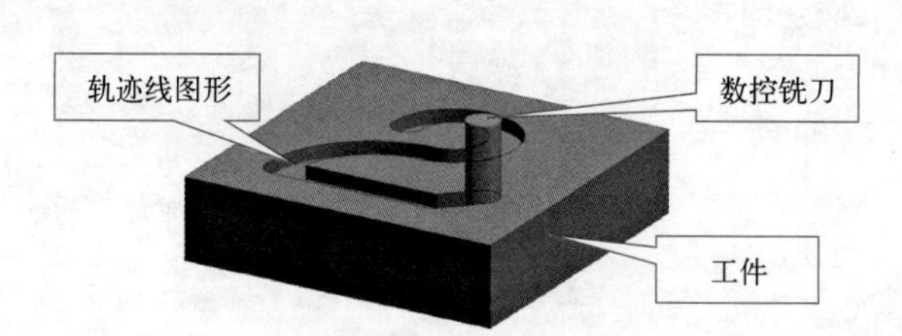

图6-1 轨迹编程加工工作原理

现使用配备有华中数控系统的数控铣床，采用T8钢（退火）板料型材为毛坯，对如图6-2所示的数字模板零件进行数控铣削加工。

6.1.2 案例分析

本案例数字模板零件选用普通模具钢制作，可用于注射生产相应的塑料、橡胶等产品。该零件尺寸精度要求不高，结构相对简单，加工节点不多，数据计算较为容易。为达到较好的表面加工质量，应适当提高转速，减小进给量。

加工时，选择ϕ10mm键槽铣刀，通过数控程序控制刀具中心按照零件图上数字“2”的中心线进给行走即可，如图6-3所示。先加工图形上部的优弧，如图6-3（a）所示；再加工图形中部的劣弧，如图6-3（b）所示；最后加工图形下部的两条直线，如图6-3（c）（d）所示。

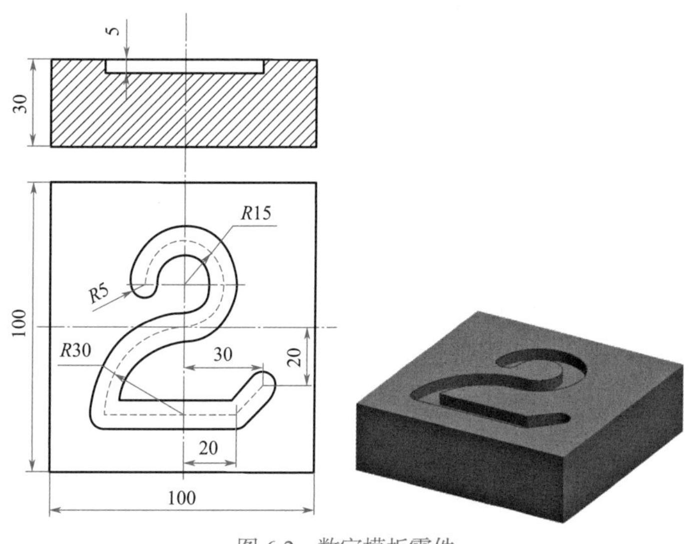

图 6-2　数字模板零件

全部加工内容包括两条圆弧和两条直线，这些线段在一次下刀和抬刀动作之间完成，即相当于“一笔写成”。

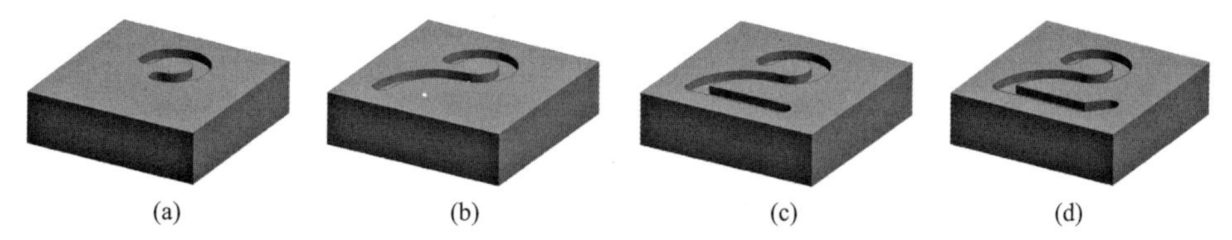

图 6-3　数字模板零件的加工顺序

6.1.3　工艺设计

本案例数字模板零件的加工工艺过程为：

① 安装毛坯，启动主轴，调整刀具至起刀点。

② 使用 ϕ10mm 键槽铣刀垂直下刀至切深。

③ 横向进给走刀切出零件轨迹图形。

④ 快速退刀，工件停转，加工结束。

本案例数字模板零件的加工工序卡，见表 6-1。

表 6-1　数字模板零件加工工序卡

零件名称	数字模板	工序号	01	工序名称	数控铣削
加工设备	数控铣床	夹具名称		机用台钳	
零件材料	T8 模具钢	毛坯规格		100mm×100mm×30mm 板料毛坯	
工步号	工步内容	刀具编号	刀具类型参数	主轴转速 /（r/min）	进给量 /（mm/min）
1	铣削轨迹图形	01	ϕ10mm 键槽铣刀	600	100

6.1.4 数学计算

为方便编程和对刀，本案例数字模板以零件上表面中心点为原点建立编程坐标系，如图 6-4 所示。

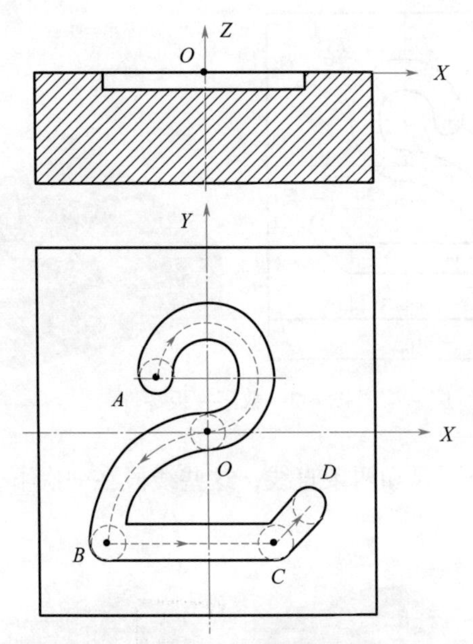

图 6-4　节点计算及工艺设计

在该编程坐标系下，很容易计算并确定本案例零件各节点坐标值，即 *O*（X0 Y0)，*A*（X-15 Y15)，*B*（X-30 Y-30)，*C*（X20 Y-30)，*D*（X30 Y-20)。

6.1.5 程序编制

本案例数字模板零件的数控加工程序（使用华中数控系统）如下：

```
%6100                          程序名
G90G54G40G49G80G17             初始化，建立坐标系
M08                            切削液开
M03S600                        主轴正转，转速 600r/min
G00X100Y100Z50                 刀具快移至起刀点，如图 6-5（a）所示
X-15Y15                        快移至切削起点 A 上方，如图 6-5（b）所示
Z5                             快移至下刀起点，如图 6-5（c）所示
G01Z-5F50                      下刀至规定深度，如图 6-5（d）所示
G02X0Y0I15F100                 切削圆弧 AO, 如图 6-5（e）所示
G03X-30Y-30R30                 切削圆弧 OB, 如图 6-5（f）所示
G01X20                         切直线 BC, 如图 6-5（g）所示
X30Y-20                        切直线 CD, 如图 6-5（h）所示
G00Z50                         加工完成，抬刀，如图 6-5（i）所示
X100Y100                       刀具退远至起刀点，如图 6-5（j）所示
M05                            主轴停转
M09                            切削液关
M30                            程序结束
```

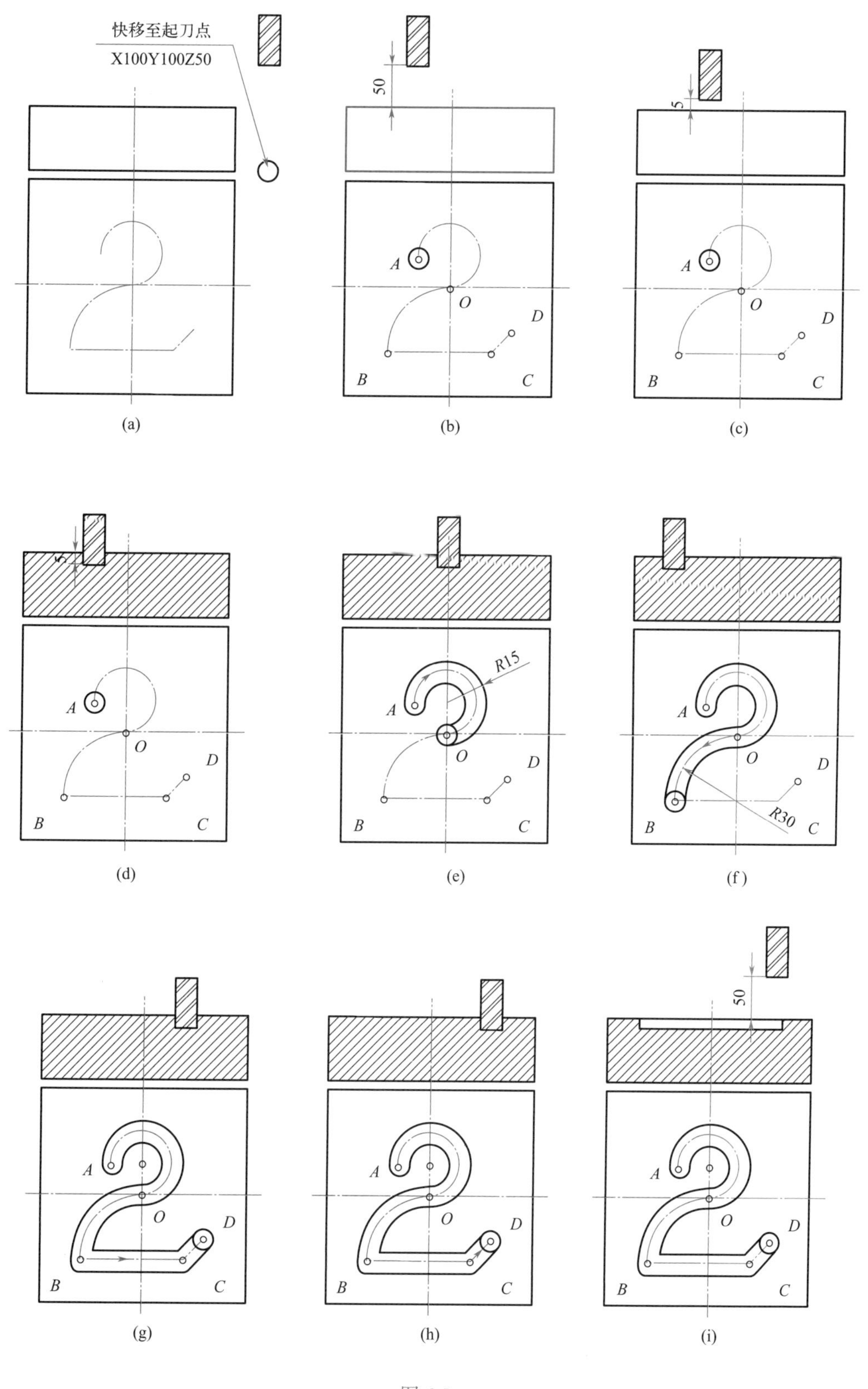

图 6-5

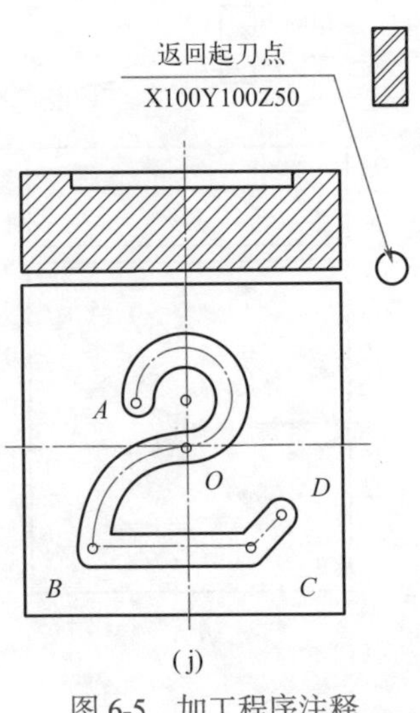

(j)

图 6-5 加工程序注释

6.1.6 案例加工装备实战

（1）数控铣床的面板

如图 6-6 所示为配置有华中 HNC-21M 数控系统的数控铣床面板。其最下面三行按键是

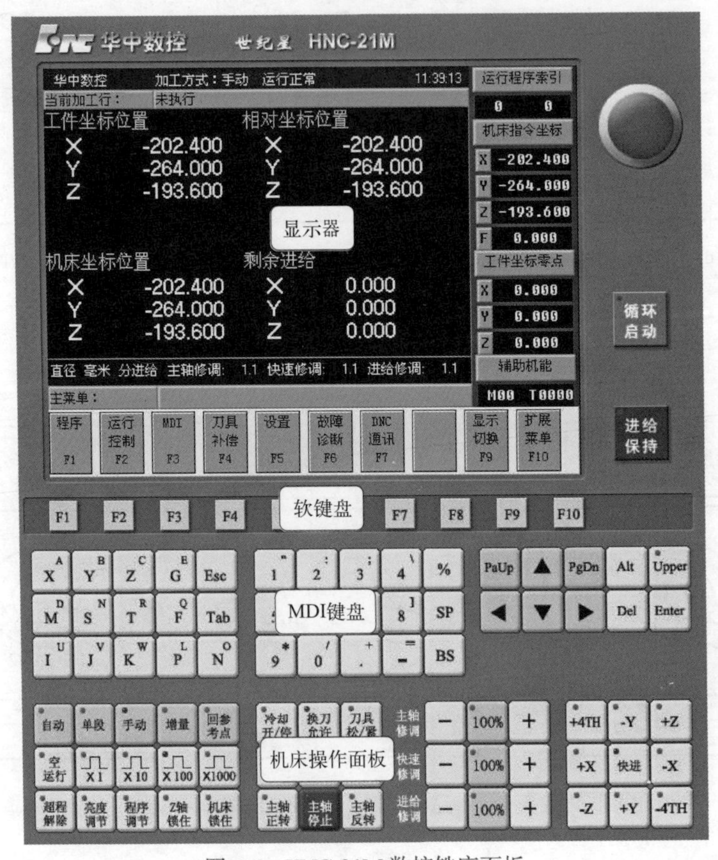

图 6-6 HNC-21M 数控铣床面板

菜单命令条中的“DNC 通讯”应为“DNC 通信”，下同

机床操作面板部分，用于控制机床的各项运动等。上半部分有显示器、软键盘、MDI 键盘等，其中 MDI 键盘用于程序编辑、参数输入等功能。

(2) MDI 键盘

数控铣床 MDI 键盘上各个键的功能见表 6-2。

表 6-2　MDI 键盘按键功能

键的外形标志	键的名称	功能
PgUp　PgDn	页面变换键	软键 PgUp 实现左侧 CRT 中显示内容的向上翻页；软键 PgDn 实现左侧 CRT 显示内容的向下翻页
▲ ◀ ▼ ▶	光标移动键	移动 CRT 中的光标位置。软键 ▲ 实现光标的向上移动；软键 ▼ 实现光标的向下移动；软键 ◀ 实现光标的向左移动；软键 ▶ 实现光标的向右移动
X Y Z G M S T F I J K P N	字母键	实现字符的输入，点击 Upper 键后再点击字符键，将输入右上角的字符
Esc	取消键	取消当前操作
Tab	跳挡键	按一下此键，光标向前跳到当前行首
1 2 3 4 5 6 7 8 9 0 . -	数字键	实现字符的输入
BS	退格键	删除光标前的一个字符，光标向前移动一个字符位置，余下字符左移一个字符位置
SP	空格键	按下此键，光标向右空移出一格
Upper	上挡键	按下此键后，再按数字、字母键，则输入键上方的数字或字母
Alt	替换键	字符替换

续表

键的外形标志	键的名称	功能
Del	删除键	删除光标所在位置的数据；或者删除一个数控程序；或者删除全部数控程序
Enter	输入键	输入信息确认键

（3）菜单命令条

显示器屏幕的下方对应的是主菜单命令条，如图 6-7 所示。

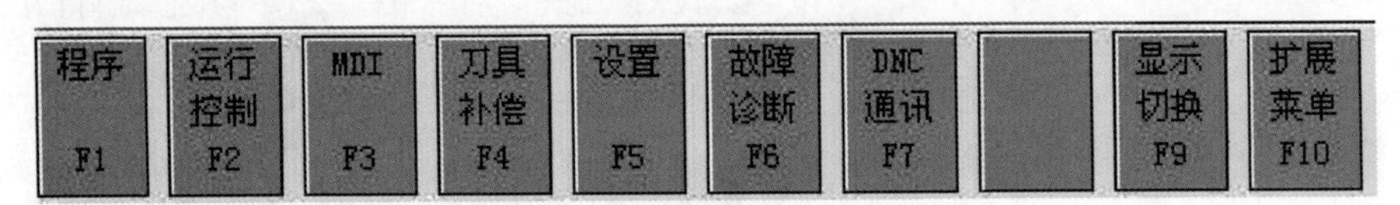

图 6-7　主菜单命令条

由于每个功能包括不同的操作，在主菜单条上选择一个功能项后，菜单条会显示该功能下的子菜单。如按下主菜单条中的“设置 F5”后，就进入设置子菜单条，如图 6-8 所示。

图 6-8　设置子菜单条

每个子菜单条的最后一项都是“返回”项，按该键就能返回上一级菜单。

（4）快捷键说明

如图 6-9 所示，这些是快捷键，它们的作用和对应的菜单命令条是一样的。

图 6-9　快捷键

在菜单命令条及弹出菜单中，每一个功能项的按键上都标注了 F1、F2 等字样，表明要执行该项操作也可以通过按下相应的快捷键来执行。

（5）机床操作面板

HNC-21M 数控铣床操作面板上各个键的功能见表 6-3。

表 6-3　数控铣床操作面板按键功能

按钮	名称	功能说明
自动	自动运行	此按钮被按下后，系统进入自动加工模式

续表

按钮	名称	功能说明
单段	程序单段执行	此按钮被按下后，运行程序时每次执行一条数控指令
空运行	空运行	在自动方式下，按下该键（指示灯亮），程序中编制的进给速率被忽略，坐标轴以最大快移速度移动
进给保持	进给保持	程序运行暂停，在程序运行过程中，按下此按钮，运行暂停。按“循环启动”循环启动，恢复运行
循环启动	循环启动	程序运行开始；系统处于“自动运行”或“MDI”位置时按下有效，其余模式下使用无效
回参考点	回参考点	机床处于回零模式；机床必须首先执行回零操作，然后才可以运行
手动	手动	机床处于手动模式，可以手动连续移动
换刀允许	换刀允许	在手动方式下，通过按此键，使得允许刀具松 / 紧操作有效
刀具松/紧	刀具松开或夹紧	此键默认为夹紧刀具状态，按一下即为松开刀具状态
+4TH -Y +Z +X 快进 -X -Z +Y -4TH	进给轴和方向选择开关	在手动连续进给、增量进给和返回机床参考点运行方式下，用来选择机床欲移动的轴和方向。其中的快进为快进开关。当按下该键后，该键左上方的指示灯亮，表明快进功能开启。再按一下该键，指示灯灭，表明快进功能关闭
快速修调 - 100% +	快速修调	自动或 MDI 方式下，可用快速修调右侧的 100% 和 +、-，修调 G00 快速移动时系统参数“最大快移速度”设置的速度。按 100% 指示灯亮，快速修调倍率被置为 100%，按一下 +，快速修调倍率递增 10%；按一下 -，快速修调倍率递减 10%

续表

按钮	名称	功能说明
主轴修调 – 100% +	主轴修调	在自动或MDI方式下，当S代码的主轴速度偏高或偏低时，可用主轴修调右侧的 100% 和 +、–，修调程序中编制的主轴速度。按 100% 指示灯亮，主轴修调倍率被置为100%；按一下 +，主轴修调倍率递增5%；按一下 –，主轴修调倍率递减5%
进给修调 – 100% +	进给修调	自动或MDI方式下，当F代码的进给速度偏高或偏低时，可用进给修调右侧的 100% 和 +、–，修调程序中编制的进给速度。按 100% 指示灯亮，进给修调倍率被置为100%；按一下 +，主轴修调倍率递增10%；按一下 –，主轴修调倍率递减10
	急停按钮	按下急停按钮，使机床移动立即停止，并且所有的输出，如主轴的转动等，都会关闭
超程解除	超程解除	当机床运动到达行程极限时，会出现超程，系统会发出警告音，同时紧急停止。要退出超程状态，可按下该键（指示灯亮），再按与刚才相反方向的坐标轴键
主轴正转 主轴停止 主轴反转	主轴控制按钮	从左至右分别为正转、停止、反转
机床锁住	机床锁住	禁止机床所有运动。在自动运行开始前，按一下此键，再按 循环启动，系统执行程序，显示屏上的坐标位置信息变化，但不输出伺服轴的移动指令，机床停止不动。这个功能用于校验程序
X1 X10 X100 X1000	增量值选择键	在增量运行方式下，用来选择增量进给的增量值。X1 为0.001mm，X10 为0.01mm，X100 为0.1mm，X1000 为1 mm。增量值选择键的各键互锁，当按下其中一个时（该键左上方的指示灯亮），其余各键失效（指示灯灭）
增量	增量键	进入增量运行方式

6.1.7 案例加工操作实战

（1）开机操作

① 机床上电，即合上机床电气柜上的空气开关。

② 数控系统上电，系统开始初始化设置，并进入软件操作界面。

③ 按下操作面板上的急停按钮 并右旋释放，使系统复位，接通伺服电源。

④ 低速旋转主轴，检查润滑泵油量，对机床加油润滑。

（2）关机操作

① 手动移动工作台和主轴，使工作台停在机床重心处，主轴远离台面。

② 按下系统面板上的回参考点按钮，使系统处于回参考点工作方式。

③ 按下急停按钮 ，切断伺服电源。

④ 断开机床电气柜上的空气开关。

（3）机床回参考点操作

检查操作面板上回零指示灯 回参考点 是否亮，若指示灯亮，则已进入回零模式；若指示灯不亮，则点击 回参考点 按钮，使回零指示灯亮，转入回零模式。

在回零模式下，点击控制面板上的 +X 按钮，此时 X 轴将回零，CRT 上的 X 坐标变为"0.000"。同样，分别再点击 +Y 、 +Z ，可以将 Y、Z 轴回零。需要注意的有：

① 在每次电源接通后，必须先完成各轴的返回参考点操作，然后再进入其他运行方式，以确保各轴坐标的正确性。

② 同时按下 X、Y、Z 轴向选择按键，可使 X、Y、Z 轴同时返回参考点。

③ 在回参考点前，应确保回零轴位于参考点的"回参考点方向"相反侧（如 X 轴的回参考点方向为负，则回参考点前，应保证 X 轴当前位置在参考点的正向侧）；否则应手动移动该轴直到满足此条件。

④ 在回参考点过程中，若出现超程，请按住控制面板上的"超程解除"按键，向相反方向手动移动该轴使其退出超程。

（4）手动 / 增量方式进给移动

在手动 / 连续加工或在对刀，需精确调节机床时，可用增量方式调节机床。可以用点动方式精确控制机床移动，点击增量按钮 增量 ，切换机床进入增量模式， x1 x10 x100 x1000 表示点动的倍率，同样也是配合移动按钮 -X 、 +X 、 -Y 、 +Y 、 -Z 、 +Z 来移动机床。也可采用手轮方式精确控制机床移动选择旋钮 和手轮移动量旋钮 ，调节手轮 ，进行微调使机床移动达到精确。需要注意的是，使用点动方式移动机床时，手轮的选择旋钮 需置于 OFF 档。

（5）MDI 运行操作

在主菜单下按 F3（MDI 方式）键进入 MDI 功能子菜单，如图 6-10 所示。在屏幕下方 MDI 运行一行的底色变成了白色，并且有光标在闪烁，如图 6-11 所示。

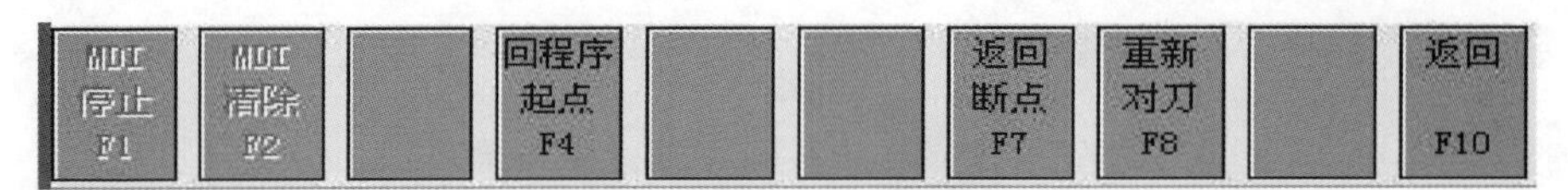

图 6-10　MDI 功能子菜单

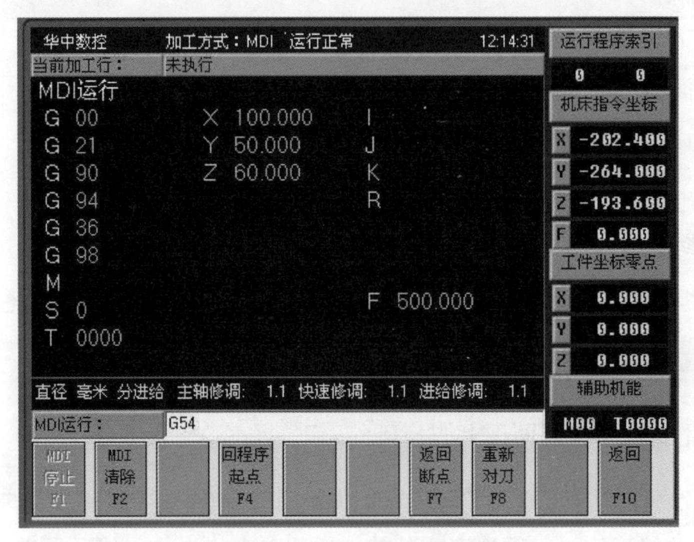

图 6-11　MDI 运行模式

这时可以从键盘输入并执行一段 G 代码指令段，即“MDI 运行”。需要知道的是：

① 自动运行过程中，不能进入 MDI 运行方式，可在进给保持后进入。

② MDI 输入的最小单位是一个有效指令字。因此，输入一个 MDI 运行指令段可以有下述两种方法：一次输入，即每次输入多个指令字的信息；多次输入，即每次输入一个指令字信息。

③ 在输入命令时，可以在命令行看见输入的内容，在按 Enter 之前，发现输入错误，可用 BS 和光标移动键进行编辑；按 Enter 后，系统若发现输入错误，会提示相应的错误信息。

④ 在输入完一个 MDI 指令段后，在自动方式或单段方式下按一下操作面板上的“循环启动”键，系统即开始运行所输入的 MDI 指令。如果输入的 MDI 指令信息不完整或存在语法错误，系统会提示相应的错误信息，此时不能运行 MDI 指令。在运行 MDI 指令段之前，如果要修改输入的某一指令字，可直接在命令行上输入相应的指令字符及数值。

（6）超程与超程解除

在伺服轴行程的两端各有一个极限开关，其作用是防止伺服机构碰撞而损坏。每当伺服机构碰到行程极限开关时，就会出现超程。当某轴出现超程（超程解除按键内红色指示灯亮）时，系统视其状况为紧急停止。要退出超程状态时，操作方法如下：

① 松开 按钮，置工作方式为“手动”方式；

② 一直按压 超程解除；

③ 在手动方式下，使该轴向相反方向退出超程状态；

④ 松开超程解除。

若显示屏上运行状态栏“运行正常”取代了“出错”，表示恢复正常，可以继续操作。

（7）主轴控制

在手动方式下，按一下主轴正转（指示灯亮），主电机以手动换挡设定的转速正转，直到按压主轴停止或主轴反转。在手动方式下，按一下主轴反转（指示灯亮），主电机以机床参数设定的转速反转，直到按压主轴停止或主轴正转。在手动方式下，按一下主轴停止（指示灯亮），主电机停止运转。需要注意的有：

①“主轴正转”“主轴反转”和“主轴停止”这 3 个按键互锁，即按下其中一个（指示灯亮），其余两个会失效（指示灯灭）。

② 在手动方式下，可用“主轴点动”按键，点动转动主轴。机床锁住禁止机床所有运动，在手动运行方式下，按一下机床锁住（指示灯亮），再进行手动操作，系统继续执行，显示屏上的坐标轴位置信息变化，但不输出伺服轴的移动指令，所以机床停止不动。若弹起机床锁住（指示灯灭），则可解除机床锁住状态。

（8）程序输入与编辑

在主菜单条上按下功能键 F1 进入程序子菜单条，如图 6-12 所示。

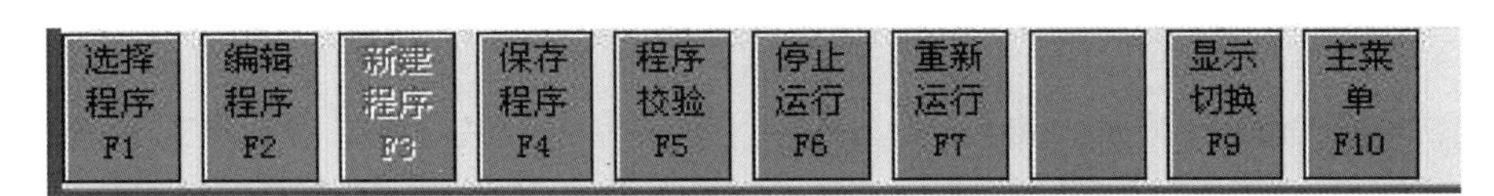

图 6-12　程序子菜单条

在程序子菜单中按下选择程序 F1，可以选择机床已经存有的程序文件或者通过存储器（电子盘）拷贝来的程序文件。按下编辑程序 F2，则可以编辑当前程序或新建程序文件。新建一个程序文件的步骤如下：

① 在主菜单条上按 F1 进入程序菜单条；

② 在程序菜单条上按 F2 进入编辑程序菜单条；

③ 在编辑程序菜单条上按 F3 新建程序，此时输入新建程序文件名处点亮，并有光标闪烁，此时可以输入新建的程序名并按下 Enter；

④ 通过 MDI 键盘输入编制好的程序，这时的屏幕界面如图 6-13 所示；

⑤ 输入完毕并检查无误后，按 F4 保存程序，再按下 Enter 确认保存。

通过选择程序 F1 功能，选取要编辑的程序，再按“编辑程序 F2”，使用 MDI 键盘即可进行编辑修改，但是修改之后不要忘记保存。

（9）数控铣床的对刀

数控铣床对刀操作包括 *X* 向对刀、*Y* 向对刀和 *Z* 向对刀。如果加工零件工艺复杂，在加工过程中需使用多把刀具，则需首先进行基准刀具的对刀操作，然后进行非基准刀具的对刀操作，以确定非基准刀具相对基准刀具的长度补偿量。通常，如果条件允许，刀具长度补偿量的确定首选机外对刀方式，这种方法具有占机时间短、精度高、操作快捷等特点；如果不具备机外对刀仪，也可采用其他对刀方法，例如试切法对刀、寻边器对刀等。其中试切法对刀精度较低，因此这种方法的使用要根据具体零件的加工精度要求而定。在机床操作中更多使用的是寻边器和 Z 向定位器（或块规）对刀，这种对刀方法效率也比较高，且能保证对刀精度。

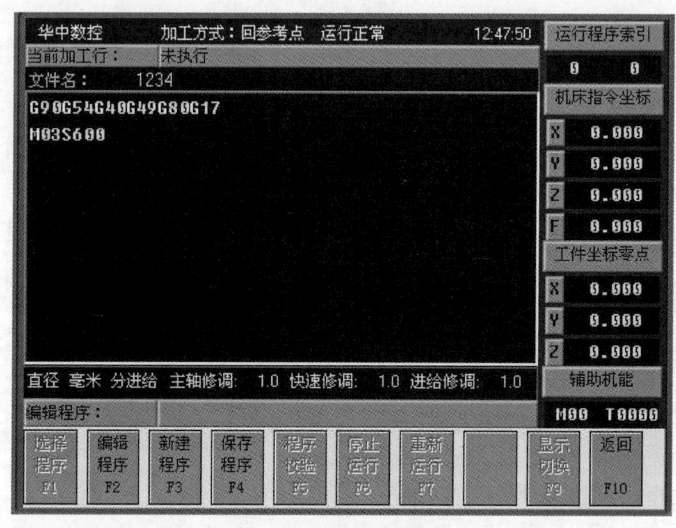

图 6-13 输入程序界面

本案例把 100mm×100mm×30mm 板料毛坯用机用台钳装夹好。采用光电式寻边器和 Z 轴定位器，将工件坐标系原点建立在毛坯上表面的对称中心位置，如图 6-14 所示。其对刀操作过程如下：

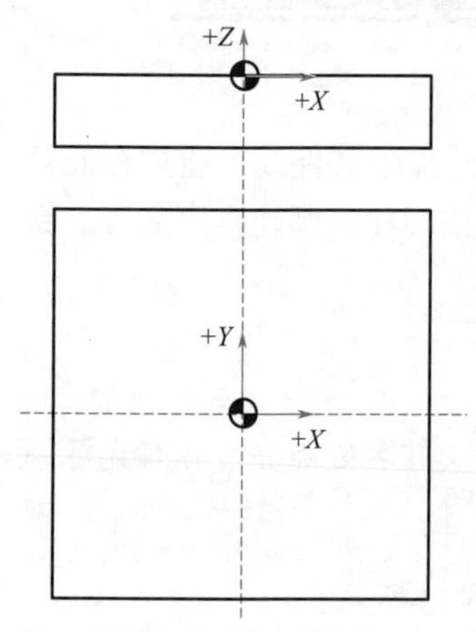

图 6-14 对刀时工件原点位置的选定

① 基准刀具的 X、Y 轴对刀操作。

a. 控制机床返回参考点。

b. 将工件通过平口虎钳装夹在工作台上，装夹时要将工件的四个侧面高出虎钳口 10mm，以便留出寻边器的测量位置。

c. 移动工作台，控制寻边器测头靠近工件的左侧面后，下移 Z 轴。

d. 改用手轮微调操作，让测头慢慢接触工件直到寻边器发光，记下此时 X_1 坐标值。

e. 抬起寻边器至工件上表面以上，控制工作台沿 X 正方向移动，使测头靠近工件右侧面，然后下移 Z 轴。

f. 改用手轮微调操作，让测头慢慢接触工件直到寻边器发光，记下此时的 X_2 坐标值。将寻边器抬至工件上表面以上。计算（X_1+X_2）/2 的值，此值即为工件中心与机床坐标原点在 X 向的零点偏移值，记下此值。

g. 用同样方法可完成 Y 轴的对刀操作，并确定工件坐标系 Y 轴原点在机械坐标系中的 Y 坐标值。

② 基准刀具的 Z 轴对刀。

a. 卸下寻边器，将基准刀具装到主轴上。

b. 将 Z 轴定位器（或块规）放置在工件上表面。

c. 移动主轴，控制刀具底端面靠近 Z 轴定位器（或块规）上表面。

d. 改用手轮微调操作，控制刀具底端面慢慢接触 Z 轴定位器上表面，直到其指针指示到零位（或将刀具底端面慢慢接触块规上表面，并使块规在刀具和工件上表面之间移动时有一定的阻力）。这时记下 Z 轴的坐标值 Z_1，计算 Z_1+Z 轴定位器的高度值，得到刀具的 Z 向零点偏移值。

e. 在主菜单条上按设置 F5 键，进入设置子菜单条如图 6-8 所示。再按坐标系设定 F1 键进入坐标系设定界面，如图 6-15 所示。通过 MDI 键盘把上面测得并计算出的 X、Y、Z 三个偏移值一次性手动输入，并按下 Enter，完成 G54 坐标系数据设定。

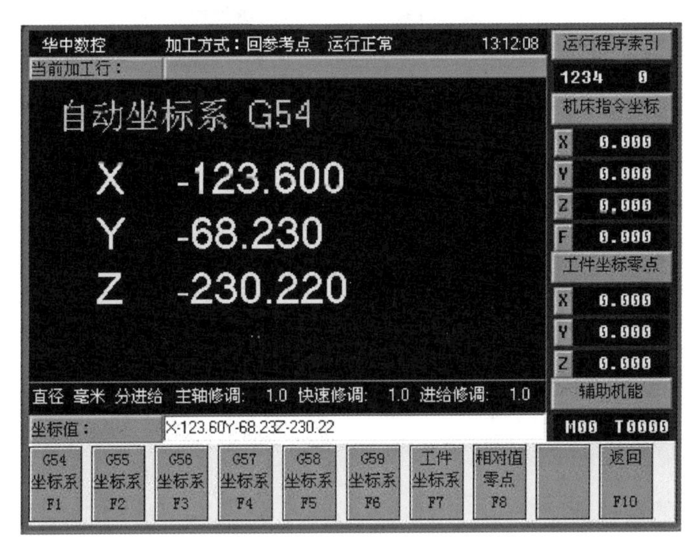

图 6-15　坐标系设定界面

f. 按 PgUp 或 PgDn 可以在 G55、G56、G57、G58、G59 之间选择要输入的坐标系。

③ 非基准刀具的对刀。将完成对刀操作的基准刀具从主轴上卸下，换上非基准刀。非基准刀具的对刀操作过程如下。

a. 非基准刀具的 X、Y 轴不需要重新对刀。

b. 控制非基准刀具接近工件上表面的 Z 轴定位器（或块规）后，改用手轮微调控制非基准刀具接触 Z 轴定位器（或块规）上表面，直到其指针指示到零位（或将刀具底端面慢慢接触块规上表面，并使块规在刀具和工件上表面之间移动时有一定的阻力）；记录此时显示器屏幕上的 Z 轴坐标值，如 69.346。将此值减去 Z 轴定位器（或块规）的高度值 50.0mm，即可得到该非基准刀具的长度补偿值 =69.346−50.0=19.346。

c. 在主菜单条上按刀具补偿 F4，再按刀补表 F2，此时进入刀具补偿值设置界面，如图 6-16 所示。将此值输入到该非基准刀具所对应的刀具的长度补偿地址中，就可完成该非基准刀具的对刀操作。

④ 在对刀操作过程中需注意以下问题：

a. 根据加工要求采用正确的对刀工具，控制对刀误差。

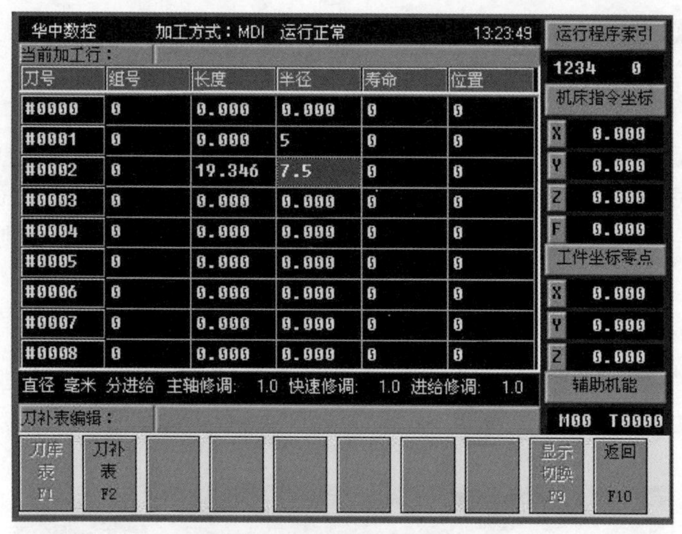

图 6-16 刀具补偿值设置界面

b. 在对刀过程中，可通过改变微调进给量来提高对刀精度。

c. 对刀时需小心谨慎操作，尤其要注意移动方向和移动速度，避免发生碰撞危险。

d. 对刀数据一定要存入与程序对应的存储地址，防止因调用错误而产生严重后果。

e. 要注意输入的刀具补偿值的大小和正负号要准确，以免影响加工精度甚至发生撞刀事故。

（10）自动加工

在完成工件装夹、程序输入与校验、对刀设定坐标系以及在补刀表中填好刀具半径和长度补偿值之后，就可以进行自动加工。

选择好要使用的数控程序之后（光标应在程序开头），按下数控铣床操作面板上的，屏幕最上方一行显示“加工方式：自动”；按下机床上面的循环启动键，机床进入自动加工状态。

在自动加工过程中，一定要认真观察和监控机床的工作状态，一旦发现问题，要及时按下急停按钮，确保安全。

在自动加工期间，可分别进行程序单段、进给保持、取消运行、急停、复位等操作练习。在操作面板上将加工方式旋钮转向“单段运行”位置，系统处于单段自动运行方式，程序控制将逐段执行；按一下“循环启动”按键，运行一程序段，机床运动轴减速停止，刀具、主轴电机停止运行；再按一下“循环启动”按键，又执行下一程序段，执行完后又再次停止。

在自动运行时，按一下机床控制面板上的“进给保持”按键，则暂停程序运行，并保留当前运行程序的模态信息。在自动运行暂停状态下，按一下机床控制面板上的“循环启动”按键，系统将从暂停前的状态重新启动，继续运行。

若在程序运行的过程中，需要中止运行，可在程序运行子菜单条上按 F7 停止运行键，再按“Y”键则中止程序运行，并卸载当前运行程序的模态信息。程序在非程序起点位置中止运行后，如要重新运行，需要重新对刀，并选择加工程序从程序头重新启动运行。

因加工操作部分大同小异，后续案例如无特殊之处，将主要集中在工艺设计阶段进行介绍。

6.2 汉字模板零件的数控铣削加工案例

6.2.1 案例题目

现使用配备有华中数控系统的数控铣床，采用 T8 钢（退火）板料型材为毛坯，对如图 6-17 所示的汉字模板零件进行数控铣削加工。

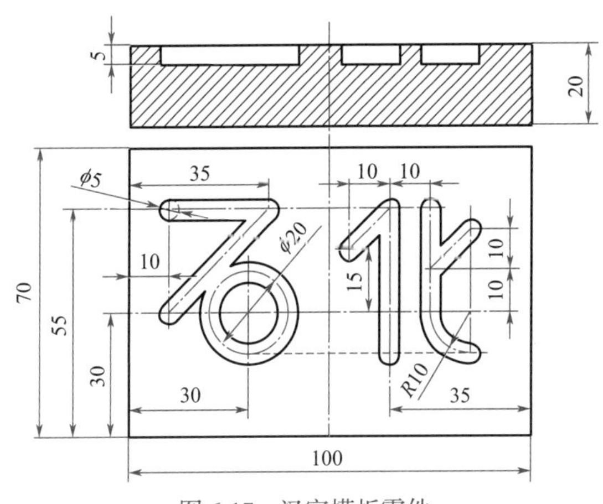

图 6-17 汉字模板零件

6.2.2 案例分析

本案例汉字模板零件是选用模具钢制作的某塑料注射模具的凹模板。该零件尺寸精度要求不高，复杂程度中等，加工节点较多，但数据计算较为容易。为达到较好的表面加工质量，应采用较高的刀具转速和较小的进给量。

根据图纸分析，加工时应选择 ϕ5mm 键槽铣刀，使用数控铣床控制刀具中心按照零件图上文字“石化”的中心线进给行走，即可加工出全部内容。但是与 6.1 节案例相比，本案例零件需要书写五笔，即加工五条线段才能全部加工完成。加工每一笔时，均应包括“定位 - 下刀 - 横切 - 抬刀 - 退回”等动作。

通过对图纸中尺寸标注的分析，本着易于计算节点坐标值和方便对刀的原则，本案例零件加工时，仍然选取零件上表面中心点为原点，建立编程坐标系，如图 6-18 所示。

6.2.3 工艺设计

本案例汉字模板零件的加工工艺过程为：

① 工作台上安装毛坯，主轴上安装 ϕ5mm 键槽铣刀，启动主轴。

② 调整刀具至第一条轨迹线加工起刀点。

③ 垂直下刀至切深。

④ 横向进给走刀，沿第一条轨迹线加工至终点。

⑤ 快速抬刀。

⑥ 重复上述②~⑤，加工其余四条轨迹线图形。

⑦ 快速退刀，工件停转，加工结束。

本案例汉字模板零件的加工工序卡，见表 6-4。

表 6-4　汉字模板零件加工工序卡

零件名称	汉字模板	工序号	01	工序名称	数控铣削
加工设备	数控铣床	夹具名称	机用台钳		
零件材料	T8 模具钢	毛坯规格	100mm×70mm×20mm 板料毛坯		
工步号	工步内容	刀具编号	刀具类型参数	主轴转速 /（r/min）	进给量 /（mm/min）
1	铣削轨迹图形	02	ϕ5mm 键槽铣刀	1000	100

6.2.4 数学计算

为方便编程和对刀，在本案例汉字模板零件图俯视图上建立如图 6-18 所示的编程坐标系，并通过分析计算各个节点坐标值如下：*O*（X0 Y0），*A*（X-40 Y25），*B*（X-15 Y25），*C*（X-40 Y0），*D*（X-20 Y-10），*E*（X5 Y15），*F*（X15 Y25），*G*（X15 Y-10），*H*（X25 Y25），*I*（X25 Y0），*J*（X35 Y-10），*K*（X25 Y10），*L*（X35 Y20）。

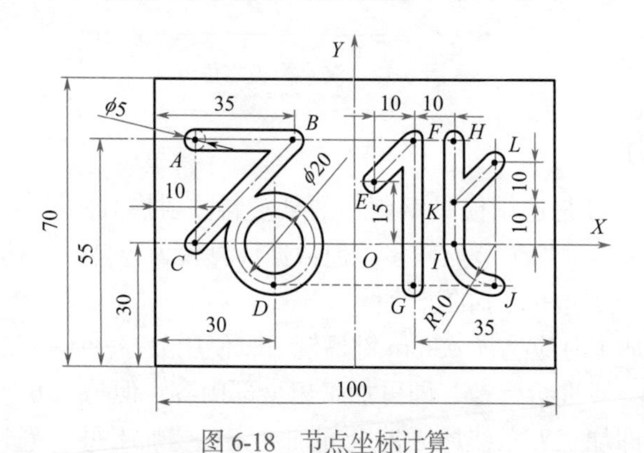

图 6-18　节点坐标计算

6.2.5 程序编制

本案例汉字模板零件的数控加工程序（使用华中数控系统）如下：

```
%6200                   程序名
G90G54G40G49G80G17      初始化，建立坐标系
M08                     切削液开
M03S1000                主轴正转，转速 1000r/min
G00X100Y100Z50          刀具快移至起刀点
X-40Y25                 快移至切削起点 A 上方
Z5                      快移至下刀起点
```

```
G01Z-5F50              下刀至规定深度
X-15F100               切A-B直线
X-40Y0                 切B-C直线
G00Z5                  快速抬刀
X-20Y-10               快移至D上方
G01Z-5F50
G03J10F100             切整圆
G00Z5
X5Y15
G01Z-5F50
X15Y25F100             切E-F直线
Y-10                   切F-G直线
G00Z5
X25Y25
G01Z-5F50
Y0F100                 切H-I直线
G03X35Y-10R10          切I-J圆弧
G00Z5
X25Y10
G01Z-5F50
X35Y20F100             切K-L直线
G00Z100                加工完成，抬刀
X100Y100               刀具退远至起刀点
M05                    主轴停转
M09                    切削液关
M30                    程序结束
```

6.3 卡通模板零件的数控铣削加工案例

6.3.1 案例题目

现使用配备有华中数控系统的数控铣床，采用 T8 钢（退火）板料型材为毛坯，对如图 6-19 所示的卡通模板零件进行数控铣削加工。

6.3.2 案例分析

本案例卡通模板零件是选用模具钢制作的某玩具模具的模板。该模板尺寸精度要求不高，线条相对复杂，加工节点很多，但数据计算容易。由槽宽尺寸可知，加工时应选择 ϕ3mm 平底立铣刀（本书中也称平底刀），从毛坯外侧下刀切入。该铣刀直径很小，为达到较好的表面加工质量，应采用较高的刀具转速和较小的进给量。

根据图纸分析，城墙和城堡的切深不一样，应使用数控铣床控制刀具中心按照零件图上城墙和城堡轨迹线分别进给行走，才能加工出全部内容。需要注意的是，城墙可以一刀走完，但是城堡却需要分多刀次加工完成。每加工一刀时，均应包括“定位-下刀-横切-抬刀-退回”等动作。

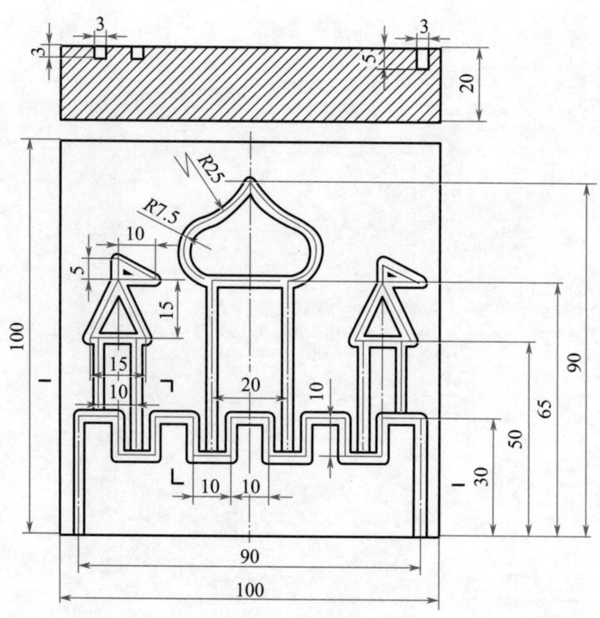

图 6-19　卡通模板零件

6.3.3 工艺设计

本案例卡通模板零件的加工工艺过程为：

① 工作台上安装毛坯，主轴上安装 ϕ3mm 平底立铣刀，启动主轴。

② 调整刀具至城墙轨迹线加工起刀点。

③ 垂直下刀至切深 5mm。

④ 横向进给走刀，沿城墙轨迹线加工至终点。

⑤ 快速抬刀。

⑥ 调整刀具至城堡轨迹线加工起刀点。

⑦ 垂直下刀至切深 3mm。

⑧ 横向进给走刀，沿城墙轨迹线加工至终点。

⑨ 快速抬刀。

⑩ 重复上述⑥～⑨，加工城堡其余轨迹线图形。

⑪ 快速退刀，工件停转，加工结束。

本案例汉字模板零件的加工工序卡，见表 6-5。

表 6-5　卡通模板零件加工工序卡

零件名称	卡通模板	工序号	01	工序名称	数控铣削
加工设备	数控铣床	夹具名称		机用台钳	
零件材料	T8 模具钢	毛坯规格		100mm×100mm×20mm 板料毛坯	
工步号	工步内容	刀具编号	刀具类型参数	主轴转速 /（r/min）	进给量 /（mm/min）
1	铣削轨迹图形	03	ϕ3mm 平底立铣刀	1500	80

6.3.4 数学计算

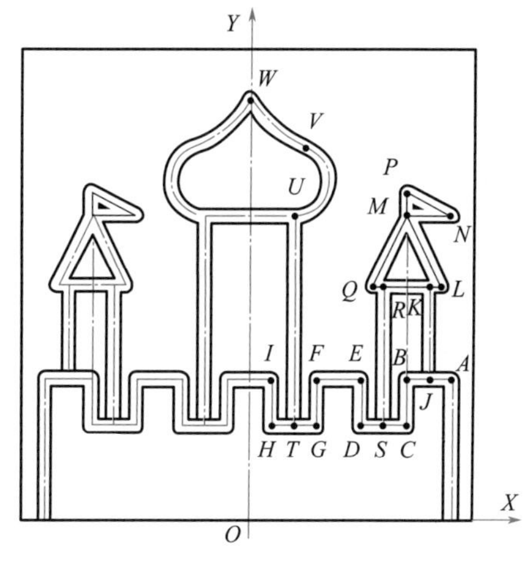

图 6-20 卡通模板零件坐标系设置

通过对图纸中尺寸标注的分析，本着易于计算节点坐标值和方便对刀的原则，本案例零件加工时，应选取毛坯下底线中心点为原点，建立编程坐标系。其俯视图坐标系设置如图 6-20 所示。因为该图形左右对称，为简化叙述，现只对右半部各个节点的坐标值计算如下：*O*（X0 Y0），*A*（X45 Y30），*B*（X35 Y30），*C*（X35 Y20），*D*（X25 Y20），*E*（X25 Y30），*F*（X15 Y30），*G*（X15 Y20），*H*（X5 Y20），*I*（X5 Y30），*J*（X40 Y30），*K*（X40 Y50），*L*（X42.5 Y50），*M*（X35 Y65），*N*（X45 Y65），*P*（X35 Y70），*Q*（X27.5 Y50），*R*（X30 Y50），*S*（X30 Y20），*T*（X10 Y20），*U*（X10 Y65），*V*（X12.629 Y79.524），*W*（X0 Y90）。

6.3.5 程序编制

本案例卡通模板零件的数控加工程序（使用华中数控系统）如下：

```
%6300                        程序名
G90G54G40G49G80G17           初始化，建立坐标系
M08                          切削液开
M03S1500                     主轴正转，转速 1500r/min
G00X100Y100Z50               刀具快移至起刀点
X45Y-10                      快速定位至城墙加工起始点
Z-5                          毛坯外侧下刀至 5mm
G01Y30F80                    开始切削城墙部分轨迹线，进给量 80mm/min
X35
Y20
X25
Y30
X15
Y20
X5
Y30
X-5
Y20
X-15
Y30
X-25
Y20
X-35
Y30
X-45
Y-10                         城墙轨迹线加工最后一刀
G00Z50                       抬刀
```

```
X40Y30                     定位于右侧城堡加工起始点
Z5
G01Z-3                     切入深度 3mm
Y50                        开始右侧城堡第一刀加工
X42.5
X35Y65
X45
X35Y70
Y65
X27.5Y50
X40
G00Z5
X30
G01Z-3
Y20                        右侧城堡加工完毕
G00Z50                     抬刀
X-40Y30                    快速定位于左侧城堡
Z5
G01Z-3                     切入深度 3mm
Y50                        开始加工左侧城堡
X-42.5
X-35Y65
X-25
X-35Y70
Y65
X-27.5Y50
X-40
G00Z5
X-30
G01Z-3
Y20                        左侧城堡加工完毕
G00Z50                     抬刀
X10Y20                     快速定位于中间城堡起始点
Z5
G01Z-3                     下刀深度 3mm
Y65                        开始加工中间城堡
G03X12.629Y79.524R7.5
G02X0Y90R25
G02X-12.629Y79.524R25
G03X-10Y65R7.5
G01X10
G00Z5
X-10
G01Z-3
Y20                        中间城堡加工完毕
G00Z100                    加工完成，抬刀
X100Y100                   刀具退远至起刀点
M05                        主轴停转
M09                        切削液关
M30                        程序结束
```

扫码看视频

第 7 章 轮廓特征零件的数控铣削加工案例

7.1 简单凸台零件的数控铣削加工案例

7.1.1 案例题目

现使用配备有华中数控系统的数控铣床，采用 45 钢板料型材为毛坯，对如图 7-1 所示的简单凸台零件进行数控铣削加工。

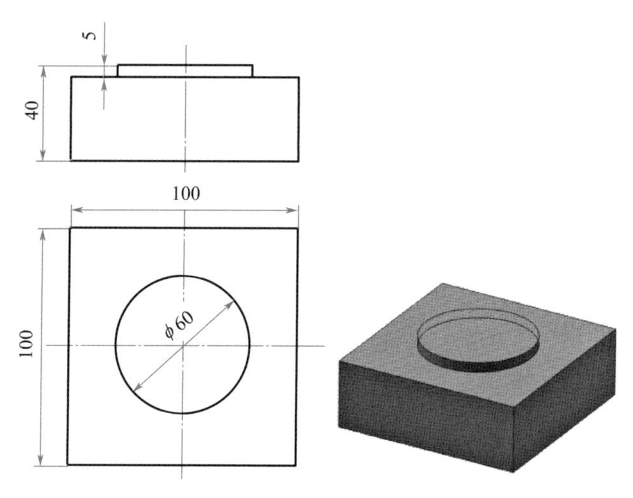

图 7-1　简单凸台零件

7.1.2 案例分析

本案例零件结构非常简单，精度要求也不高，只在矩形毛坯上加工出一个整圆即可。但是，编程时一定还要注意以下两点：

① 对于外轮廓有一定表面粗糙度和形状要求的零件，在编程时要注意加工零件轮廓时进、退刀路线的方向。即刀具应沿着零件轮廓曲线的切向切入或切出，这样可避免产生接刀

痕迹，保证零件曲面的平滑过渡。

如图 7-2（a）所示，当加工的是外圆轮廓时，可以采用直线与被加工整圆相切的进、退刀路线来实现以上原则；如图 7-2（b）所示，当加工的是内圆轮廓时，为了保证内轮廓的完整性，则只能采用圆与圆相切的进、退刀路线来实现以上原则。具体实践中，一定要参考零件的形状特点，灵活判断和选取进、退刀路线。

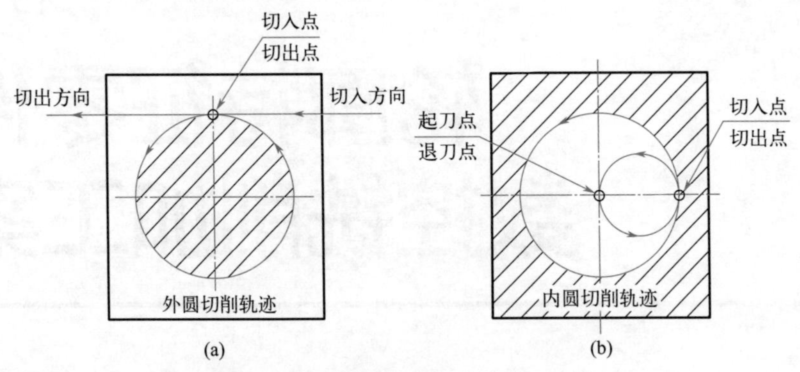

图 7-2　加工零件轮廓时的进退刀路线

② 为保证加工尺寸的准确性，在加工零件轮廓编程时一定要考虑刀具的半径补偿。如图 7-3（a）所示，如果只是单纯地控制刀具中心沿零件图上的外圆尺寸 ϕ40mm 进给一周，加工出来的将会是一个 ϕ30mm 的整圆。这是因为每把刀具都有一定的半径，数控编程时要将刀具向外轮廓的外侧偏离出一个刀具半径值，才能加工出合格的外圆尺寸，如图 7-3（b）所示。

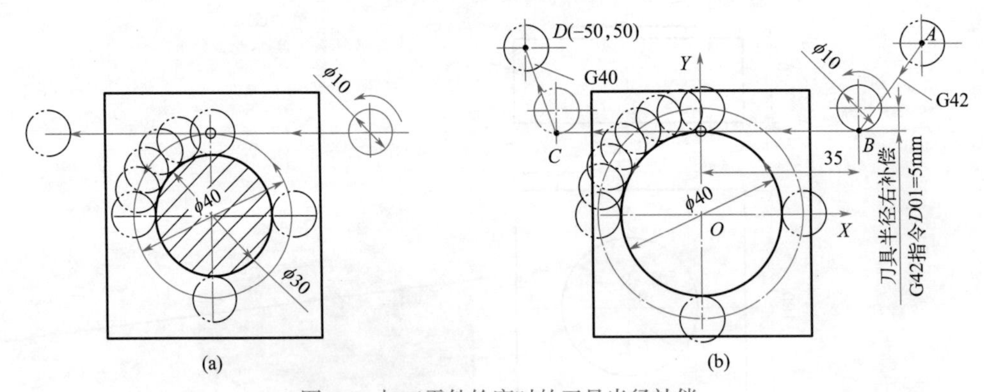

图 7-3　加工零件轮廓时的刀具半径补偿

这样，就要求我们在外圆整圆轮廓加工开始前加上引入刀补程序段；在外圆整圆轮廓加工结束后加上取消刀补程序段，如图 7-3（b）所示。它们分别是：

① 引入刀补（*AB* 段）：G42G00X35Y20D01。

② 取消刀补（*CD* 段）：G40G00X-50Y50。

7.1.3　工艺设计

本案例简单凸台零件的加工工艺过程为：

① 数控铣床工作台上固定机用台钳并夹持好毛坯，主轴上安装 ϕ10mm 平底立铣刀，启动主轴。

② 调整刀具至毛坯外侧，被加工零件轮廓切向切入线上的加工起刀点。

③ 垂直下刀至切深 5mm。

④ 横向进给走刀，沿切向切入线加工至整圆顶点。

⑤ 加工整圆外轮廓。

⑥ 横向进给走刀，沿切向切出线加工至毛坯外侧。

⑦ 快速抬刀。

⑧ 快速退刀，工件停转，加工结束。

本案例简单凸台零件的加工工序卡，见表 7-1。

表 7-1　简单凸台零件加工工序卡

零件名称	简单凸台		工序号	01		工序名称	数控铣削
加工设备	数控铣床		夹具名称		机用台钳		
零件材料	45 钢		毛坯规格		100mm×100mm×40mm 板料毛坯		
工步号	工步内容		刀具编号	刀具类型参数		主轴转速 /（r/min）	进给量 /（mm/min）
1	切向切入切出并加工整圆凸台		01	ϕ10mm 平底立铣刀		600	100

7.1.4　数学计算

通过对图纸中尺寸标注的分析，本着易于计算节点坐标值和方便对刀的原则，本案例对简单凸台零件加工时，应选取毛坯上表面中心点为原点，建立编程坐标系，如图 7-4 所示。在图 7-4 中 *A* 点为轮廓加工的起止点，*B* 点为切向切入的起点，*C* 点为切向切出的终点。

在 *XOY* 坐标平面上，各个节点坐标值确定如下：*A*（X0 Y30），*B*（X65 Y30），*C*（X-65 Y30）。

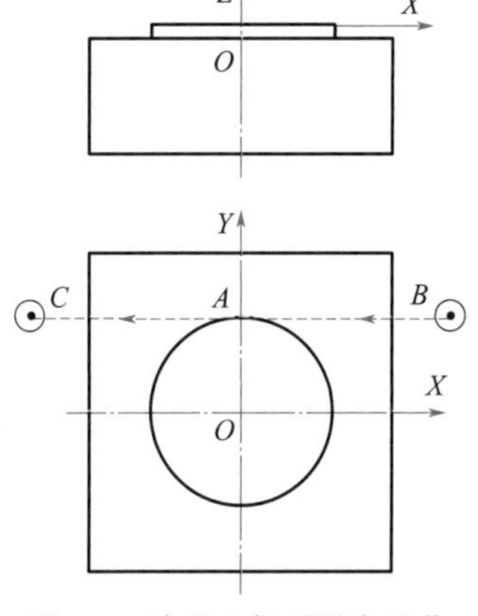

图 7-4　编程坐标系设定及节点计算

7.1.5　程序编制

本案例简单凸台零件的数控加工程序（使用华中数控系统）如下：

```
%7100                      程序名
G90G54G40G49G80G17         初始化，建立坐标系
M03S600                    主轴正转，转速 600r/min
G00X0Y0Z50                 刀具快移至验刀点，检验对刀的正确性
X100Y100                   快移至起刀点
Z5                         快速下刀，接近上表面
G42X65Y30D01               引入刀具半径右补偿，如图 7-5（a）所示
```

```
G01Z-5F60              慢速下刀至切深 5mm
X0F100                 切向沿直线切入，如图 7-5（b）所示
G03J-30                切削整圆，如图 7-5（c）所示
G01X-65                切向沿直线切出，如图 7-5（d）所示
G00Z50                 切削完毕，抬刀
G40X0Y0                取消刀具半径补偿
M05                    主轴停转
M30                    程序结束
```

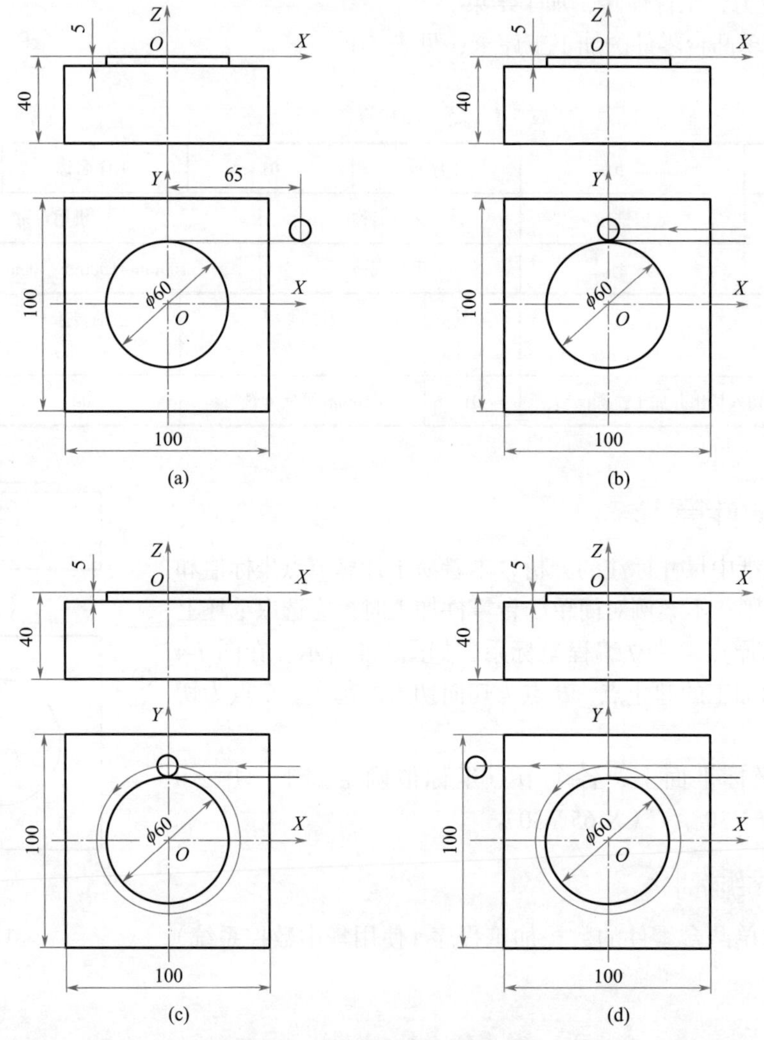

图 7-5　简单凸台零件加工过程

7.2　对称轮廓零件的数控铣削加工案例

7.2.1　案例题目

现使用配备有华中数控系统的数控铣床，采用 45 钢板料型材为毛坯，对如图 7-6 所示的

对称轮廓零件进行数控铣削加工。

7.2.2 案例分析

本案例对称轮廓零件结构相对复杂，但精度要求不高，可以用平底立铣刀分别铣削加工即可完成。加工内容是在矩形毛坯的上表面部分加工出五个凸台，这些凸台的特点是呈左右对称分布，可以结合数控铣削的对称加工指令，达到简化编程、提高效率的目的。

实际编程加工时，最上方的 ϕ15mm 整圆单独铣削加工，采取从上而下切向切入方式，如图 7-7 所示；其余四个凸台采用对称加工方式，只对右侧部分的两个凸台编程，并将其作为子程序配合对称加工指令实现左侧两个剩余凸台的加工，如图 7-7 所示。

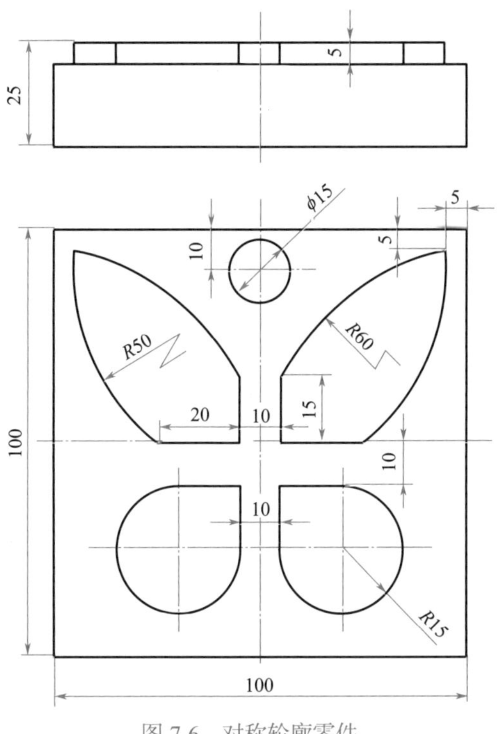

图 7-6 对称轮廓零件

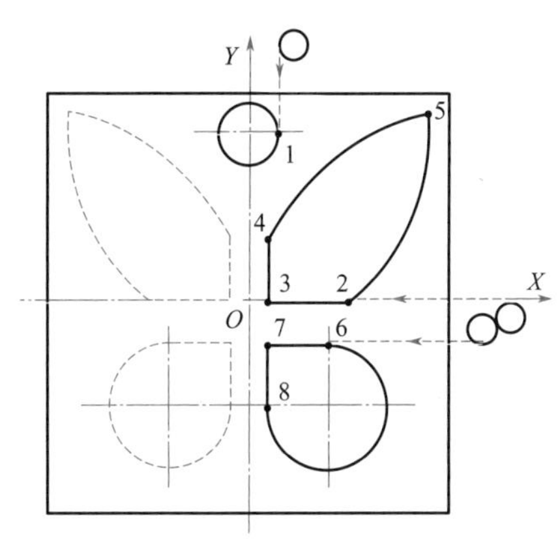

图 7-7 案例分析与节点计算

7.2.3 工艺设计

本案例对称轮廓零件的加工工艺过程为：

① 数控铣床工作台上固定机用台钳并夹持好毛坯，主轴上安装 ϕ8mm 平底立铣刀，启动主轴。

② 调整刀具至毛坯上部外侧，垂直下刀至切深 5mm。

③ 切向切入至 1 点，加工 ϕ15mm 整圆，如图 7-7 所示。

④ 抬刀并且快速移动至工件右部外侧，垂直下刀至切深 5mm。

⑤ 横向进给走刀，沿切向切入线加工右侧两个凸台外轮廓，如图 7-7 所示。

⑥ 快速抬刀。

⑦ 通过对称加工功能加工左部剩余两个凸台，如图 7-7 所示。

⑧ 快速退刀，工件停转，加工结束，卸下工件。

本案例对称轮廓零件的加工工序卡，见表 7-2。

表 7-2　对称轮廓零件加工工序卡

零件名称	对称轮廓零件	工序号	01	工序名称	数控铣削
加工设备	数控铣床	夹具名称		机用台钳	
零件材料	45 钢	毛坯规格		100mm×100mm×25mm 板料毛坯	
工步号	工步内容	刀具编号	刀具类型参数	主轴转速 /（r/min）	进给量 /（mm/min）
1	铣削 ϕ15mm 整圆凸台	01	ϕ8mm 平底立铣刀	800	120
2	铣削右部两凸台	01	ϕ8mm 平底立铣刀	800	120
3	铣削左部两凸台	01	ϕ8mm 平底立铣刀	800	120

7.2.4　数学计算

通过对图纸中尺寸标注的分析，本着易于计算节点坐标值和方便对刀的原则，本案例对称轮廓零件加工时，仍应选取毛坯上表面中心点为原点，建立编程坐标系，如图 7-7 所示。在 *XOY* 坐标平面上，各个节点坐标值计算并确定如下：1（X7.5 Y40），2（X25 Y0），3（X5 Y0），4（X5 Y15），5（X45 Y45），6（X20 Y−10），7（X5 Y−10），8（X5 Y−25）。

7.2.5　程序编制

本案例对称轮廓零件的数控加工程序（使用华中数控系统）如下：

```
%7200                    主程序名
G90G54G40G49G80G17       初始化，建立坐标系
M03S800                  主轴正转，转速 800r/min
G00X100Y100Z100          刀具快速移动至起刀点
G41X7.5Y65D01            引入刀具半径左补偿，开始加工 φ15mm 整圆凸台
Z-5                      下刀至 5mm 深度
G01Y40F120               切向切入，进给量 120mm/min
G02I-7.5                 加工整圆
G01Y35                   切向切出
G00Z100
G40X100Y100              返回起刀点，取消刀具半径补偿
M98P1001                 调用子程序 1001，加工右半部两个凸台
G24X0                    建立关于 Y 轴的镜像
M98P1001                 调用子程序 1001，加工左半部两个凸台
G25X0                    取消关于 Y 轴的镜像
G00X100Y100Z100          返回起刀点
M05                      主轴停转
M30                      程序结束
```

```
%1001                   子程序名
G41G00X65Y0D01          建立刀具半径左补偿，开始加工右上角凸台
Z-5
G01X5F120
Y15
G02X45Y45R60
X25Y0R50
G00Z100
G40X100Y100             右上角凸台加工完毕，取消刀具半径左补偿
G42X65Y-10D01           建立刀具半径右补偿，开始加工右下角凸台
Z-5
G01X5
Y-25
G03X20Y-10I15
G00Z100
G40X100Y100             右下角凸台加工完毕，取消刀具半径右补偿
M99                     子程序返回
```

7.3 旋转轮廓零件的数控铣削加工案例

7.3.1 案例题目

现使用配备有华中数控系统的数控铣床，采用45钢板料型材为毛坯，对如图7-8所示的旋转轮廓零件进行数控铣削加工。

7.3.2 案例分析

本案例旋转轮廓零件结构相对复杂，但精度要求不高，用平底立铣刀分别铣削加工即可完成。加工内容是在矩形毛坯的上表面部分加工出三个凸台。这三个凸台的特点是大小、形状完全相同，相距120°角呈圆周均布。可以结合数控铣削的旋转加工指令，达到简化编程、提高效率的目的。

数控编程时，首先把铣刀快速移动至工件上方外侧，采用切向切入的方式，只对最上方的一个心形图形进行编程，并以此作为一个子程序，配合旋转加工指令，加工剩余的两个心形图形，如图7-9所示。

7.3.3 工艺设计

本案例旋转轮廓零件的加工工艺过程为：

① 数控铣床工作台上固定机用台钳并夹持好毛坯，主轴上安装ϕ10mm平底立铣刀，启动主轴。

② 调整刀具至毛坯上部外侧。

③ 垂直下刀至切深5mm。

④ 切向切入至E点，加工上部第一个心形图形，如图7-9所示。

⑤ 快速抬刀。

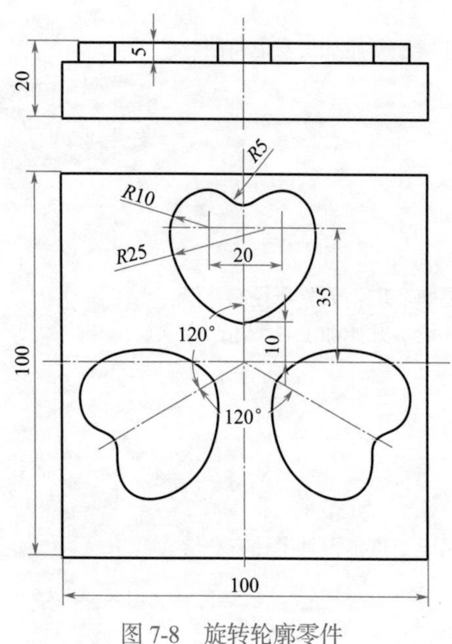

图 7-8　旋转轮廓零件

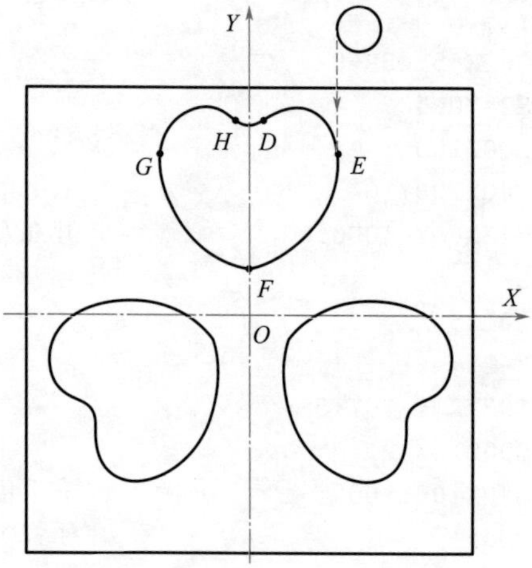

图 7-9　案例分析与节点计算

⑥ 通过旋转加工功能加工剩余两个心形图形，如图 7-9 所示。

⑦ 快速抬刀。

⑧ 快速退刀，工件停转，加工结束，卸下工件。

本案例旋转轮廓零件的加工工序卡，见表 7-3。

表 7-3　旋转轮廓零件加工工序卡

零件名称	旋转轮廓零件	工序号	01	工序名称	数控铣削
加工设备	数控铣床	夹具名称	机用台钳		
零件材料	45 钢	毛坯规格	100mm×100mm×20mm 板料毛坯		
工步号	工步内容	刀具编号	刀具类型参数	主轴转速 /（r/min）	进给量 /（mm/min）
1	铣削上部心形凸台	01	ϕ10mm 平底立铣刀	600	120
2	旋转功能铣削剩余两凸台	01	ϕ10mm 平底立铣刀	600	120

7.3.4　数学计算

通过对图纸中尺寸标注的分析，本着易于计算节点坐标值和方便对刀的原则，本案例旋转轮廓零件加工时，选取毛坯上表面中心点为原点，建立编程坐标系，如图 7-9 所示。在 XOY 坐标平面上，各个节点坐标值计算并确定如下：*D*（X3.333 Y42.454），*E*（X20 Y35），*F*（X0 Y10），*G*（X-20 Y35），*H*（X-3.333 Y42.454）。

其中切点 D 的计算方法如图 7-10 所示。

已知 OD=5，DB=10，AB=10，A（X0 Y35）。作辅助线 OB，过点 D 作 $DC \perp OA$。

$$OB=OD+DB=5+10=15$$

根据勾股定理，有

$$OA=\sqrt{OB^2-AB^2}=\sqrt{15^2-10^2}=11.180$$

根据相似三角形原理，有

$$\frac{CD}{AB}=\frac{OD}{OB},\quad \frac{OC}{OA}=\frac{OD}{OB}$$

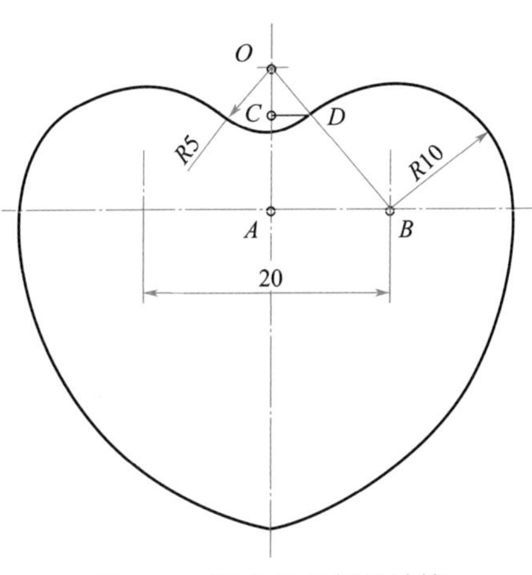

图 7-10　切点 D 坐标的计算

$$CD=\frac{5}{15}\times 10=3.333$$

$$OC=\frac{5}{15}\times 11.180=3.726$$

$$AC=OA-OC=11.180-3.726=7.454$$

则得到

$$D\text{ 点 }X\text{ 坐标}=CD=3.333$$

$$D\text{ 点 }Y\text{ 坐标}=AC+A\text{ 点 }Y\text{ 坐标}=7.454+35=42.454$$

7.3.5 程序编制

本案例旋转轮廓零件的数控加工程序（使用华中数控系统）如下：

```
%7300                    主程序名
G90G54G40G49G80G17       初始化，建立坐标系
M03S600                  主轴正转，转速 600r/min
G00X100Y100Z100          刀具快移至起刀点
M98P1002                 调用子程序 1002，加工上部心形凸台
G68X0Y0P120              建立 120° 旋转坐标系
M98P1002                 调用子程序 1002，加工左下部心形凸台
G69                      取消旋转
G68X0Y0P240              建立 240° 旋转坐标系
M98P1002                 调用子程序 1002，加工右下部心形凸台
G69                      取消旋转
G00X100Y100Z100          刀具返回至起刀点
M05                      主轴停转
M30                      程序结束
```

```
%1002                      子程序名
G41G00X20Y65D01            建立刀具半径左补偿
Z-5                        下刀至规定深度 5mm
G01Y35F120                 纵向切入至 E 点
G02X0Y10R25                加工 E-F 圆弧
X-20Y35R25                 加工 F-G 圆弧
X-3.333Y42.454R10          加工 G-H 圆弧
G03X3.333R5                加工 H-D 圆弧
G02X20Y35R10               加工 D-E 圆弧
G01Y30                     切向切出
G00Z50                     抬刀
G40X50Y50                  取消刀具半径补偿
M99                        子程序返回
```

7.4 比例轮廓零件的数控铣削加工案例

7.4.1 案例题目

现使用配备有华中数控系统的数控铣床，采用 45 钢板料型材为毛坯，对如图 7-11 所示的比例轮廓零件进行数控铣削加工。

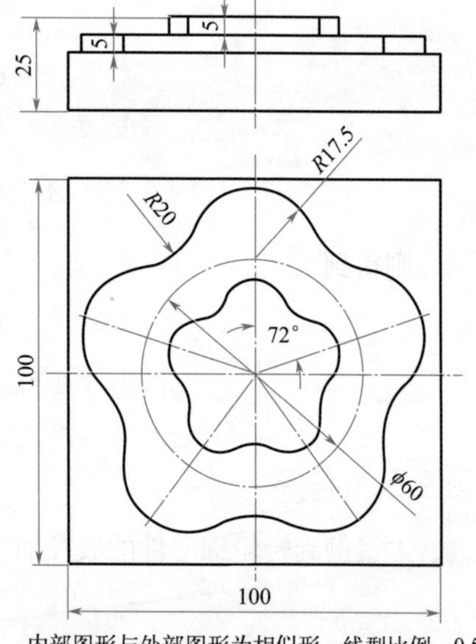

内部图形与外部图形为相似形，线型比例：0.5

图 7-11　比例轮廓零件

7.4.2 案例分析

本案例比例轮廓零件结构复杂，但精度要求不高，用平底立铣刀铣削加工即可完成。全部加工内容分为上、下两层，两层的图形为相似形，可以使用数控铣削编程中的比例缩放加工指令配合子程序功能，按照线型比例 0.5，只编写下层图形的数控程序，即可加工全部轮廓，能够达到简化编程、提高效率的目的。

编程时，首先把数控铣刀快速移动至工件左面外侧，然后采用切向切入的方式，只对右上角的 *A-B*、*B-C*、*C-D* 三段圆弧进行编程，并以此作为一个子程序配合旋转加工指令，加工剩余的四条线段，从而形成一个完整的五瓣花朵图形，如图 7-12 所示。再把前述全部程序作为一个子程序，抬升刀具高度后，配合比例加工指令加工上层小图形。即本案例的数控程序应采取子程序嵌套的结构。

7.4.3 工艺设计

本案例比例轮廓零件的加工工艺过程为：

① 数控铣床工作台上固定机用台钳并夹持好毛坯，主轴上安装 ϕ18mm 平底立铣刀，启动主轴。

② 调整刀具至毛坯左边外侧。

③ 垂直下刀至切深 10mm。

④ 切向切入至 *A* 点，按照 *A*—*B*—*C*—*D* 的顺序加工三段圆弧至 *D* 点，如图 7-12 所示。

⑤ 通过旋转加工功能加工剩余四条线段，形成完整的下层大图形，如图 7-12 所示。

⑥ 快速抬刀至切深 5mm 高度。

⑦ 通过比例缩放加工功能加工上层小图形。

⑧ 快速抬刀。

⑨ 快速退刀，工件停转，加工结束，卸下工件。

本案例比例轮廓零件的加工工序卡，见表 7-4。

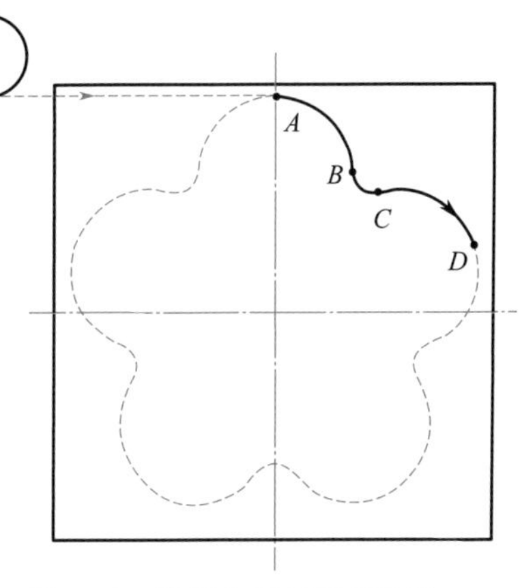

图 7-12 案例分析与节点计算

表 7-4 比例轮廓零件加工工序卡

零件名称	比例轮廓零件	工序号	01	工序名称	数控铣削
加工设备	数控铣床	夹具名称		机用台钳	
零件材料	45 钢	毛坯规格		100mm×100mm×25mm 板料毛坯	

工步号	工步内容	刀具编号	刀具类型参数	主轴转速 /（r/min）	进给量 /（mm/min）
1	铣削 *A-B*、*B-C*、*C-D* 三段圆弧	01	ϕ18mm 平底立铣刀	500	100
2	旋转功能铣削下层大图形	01	ϕ18mm 平底立铣刀	500	100
3	比例功能铣削上层小图形	01	ϕ18mm 平底立铣刀	500	100

7.4.4 数学计算

通过对图纸中尺寸标注的分析，本着易于计算节点坐标值和方便对刀的原则，本案例比例轮廓零件加工时，选取毛坯上表面中心点为原点，建立编程坐标系，如图 7-12 所示。

本案例的节点均为切点，数据不规整，计算较困难。采取计算机绘图软件，通过绘图查询的方式得到在 *XOY* 坐标平面内，各个节点坐标值分别为 *A*（X0 Y47.5），*B*（X17.485 Y30.732），*C*（X23.825 Y26.126），*D*（X45.175 Y14.678）。

7.4.5 程序编制

本案例比例轮廓零件的数控加工程序（使用华中数控系统）如下：

```
%7400                          主程序名
G90G54G69G40G49G80G17          初始化，建立坐标系
M03S500                        主轴正转，转速 500r/min
G00X-100Y100Z100               快移至左侧起刀点
Z-10                           下刀至底层切深 10mm
M98P1003                       调用子程序加工底层图形
G00Z-5                         抬刀至上层切深 5mm
```

```
G51X0Y0P0.5                建立比例缩放，缩放中心（X0 Y0）线型比例为 0.5
M98P1003                   调用子程序加工上层图形
G50                        取消比例缩放
G00X100Y100Z100            返回起刀点
M05                        主轴停转
M30                        程序结束

%1003                      子程序 1003
M98P1004                   调用子程序 1004 图形的五分之一线段
G68X0Y0P-72                建立 -72° 旋转
M98P1004                   调用子程序 1004 图形的第二个五分之一线段
G69                        取消旋转
G68X0Y0P-144
M98P1004                   调用子程序 1004 图形的第三个五分之一线段
G69
G68X0Y0P-216
M98P1004                   调用子程序 1004 图形的第四个五分之一线段
G69
G68X0Y0P-288
M98P1004                   调用子程序 1004 图形的第五个五分之一线段
G01X80Y0
G02I-80                    整圆进给，去除周边多余材料
G69
G00X-100Y100Z100
M99                        子程序返回

%1004                      子程序 1004
G41G00X-80Y47.5D01         建立刀具半径左补偿
G01X0F100                  进给至 A 点
G02X17.485Y30.732R17.5     加工 A-B 圆弧
G03X23.825Y26.126R20       加工 B-C 圆弧
G02X45.175Y14.678R17.5     加工 C-D 圆弧
G40G01X80                  取消刀具半径左补偿
M99                        子程序返回
```

7.5 数学曲线轮廓零件的数控铣削加工案例

7.5.1 案例题目

现使用配备有华中数控系统的数控铣床，采用 45 钢板料型材为毛坯，对如图 7-13 所示的数学曲线轮廓零件进行数控铣削加工。

7.5.2 案例分析

本案例数学曲线轮廓零件结构相对简单，唯一难点是上部的轮廓曲线为余弦曲线，可考虑采用宏程序编程加工，尺寸精度和表面粗糙度要求不高。因给定毛坯四周边已符合图纸

要求，不需加工，可以采用机用台钳装夹。加工内容包括铣直线、铣余弦曲线。可以使用 ϕ20mm 平底立铣刀，从工件左侧进刀铣削整个凸台外轮廓，如图 7-14 所示。同样，还可以通过加大刀具半径补偿值的方式，完成边角多余金属的切削去除。

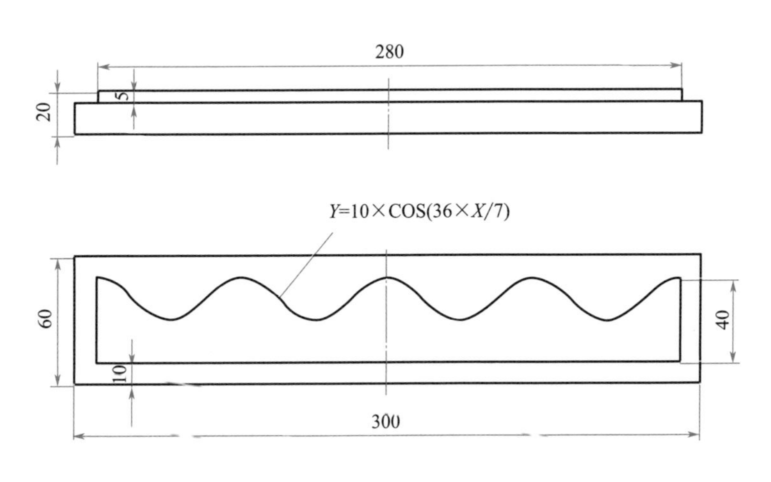

技术要求：
① 未注公差尺寸按IT8级(GB/T 1804-M)。
② 锐边倒角并去除毛刺飞边。
③ 热处理调质至200～230HBS。
④ 材料及备料尺寸：45钢，300mm×60mm×20mm的长方体。

图 7-13　数学曲线轮廓零件

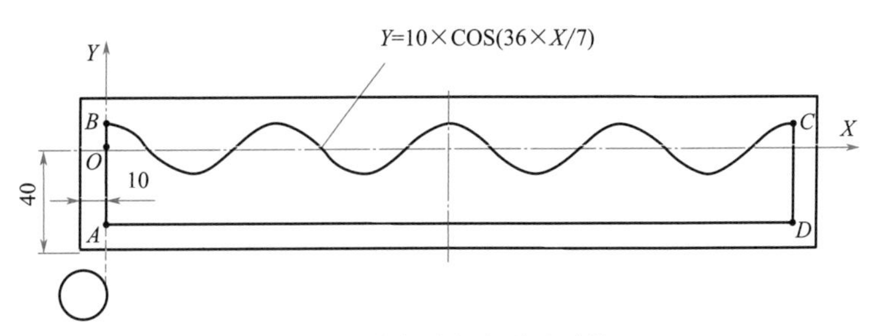

图 7-14　案例分析与节点计算

7.5.3　工艺设计

本案例数学曲线轮廓零件的加工工艺过程为：

① 数控铣床工作台上固定机用台钳并夹持好毛坯，主轴上安装 ϕ20mm 平底立铣刀，启动主轴。

② 调整刀具至毛坯左下边外侧。

③ 垂直下刀至切深 5mm。

④ 切向切入至 *A* 点，按照 *A*—*B*—*C*—*D*—*A* 的顺序加工全部零件凸台外轮廓，如图 7-14 所示。

⑤ 快速抬刀。

⑥ 快速退刀，工件停转，加工结束，卸下工件。

本案例数学曲线轮廓零件的加工工序卡，见表 7-5。

表 7-5　数学曲线轮廓零件加工工序卡

零件名称	数学曲线轮廓零件	工序号	01	工序名称	数控铣削
加工设备	数控铣床	夹具名称	机用台钳		
零件材料	45 钢	毛坯规格	300mm×60mm×20mm 板料毛坯		
工步号	工步内容	刀具编号	刀具类型参数	主轴转速 /（r/min）	进给量 /（mm/min）
1	铣削凸台外轮廓	01	ϕ20mm 平底立铣刀	400	150

7.5.4　数学计算

本案例数学曲线轮廓零件的编程坐标系选择有多种方式。本着易于计算节点坐标值和方便编程的原则，最终选取余弦曲线的自身数学坐标系为零件的编程坐标系，如图 7-14 所示。这样做的缺点是给对刀操作带来一定的困难。本案例的节点数据规整，不用计算，可直接得出。在 *XOY* 坐标平面内，各个节点坐标值分别为 *A*（X0 Y-30），*B*（X0 Y10），*C*（X280 Y10），*D*（X280 Y-30）。

7.5.5　程序编制

本案例数学曲线轮廓的数控加工程序（使用华中数控系统）如下：

```
%7500                              程序名
G90G94G21G17G40G54                 设置数控铣床初始状态，G54 设定工件坐标系
M03S400                            主轴正转，转速 400r/min
G00X-10Y-80Z50                     刀具快速移动至工件左下角外侧
G41X0Y-60D01                       建立刀具半径左补偿
Z-5                                下刀至规定深度 5mm
G01Y10F150                         切 A-B 直线
#1=0                               设 X 初值为 0
WHILE#1LE280                       循环指令，判断 X 是否在 0～280 之间
#2=10.0*COS[36/7*#1*PI/180]        计算 Y 值，其中角度应换算为弧度值
G01X[#1]Y[#2]                      用短直线模拟余弦曲线
#1=#1+1                            步长为 X=1
ENDW                               结束循环
G01X280Y-30                        切 C-D 直线
X-25                               切 D-A 直线
G00Z100                            抬刀
G40X100Y100                        取消刀具半径补偿
M05                                主轴停转
M30                                程序结束
```

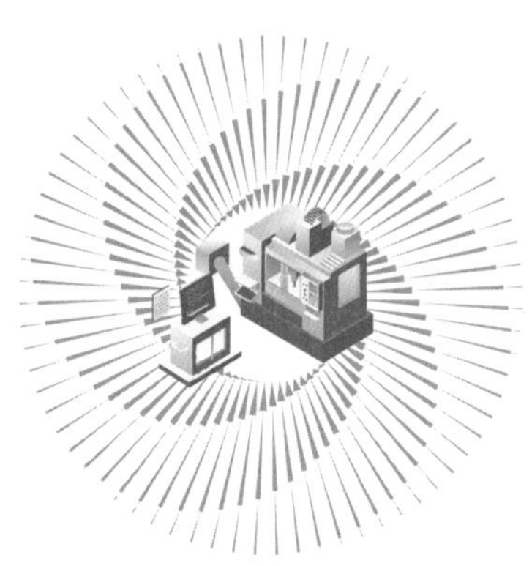

第 8 章 腔槽特征零件的数控铣削加工案例

扫码看视频

8.1 凸轮槽零件的数控铣削加工案例

8.1.1 案例题目

数控铣床不但能够加工外轮廓表面，也可以加工一些内轮廓表面，从而实现对某些模具型腔和沟槽零件的加工。

现用华中数控铣床加工如图 8-1 所示的凸轮槽零件，按照图纸要求，分析加工工艺、选择合适的刀具并编制数控加工程序。

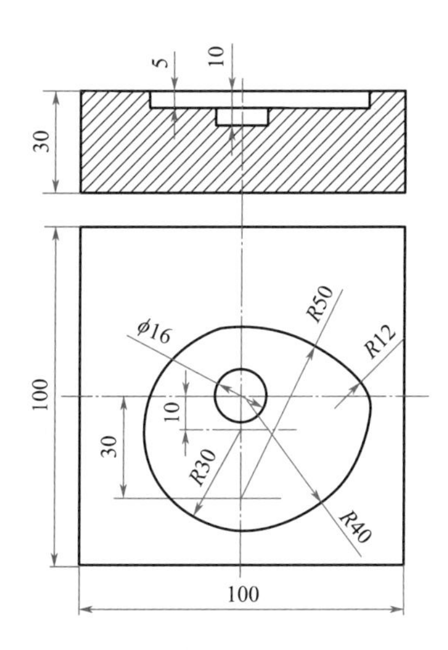

技术要求：
① 未注公差尺寸按IT8级(GB/T 1804-M)。
② 锐边倒角并去除毛刺飞边。
③ 热处理调质至200～230HBS。
④ 材料及备料尺寸：45钢，100mm×100mm×30mm的长方体。

图 8-1 凸轮槽零件

8.1.2 案例分析

本案例零件结构相对简单，只是在长方体毛坯上部加工凸轮形凹槽，在图形中心有一个相对深度为 5mm 的盲孔。该零件尺寸精度和表面粗糙度要求不高。因给定毛坯四周边已符合图纸要求，不需加工，所以可以采用机用台钳装夹。加工内容包括铣凸轮槽及铣孔。

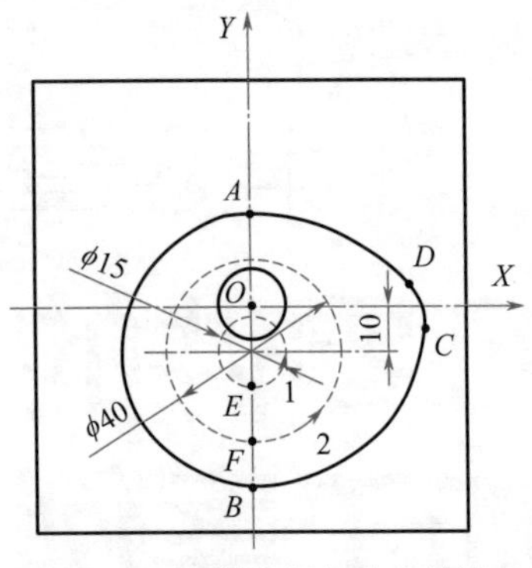

图 8-2 案例分析与节点计算

加工时，应先使用 ϕ16mm 键槽铣刀，在工件原点处直接下刀 10mm，铣削 ϕ16mm 盲孔；抬刀至切深 5mm 处，铣削工艺圆周 1 和 2，以实现槽内多余材料的去除；最后，以 A 为起点，引入刀具半径左补偿，沿工件上部凸轮槽周边内轮廓铣削一周，加工出凸轮槽最终的形状和尺寸，如图 8-2 所示。

在立式数控铣床上最常用的铣刀类型是立铣刀。它可以加工水平面、铅垂面、孔、二维曲面和部分三维曲面等工件上的常见表面。常见立铣刀的种类、特点与应用见表 8-1。

表 8-1 常见立铣刀的种类、特点与应用

项目	平底立铣刀	R 刀（牛鼻刀）	球头刀（球头铣刀）
图形照片	ϕd	R ϕd	R
应用特点	结构简单，用量大。可以直角清根	强度大，不易崩刃。适合加工相对平坦的曲面，且可避免球头刀中心零切速现象	适合加工狭小多变的三维曲面。球头刀的尖端易磨损。若加工相对平坦的区域，光洁度较差

立铣刀根据其底部结构形式，分为普通立铣刀和键槽铣刀，如图 8-3 所示。普通立铣刀底部中心有制作时遗留下来的工艺孔（中心孔），如图 8-3（a）所示，这样使得该种刀具的中心无切削刃，加工工件时不能在工件上面直接钻削下刀，只能先调整到工件范围外侧下刀，再横向进给切削，如图 8-3（c）所示。因此，腔槽类零件的内轮廓不能使用普通立铣刀加工。

键槽铣刀底部中心没有工艺孔，底刃过中心，如图 8-3（b）所示，因此该种刀具加工工件时可以在工件上面直接钻削下刀，然后横向进给切削，如图 8-3（d）所示。

8.1.3 工艺设计

本案例凸轮槽零件的加工工艺过程为：

① 数控铣床工作台上固定机用台钳并夹持好毛坯，主轴上安装 ϕ16mm 键槽铣刀，启动主轴。

② 调整刀具至毛坯中心上方，快速下降至工件上表面 5mm 为加工起点。

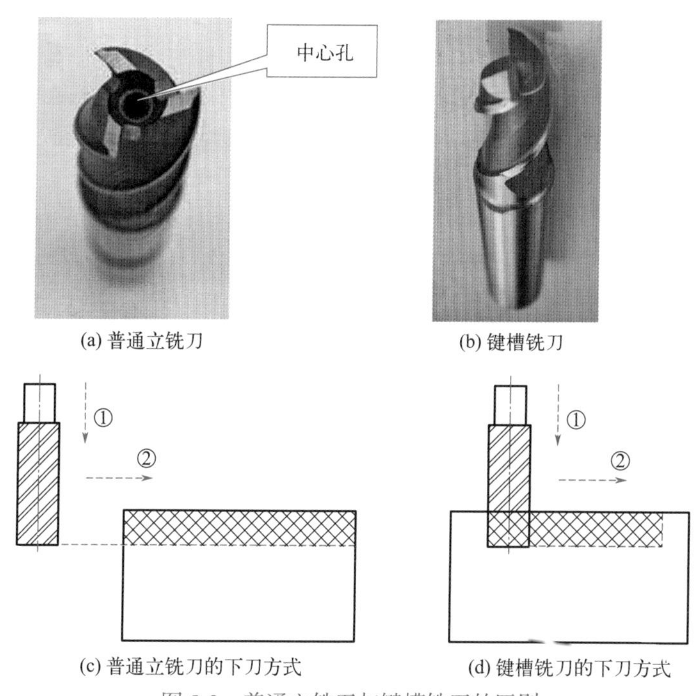

(a) 普通立铣刀　　(b) 键槽铣刀

(c) 普通立铣刀的下刀方式　　(d) 键槽铣刀的下刀方式

图 8-3　普通立铣刀与键槽铣刀的区别

①—垂直下刀动作；②—横向切削动作

③ 垂直切入至切深 10mm，形成中心 ϕ116mm 盲孔。

④ 快速抬刀至切深 5mm 处。

⑤ 加工 15mm 和 40mm 工艺整圆，以去除槽内多余材料。

⑥ 引入刀具半径补偿，横向沿凸轮槽内轮廓周边进给走刀，形成最终轮廓。

⑦ 快速抬刀，退刀，工件停转，加工结束。

本案例凸轮槽零件的加工工序卡，见表 8-2。

表 8-2　凸轮槽零件加工工序卡

零件名称	凸轮槽零件	工序号	01	工序名称	数控铣削
加工设备	数控铣床	夹具名称		机用台钳	
零件材料	45 钢	毛坯规格		100mm×100mm×30mm 板料毛坯	

工步号	工步内容	刀具编号	刀具类型参数	主轴转速 /（r/min）	进给量 /（mm/min）
1	铣削中心 ϕ16mm 盲孔	01	ϕ16mm 键槽铣刀	500	80
2	铣削 ϕ15mm 工艺圆周	01	ϕ16mm 键槽铣刀	500	100
3	铣削 ϕ40mm 工艺圆周	01	ϕ16mm 键槽铣刀	500	100
4	铣削凸轮槽内轮廓	01	ϕ16mm 键槽铣刀	500	100

8.1.4 数学计算

通过对图纸中尺寸标注的分析，本着易于计算节点坐标值和方便对刀的原则，本案例凸轮槽零件数控编程时，应选取毛坯上表面中心点为原点，建立编程坐标系，如图 8-2 所示。

在图 8-2 中，*O* 点为下刀点，同时也是 ϕ16mm 盲孔的加工位置；*A* 点为凸轮槽内轮廓加工的起止点，*E* 和 *F* 分别为两个工艺圆周的加工起止点。在 *XOY* 坐标平面上，各个节点坐标值确定如下：*O*（X0 Y0），*A*（X0 Y20），*B*（X0 Y−40），*C*（X39.590 Y−5.714），*D*（X36.464 Y4.211），*E*（X0 Y−17.5），*F*（X0 Y−30）。

8.1.5 程序编制

本案例凸轮槽零件的数控加工程序（使用华中数控系统）如下：

```
%8100                     程序名
G90G54G40G49G80G17        初始化，建立坐标系
M03S500                   主轴正转，转速 500r/min
G00X0Y0Z100               刀具快移至下刀点
Z5                        快速下降刀具至距工件上表面 5mm 处
G01Z-10F80                铣削 φ16mm 盲孔
G00Z-5                    抬刀至凸轮槽底高度
G01Y-17.5F100             定位至工艺圆周 1 的起止点
G03J7.5                   铣削工艺圆周 1
G01Y-30                   定位至工艺圆周 2 的起止点
G03J20                    铣削工艺圆周 2
G41G01Y20D01              引入刀具半径补偿，刀具移动至 A 点
G03Y-40J-30               切凸轮槽 R30 圆弧
X39.590Y-5.714R40         切凸轮槽 R40 圆弧
X36.464Y4.211R12          切凸轮槽 R12 圆弧
X0Y20R50                  切凸轮槽 R50 圆弧
G00Z100
G40X0Y0                   退刀，取消刀具半径补偿
M05                       主轴停转
M30                       程序结束
```

8.2 内齿型腔零件的数控铣削加工案例

8.2.1 案例题目

在配备华中数控系统的数控铣床上使用 45 钢材料，毛坯规格为 ϕ85mm×20mm 的圆柱体，按如图 8-4 所示的内齿型腔零件图纸要求，分析加工工艺，选择合适的刀具并编制数控加工程序。

8.2.2 案例分析

本案例内齿型腔零件结构相对简单，尺寸精度和表面粗糙度要求不高，且毛坯圆柱周边

不需加工，所以可以采用三爪夹盘装夹，伸出卡盘 5mm 左右，用百分表找正。加工内容为铣 12 个 *R*6mm 圆弧及型腔内部多余材料的去除。可以先使用 ϕ12mm 键槽铣刀多次切削工艺圆周，去除型腔内 ϕ62mm 圆周内部的多余材料。再采用该铣刀直线进给到 *R*6mm 圆弧圆心形成 *R*6mm 圆弧槽，最后通过旋转变换功能加工出其他 11 个 *R*6mm 圆弧槽。

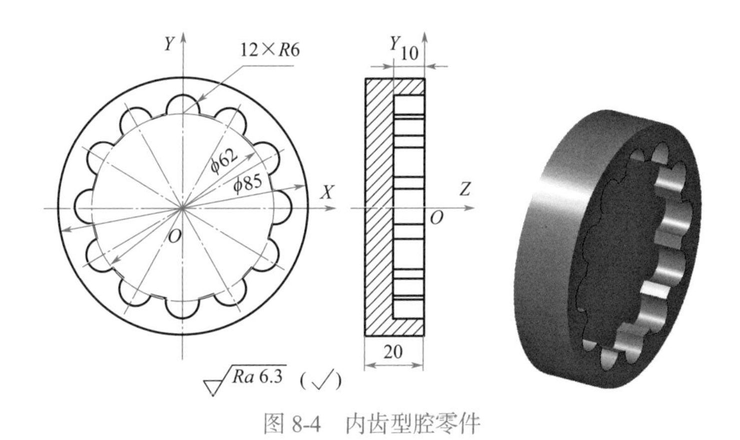

图 8-4　内齿型腔零件

8.2.3　工艺设计

本案例内齿型腔零件的加工工艺过程为：

① 铣 ϕ62mm 圆周内部工艺圆周。采用 ϕ12mm 键槽铣刀，分 4 个刀次，半径从大到小加工整圆，从而去除型腔内 ϕ62mm 圆周内部多余材料，如图 8-5（a）～（e）所示。其中，最后一个刀次，也可以通过刀具在原点下刀时先行切除，这样工艺圆周可仅保留前三刀次。

② 铣 12×*R*6mm 圆弧槽。采用 ϕ12mm 键槽铣刀，直线进给切成 *R*6mm 圆弧槽，再通过旋转变换功能加工出其他 11 个 *R*6mm 圆弧槽，如图 8-5（f）～（i）所示。

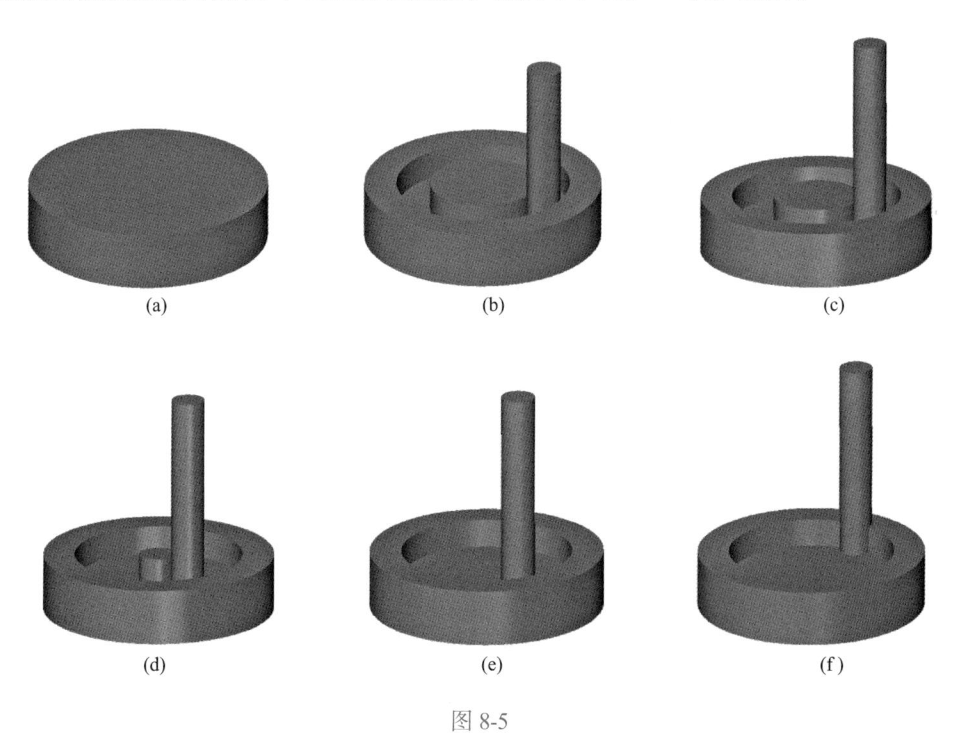

图 8-5

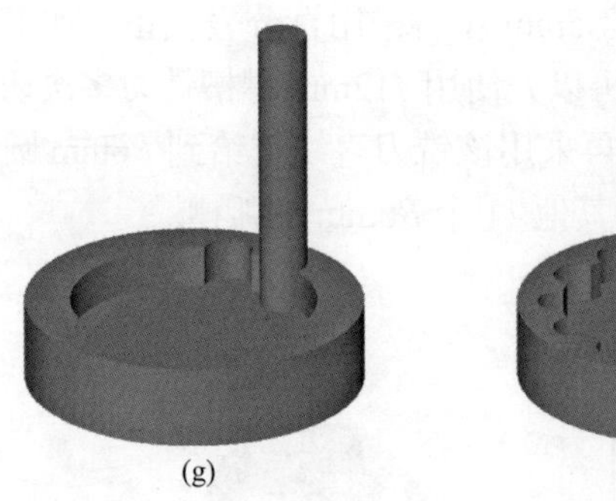
(g)

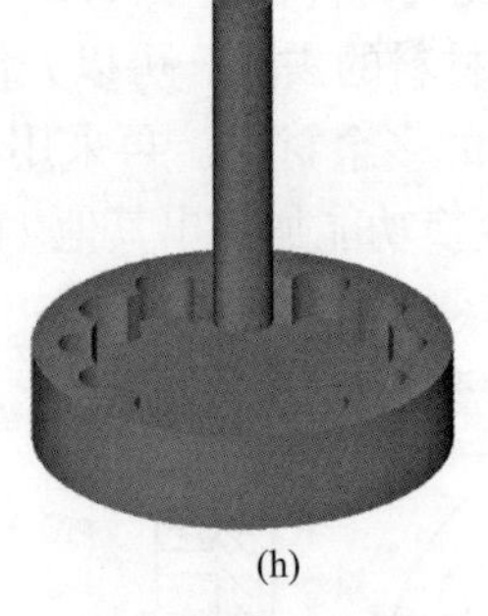
(h)

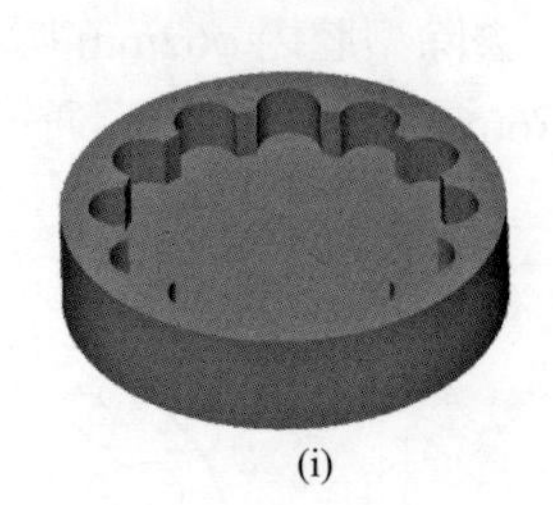
(i)

图 8-5　内齿型腔零件加工工艺过程

本案例内齿型腔零件的加工工序卡，见表 8-3。

表 8-3　内齿型腔零件加工工序卡

零件名称	内齿型腔零件	工序号	01	工序名称	数控铣削
加工设备	数控铣床	夹具名称		机用台钳	
零件材料	45 钢	毛坯规格		ϕ85mm×20mm 圆柱体毛坯	
工步号	工步内容	刀具编号	刀具类型参数	主轴转速 /（r/min）	进给量 /（mm/min）
1	铣 ϕ62mm 圆周内部工艺圆周	01	ϕ12mm 键槽铣刀	600	120
2	铣 12×*R*6mm 圆弧槽	01	ϕ12mm 键槽铣刀	600	120

8.2.4　数学计算

通过对图纸的尺寸分析，本着易于计算节点坐标值和方便对刀的原则，本案例零件数控编程时，应选取毛坯右侧表面中心点为原点，建立编程坐标系，如图 8-4 所示。

如图 8-6 所示为该零件的 *XOY* 视图，其中，把编程坐标系原点 *O* 设为下刀点；*A* 点、*B* 点、*C* 点分别设为三个工艺圆周的加工起止点；*B* 点设为右侧第一个圆弧齿槽的加工起点，*A* 为终点。这样，很容易地在 *XOY* 坐标平面上，将各个节点坐标值确定如下：*O*（X0 Y0），*A*（X31 Y0），*B*（X22 Y0），*C*（X13 Y0）。

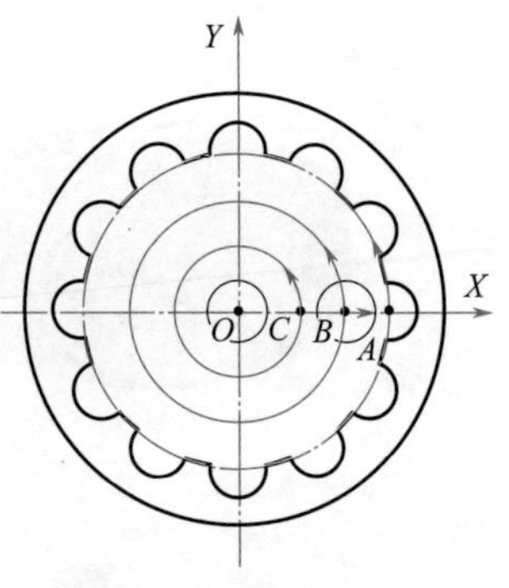

图 8-6　节点设计与计算

8.2.5　程序编制

本案例内齿型腔零件的数控加工程序（使用华中数控系统）如下：

```
%8200                      主程序名 8200
G54G17G40G49G90G80         机床初始化，G54 设定工件坐标系，以绝对坐标形式编程
M08                        切削液开
M03S600                    主轴正转，转速为 600r/min
```

```
G00Z10              Z 方向快速定位
X0Y0                X、Y 向快速定位到工件坐标系原点
G01Z-10F80          Z 方向切入，深度 10mm
G01G41X31D01F120    引入刀具半径左补偿,D01=6.0mm
G03X31Y0I-31J0      第一次加工工艺圆周
G01X22              X 方向直线进给
G03X22Y0I-22J0      第二次加工工艺圆周
G01X13              X 方向直线进给
G03X13Y0I-13J0      第三次加工工艺圆周
G00Z10              抬刀
G40X0Y0             X、Y 回到工件坐标系原点，取消刀具半径补偿
M98P1212            调子程序 1212, 加工右侧第一个圆弧齿槽
G68X0Y0P30          旋转变换，以原点为圆心，顺时针旋转 30°
M98P1212            调子程序 1212
G69                 取消旋转变换
G68X0Y0P60          旋转变换，以原点为圆心，顺时针旋转 60°
M98P1212            调子程序 1212
G69                 取消旋转变换
G68X0Y0P90          旋转变换，以原点为圆心，顺时针旋转 90°
M98P1212            调子程序 1212
G69                 取消旋转变换
G68X0Y0P120         旋转变换，以原点为圆心，顺时针旋转 120°
M98P1212            调子程序 1212
G69                 取消旋转变换
G68X0Y0P150         旋转变换，以原点为圆心，顺时针旋转 150°
M98P1212            调子程序 1212
G69                 取消旋转变换
G68X0Y0P180         旋转变换，以原点为圆心，顺时针旋转 180°
M98P1212            调子程序 1212
G69                 取消旋转变换
G68X0Y0P210         旋转变换，以原点为圆心，顺时针旋转 210°
M98P1212            调子程序 1212
G69                 取消旋转变换
G68X0Y0P240         旋转变换，以原点为圆心，顺时针旋转 240°
M98P1212            调子程序 1212
G69                 取消旋转变换
G68X0Y0P270         旋转变换，以原点为圆心，顺时针旋转 270°
M98P1212            调子程序 1212
G69                 取消旋转变换
G68X0Y0P300         旋转变换，以原点为圆心，顺时针旋转 300°
M98P1212            调子程序 1212
G69                 取消旋转变换
G68X0Y0P330         旋转变换，以原点为圆心，顺时针旋转 330°
M98P1212            调子程序 1212
G69                 取消旋转变换
G00Z100             抬刀
G00X0Y0             X、Y 向回到工件坐标系原点
```

```
M05                                    主轴停转
M09                                    切削液关
M30                                    主程序结束

%1212                                  子程序名
G00X22                                 X 向快速定位至加工起点
G01Z-10F80                             Z 方向切入，深度 10mm
X31F120                                X 方向直线切削，形成 R6 圆弧槽
G00Z10                                 抬刀
X0Y0                                   X、Y 向回到工件坐标系原点
M99                                    子程序结束，返回主程序
```

8.3 椭圆十字槽零件的数控铣削加工案例

8.3.1 案例题目

现使用配备有华中数控系统的数控铣床，采用 45 钢板料型材为毛坯，对如图 8-7 所示的椭圆十字槽零件进行数控铣削加工。

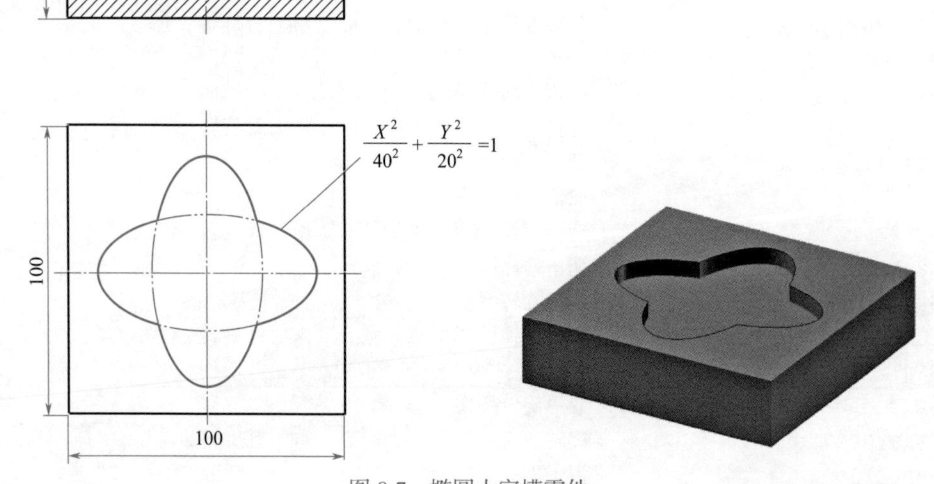

图 8-7 椭圆十字槽零件

8.3.2 案例分析

本案例椭圆十字槽零件结构简单，精度要求不高，用键槽铣刀铣削加工即可完成。全部加工内容是在一个长方体毛坯上表面加工出一个平底槽，槽型是相互垂直的两个交叉椭圆。椭圆大小相同，互呈 90°分布。

编程时，首先把数控键槽铣刀快速移动至工件左下方外侧 *B* 点（如图 8-8 所示），并在此过程中引入刀具半径左补偿。由于是腔槽工件的加工，椭圆槽的切向切入 *BA* 段只能采用在

工件上空“飞行”过去的走刀方式，铣刀在 *A* 点降落并下刀至规定深度。通过宏程序加工完椭圆 1 后，以此为子程序，配合旋转加工指令，就可以完成对椭圆 2 的加工。

8.3.3 工艺设计

本案例椭圆十字槽零件的加工工艺过程为：

① 数控铣床工作台上固定机用台钳并夹持好毛坯，主轴上安装 ϕ16mm 键槽铣刀，启动主轴。

② 调整刀具至毛坯左下角外侧，并引入刀具半径左补偿。

③ 工件上空直线切向切入至椭圆 1 起止点 *A*。

④ 垂直下刀至规定切深 6mm。

⑤ 加工椭圆槽 1 内轮廓。

⑥ 抬刀至安全高度。

⑦ 通过旋转加工功能指令加工椭圆槽 2 内轮廓。

⑧ 抬刀并快速退刀。

⑨ 工件停转，加工结束，卸下工件。

本案例椭圆十字槽零件的加工工序卡，见表 8-4。

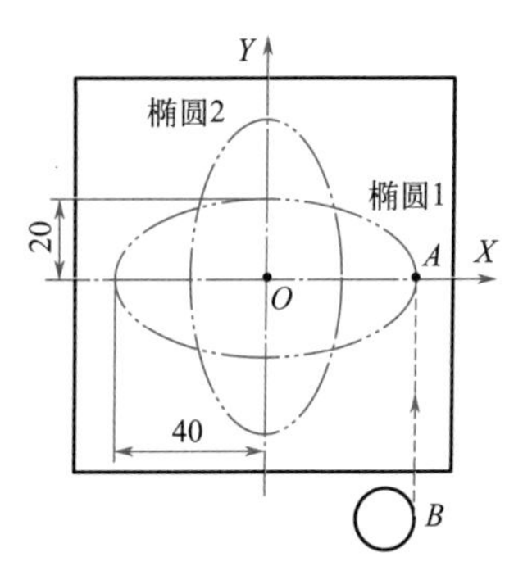

图 8-8　案例分析与节点设计计算

表 8-4　椭圆十字槽零件加工工序卡

零件名称	椭圆十字槽零件	工序号	01	工序名称	数控铣削
加工设备	数控铣床	夹具名称	机用台钳		
零件材料	45 钢	毛坯规格	100mm×100mm×25mm 板料毛坯		

工步号	工步内容	刀具编号	刀具类型参数	主轴转速 /（r/min）	进给量 /（mm/min）
1	铣削椭圆槽 1 内轮廓	01	ϕ16mm 键槽铣刀	600	120
2	铣削椭圆槽 2 内轮廓	01	ϕ16mm 键槽铣刀	600	120
3	铣削槽内剩余材料	01	ϕ16mm 键槽铣刀	600	120

8.3.4 数学计算

通过对图纸中尺寸标注的分析，本着易于计算节点坐标值和方便对刀的原则，本案例椭圆十字槽零件加工时，选取毛坯上表面中心点为原点，建立编程坐标系，如图 8-8 所示。

在 *XOY* 坐标平面内，节点坐标值为：*A*（X40 Y0）。进刀点 *B* 选取为 *B*（X40 Y−65）。

8.3.5 程序编制

本案例椭圆十字槽零件的数控加工程序（使用华中数控系统）如下：

```
%8300                           主程序名
G90G54G69G40G49G80G17           初始化，建立坐标系
M03S600                         主轴正转，转速 600r/min
G00X100Y100Z100                 快移至起刀点
M98P2000                        调用子程序 2000 加工椭圆 1 内轮廓
G68X0Y0P90                      旋转功能指令，旋转 90° 加工
M98P2000                        调用子程序 2000 加工椭圆 2 内轮廓
G69                             取消旋转
G40G00X30Y0                     取消刀具半径补偿，快速移动清理剩余材料起点
Z-6
G01X-30                         切除剩余材料第一刀
G00Z5
X0Y30
Z-6
G01Y-30                         切除剩余材料第二刀
G00X0Y0Z100                     退刀
M05                             主轴停转
M30                             程序结束

%2000                           子程序名
G00X100Y-100
Z5
G41X40Y-65D01                   引入刀具半径左补偿
Y0                              空行程至椭圆起止点 A
G01Z-6F80                       下刀至槽底 6mm
#1=0                            椭圆角度为自变量
WHILE#1LE360                    判断椭圆是否加工完
#2=40*COS[#1*PI/180]            计算 X 坐标
#3=20*SIN[#1*PI/180]            计算 Y 坐标
G01X[#2]Y[#3]F120               用直线拟合椭圆
#1=#1+1                         步长设定为 1°
ENDW                            结束椭圆循环
G00Z100                         抬刀
M99                             子程序返回
```

8.4 六边阶梯槽零件的数控铣削加工案例

8.4.1 案例题目

现使用配备有华中数控系统的数控铣床，采用 45 钢板料型材为毛坯，对如图 8-9 所示的六边阶梯槽零件进行数控铣削加工。

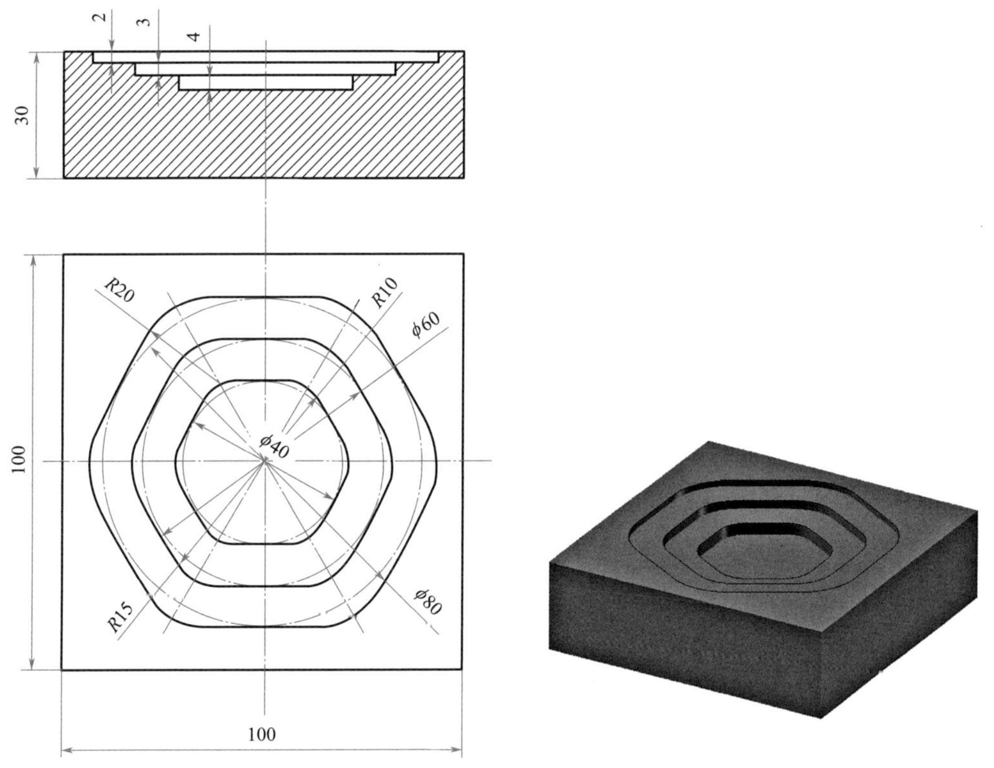

图 8-9　六边阶梯槽零件

8.4.2　案例分析

本案例六边阶梯槽零件结构相对简单，尺寸精度和表面粗糙度要求不高，且毛坯圆柱周边不需加工，可以采用机用台钳直接装夹，用百分表找正。加工内容为带圆弧过渡的三个六边形台阶槽。可以使用 ϕ16mm 键槽铣刀引入刀具半径补偿后，分三次分别铣出，每铣削一层，调整一个下刀深度。分析图形可以发现，三个六边形槽的形状为相似形，具体编程时可以应用比例缩放指令来简化编程，提高工作效率。

加工时，首先加工内层小六边形槽，刀具在工件下方外侧引入刀具半径补偿，并在工件上空进刀，到达 2 点后下刀切深至 9mm，横向切出小六边形槽。将前述加工内层小六边形槽的程序定义为子程序；刀具提升至切深 5mm，应用比例缩放指令，缩放比为 1.5，并调用子程序加工中层六边形槽；刀具提升至切深 2mm，再次应用比例缩放指令，缩放比为 2，并调用子程序加工外层六边形槽。案例分析如图 8-10 所示。

8.4.3　工艺设计

本案例六边阶梯槽零件的加工工艺过程为：

① 数控铣床工作台上固定机用台钳并夹持好毛坯，主轴上安装 ϕ16mm 键槽铣刀，启动主轴。

② 调整刀具至毛坯下方外侧，并引入刀具半径左补偿。

③ 工件上空直线切向切入至内层六边形起止点 2。

④ 垂直下刀至规定切深 9mm。

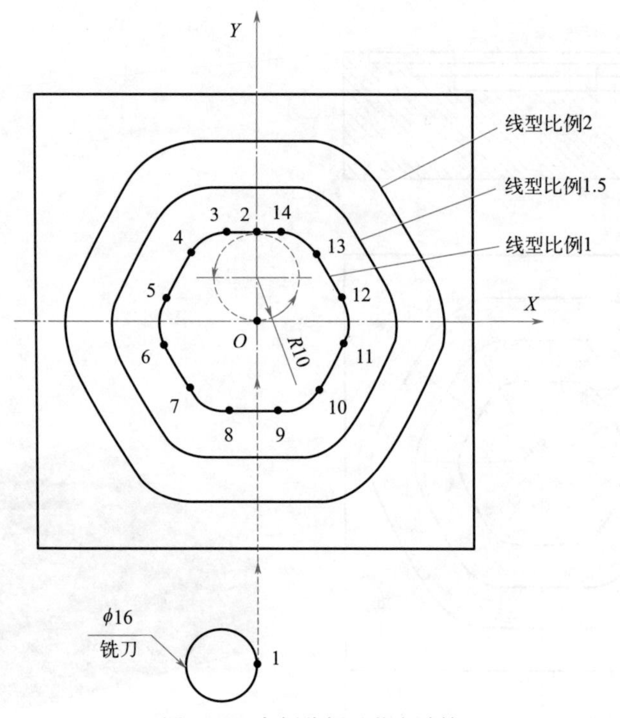

图 8-10　案例分析及节点计算

⑤ 横向铣削加工内层六边形槽内轮廓。

⑥ 通过比例缩放功能指令加工中层六边形槽内轮廓。

⑦ 通过比例缩放功能指令加工外层六边形槽内轮廓。

⑧ 抬刀并快速退刀。

⑨ 工件停转，加工结束，卸下工件。

本案例六边阶梯槽零件的加工工序卡，见表 8-5。

表 **8-5**　六边阶梯槽零件加工工序卡

零件名称	六边阶梯槽零件		工序号	01	工序名称	数控铣削
加工设备	数控铣床		夹具名称	机用台钳		
零件材料	45 钢		毛坯规格	100mm×100mm×30mm 板料毛坯		
工步号	工步内容		刀具编号	刀具类型参数	主轴转速 /（r/min）	进给量 /（mm/min）
1	铣削内层六边形槽内轮廓		01	ϕ16mm 键槽铣刀	600	120
2	铣削中层六边形槽内轮廓		01	ϕ16mm 键槽铣刀	600	120
3	铣削外层六边形槽内轮廓		01	ϕ16mm 键槽铣刀	600	120

8.4.4 数学计算

通过对图纸中尺寸标注的分析，本着易于计算节点坐标值和方便对刀的原则，本案例六边阶梯槽零件加工时，应选取毛坯上表面中心点为原点，建立编程坐标系，如图 8-10 所示。在 *XOY* 坐标平面上，各个节点坐标值计算并确定如下：1（X0 Y-70），2（X0 Y20），3（X-5.774 Y20），4（X-14.434 Y15），5（X-20.207 Y5），6（X-20.207 Y-5），7（X-14.434 Y-15），8（X-5.774 Y-20），9（X5.774 Y-20），10（X14.434 Y-15），11（X20.207 Y-5），12（X20.207 Y5），13（X14.434 Y15），14（X5.774 Y20）。

8.4.5 程序编制

本案例六边阶梯槽零件的数控加工程序（使用华中数控系统）如下：

```
%8400                               主程序名
G54G17G40G49G90G80                  机床状态初始化
M03S600                             主轴正转，转速 600r/min
G00X100Y100Z100                     刀具调整至起刀点
Z5                                  下刀至安全距离
G00X0Y0                             刀具调整至下刀点
G01Z-9F80                           下刀至内层六边形槽深度 9mm
M98P3000                            调用子程序 3000 加工内层六边形槽
G40G00X0Y0
G01Z-5F80                           下刀至中层六边形槽深度 5mm
G51X0Y0P1.5                         建立 1.5 倍比例加工
M98P3000                            调用子程序 3000 加工中层六边形槽
G50                                 取消比例缩放
G40G00X0Y0
G01Z-2F80                           下刀至外层六边形槽深度 2mm
G51X0Y0P2                           建立 2 倍比例加工
M98P3000                            调用子程序 3000 加工外层六边形槽
G50
G00Z100
X100Y100                            退刀至起刀点
M05                                 主轴停转
M30                                 程序结束

%3000                               子程序名
G41G01Y20D01                        引入刀具半径补偿至 2 点
X-5.774F120                         切 2-3 直线
G03X-14.434Y15R10                   切 3-4 圆弧
G01X-20.207Y5                       切 4-5 直线
G03X-20.207Y-5R10                   切 5-6 圆弧
G01X-14.434Y-15                     切 6-7 直线
```

```
G03X-5.774Y-20R10              切 7-8 圆弧
G01X5.774                      切 8-9 直线
G03X14.434Y-15R10              切 9-10 圆弧
G01X20.207Y-5                  切 10-11 直线
G03X20.207Y5R10                切 11-12 圆弧
G01X14.434Y15                  切 12-13 直线
G03X5.774Y20R10                切 13-14 圆弧
G01X-5                         切 14-2 直线
M99                            子程序返回
```

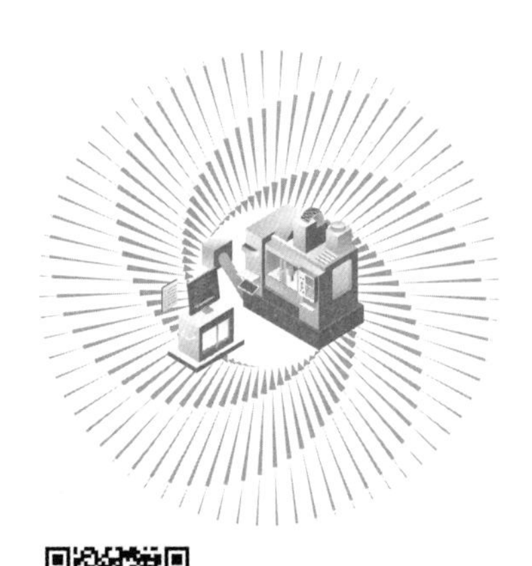

第 9 章 曲面特征零件的数控铣削加工案例

扫码看视频

9.1 球头塞帽零件的数控铣削加工案例

9.1.1 案例题目

数控铣床上可以使用平底铣刀或者球头铣刀，配合宏程序手工编程，加工一些已知数学模型的三维曲面零件。

现用华中数控铣床加工如图 9-1 所示的球头塞帽零件。试按照图纸要求，分析加工工艺，选择合适的刀具并编制数控加工程序。

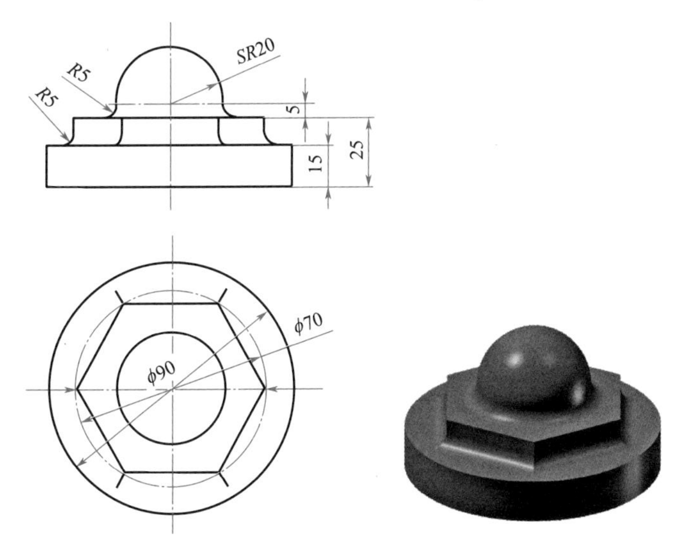

技术要求：
① 未注公差尺寸按IT8级(GB/T 1804-M)。
② 热处理调质至200～230HBS。
③ 材料及备料尺寸：45钢，φ90mm×50mm的圆柱体。

图 9-1 球头塞帽零件

9.1.2 案例分析

本案例零件结构相对简单，主要加工内容有两部分：一部分是在圆柱体毛坯上半部分加工半球体曲面；另一部分是在圆柱体毛坯下半部分加工六棱柱凸台。该零件尺寸精度和表面粗糙度要求不高。因给定毛坯周边已符合图纸要求，不需要加工，所以毛坯可以采用夹盘装夹并固定在机床工作台上。

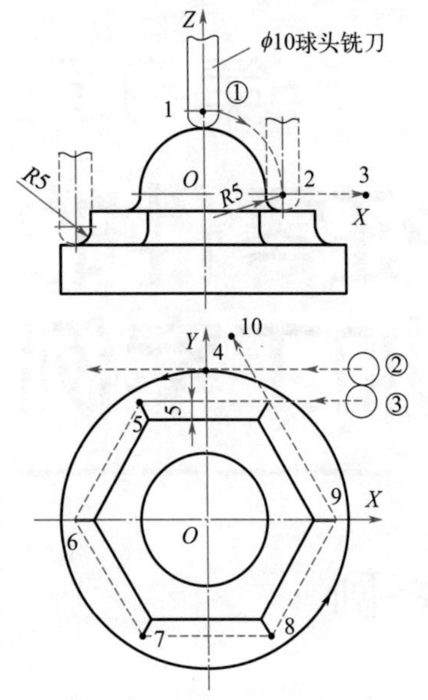

图 9-2 案例分析与节点计算

因为半球体与六棱柱凸台之间存在 $R5$ 圆弧过渡，六棱柱凸台与毛坯底座之间也存在 $R5$ 圆弧过渡，为了简化编程和减少刀具数量，采用 ϕ10mm 球头铣刀加工全部内容。这样，两处的 $R5$ 圆弧过渡便会自然形成。如图 9-2 所示。

加工时，采用 3 个工步即 3 条刀具轨迹线来完成零件的加工。首先加工半球体，按刀具轨迹①宏程序走刀加工；其次去除六棱柱凸台周边多余材料，按刀具轨迹②切削整圆走刀加工；最后加工六棱柱凸台，按刀具轨迹③切削 6 条直线完成加工，如图 9-2 所示。

9.1.3 工艺设计

本案例球头塞帽零件的加工工艺过程为：

① 数控铣床工作台上固定夹盘并夹持好毛坯，主轴上安装 ϕ10mm 球头铣刀，启动主轴。

② 调整刀具至毛坯中心上方，快速下降至工件上表面的加工起点。

③ 宏程序编程加工半球体部分。

④ 快速移动刀具至毛坯外侧适当处。

⑤ 沿 ϕ90mm 圆周铣削工艺整圆，以去除六棱柱凸台外侧多余材料。

⑥ 再次快速移动刀具至毛坯外侧适当处。

⑦ 沿六棱柱凸台外轮廓进给走刀，加工六棱柱凸台最终轮廓。

⑧ 快速抬刀，退刀，工件停转，加工结束。

本案例球头塞帽零件的加工工序卡，见表 9-1。

表 9-1 球头塞帽零件加工工序卡

零件名称	球头塞帽	工序号	01	工序名称	数控铣削
加工设备	数控铣床	夹具名称	三爪夹盘		
零件材料	45 钢	毛坯规格	ϕ90mm×50mm 的圆柱体毛坯		
工步号	工步内容	刀具编号	刀具类型参数	主轴转速 /（r/min）	进给量 /（mm/min）
1	铣削半球体	01	ϕ10mm 球头铣刀	800	120
2	铣削 ϕ90mm 工艺圆周	01	ϕ10mm 球头铣刀	800	120
3	铣削六棱柱凸台轮廓	01	ϕ10mm 球头铣刀	800	120

9.1.4 数学计算

通过对图纸中尺寸标注的分析，本着易于计算节点坐标值和方便对刀的原则，本案例球头塞帽零件数控编程时，应选取零件上半球体部分的球心为原点，建立编程坐标系，如图 9-2 所示。各个节点坐标值确定如下：1（X0 Y0 Z25），2（X25 Y0 Z0），3（X55 Y0 Z0），4（X0 Y45），5（X-20.387 Y35.311），6（X-40.774 Y0），7（X-20.387 Y-35.311），8（X20.387 Y-35.311），9（X40.774 Y0），10（X9.019 Y55）。

9.1.5 程序编制

本案例球头塞帽零件的数控加工程序（使用华中数控系统）如下：

```
%9100                                程序名
G90G49G21G40G54                      机床初始化
#1=20+5                              半球体半径 + 刀具半径
#2=20+5                              半球体 Z 方向坐标 + 刀具半径
#3=0                                 半球体 X 方向坐标初值
M003S800                             主轴正转，转速 800r/min
G00X100Y0
Z25                                  刀具快速定位
WHILE#2GE0                           循环条件判断，Z 向坐标值大于等于 0
#3=SQRT[[#1*#1]-[#2*#2]]             计算 X 方向坐标值
G01X[#3]F120                         X 方向进给
Z[#2]                                Z 方向进给
G02X[#3]Y0I[-#3]                     顺时针铣削一层整圆
#2=[#2-0.5]                          Z 方向高度，每循环一次递减 0.5mm
ENDW                                 循环结束
#4=25                                去除周边材料工艺圆周半径，初始值 25mm
WHILE#4LE45                          循环条件判断，工艺圆周半径小于等于 45
G01X[#4]Y0                           移动至工艺圆周起点
G03I[-#4]                            逆时针加工，去除一圈多余材料
#4=#4+1                              半径增加 1mm
ENDW                                 循环结束
G00X55Y45                            刀具快速移动至工件外侧
Z-15                                 下刀至六棱柱凸台深度
G01X0
G03J-45                              切除周边一圈多余材料
G01X-55
G00Z50
X55Y35.311
Z-15
G01X-20.387                          加工六棱柱凸台第 1 条棱边
X-40.774Y0                           加工六棱柱凸台第 2 条棱边
X-20.387Y-35.311                     加工六棱柱凸台第 3 条棱边
X20.387Y-35.311                      加工六棱柱凸台第 4 条棱边
X40.774Y0                            加工六棱柱凸台第 5 条棱边
X9.019Y55                            加工六棱柱凸台第 6 条棱边
```

```
G00Z100            抬刀
G00X100Y100        返回起刀点
M05                主轴停转
M30                程序结束
```

9.2 椭球拉深模零件的数控铣削加工案例

9.2.1 案例题目

现用华中数控铣床加工如图 9-3 所示的椭球拉深模零件。按照图纸要求，分析加工工艺，选择合适的刀具并编制数控加工程序。

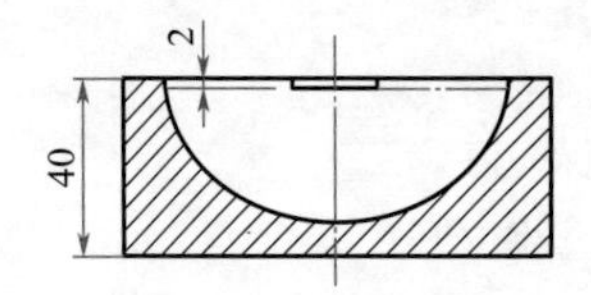

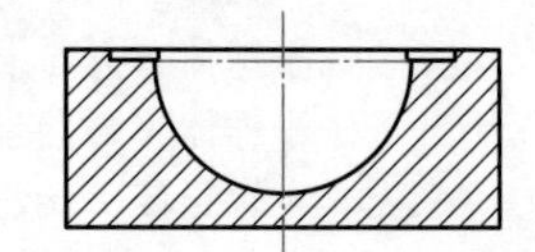

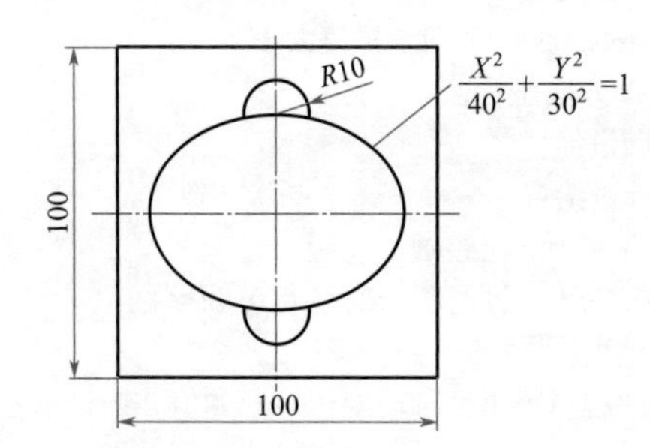

技术要求：
① 未注公差尺寸按IT8级(GB/T 1804-M)。
② 热处理调质至200～230HBS。
③ 材料及备料尺寸：45钢，100mm×100mm×40mm的长方体板料。

图 9-3 椭球拉深模零件

9.2.2 案例分析

本案例零件结构较为简单，主要加工内容有拉深模开口处深度 2mm 的椭圆柱槽、双耳柱槽和下面部分的椭球槽。根据 9.1 节可以得知，球头铣刀在加工平面时存在行间遗留材料的问题，因此本案例采用 ϕ8mm 平底键槽铣刀进行加工，如图 9-4 所示。该零件尺寸精度和表面粗糙度要求不高。因给定毛坯周边已符合图纸要求，不需加工，所以毛坯采用机用台钳夹持并固定在机床工作台上。

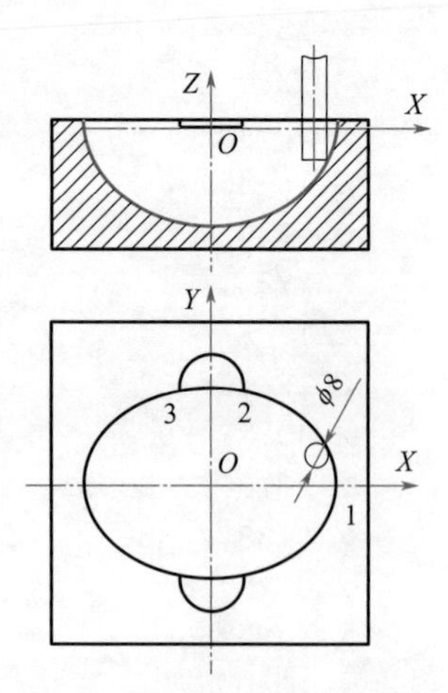

图 9-4 案例分析与节点计算

需要注意的是，本案例零件的椭球槽是以已知椭圆为母线，围绕 X 坐标轴旋转得到的，如图 9-5 所示。因此使用宏程序编程时，在任意高度的椭球槽截面为椭圆，其 X 和 Y 坐标值的变化分别按不同的数学规律变化。

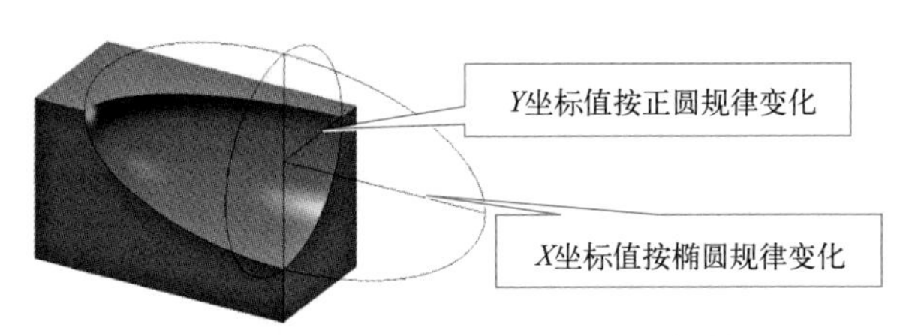

图 9-5　椭球槽的长短半轴变化规律分析

9.2.3　工艺设计

本案例椭球拉深模零件的加工工艺过程为：

① 数控铣床工作台上固定机用台钳并夹持好毛坯，主轴上安装 ϕ8mm 平底键槽铣刀，启动主轴。

② 调整刀具至毛坯上方，快速下降至工件上表面加工起点。

③ 宏程序编程加工 2mm 深度椭圆柱槽部分。

④ 引入刀具半径补偿加工双耳槽。

⑤ 宏程序编程加工下方椭球槽。

⑥ 快速抬刀，退刀，工件停转，加工结束。

本案例椭球拉深模零件的加工工序卡，见表 9-2。

表 9-2　椭球拉深模零件加工工序卡

零件名称	椭球拉深模零件	工序号	01	工序名称	数控铣削
加工设备	数控铣床	夹具名称	机用台钳		
零件材料	45 钢	毛坯规格	100mm×100mm×40mm 板料毛坯		
工步号	工步内容	刀具编号	刀具类型参数	主轴转速 /（r/min）	进给量 /（mm/min）
1	铣削椭圆柱槽	01	ϕ8mm 平底键槽铣刀	1000	100
2	铣削双耳柱槽	01	ϕ8mm 平底键槽铣刀	1000	100
3	铣削椭球槽	01	ϕ8mm 平底键槽铣刀	1000	100

9.2.4　数学计算

通过对图纸中尺寸标注的分析，本着易于计算节点坐标值和方便对刀的原则，本案例椭球拉深模零件数控编程时，应选取零件椭圆柱槽下底面中心为原点，建立编程坐标系，如图 9-4 所示。各个节点坐标值确定如下：1（X40 Y0），2（X9.955 Y29.056），3（X-9.955 Y29.056）。

9.2.5　程序编制

本案例椭球拉深模零件的数控加工程序（使用华中数控系统）如下：

```
%9200                                   程序名
G90G49G21G40G54                         机床初始化
M003S1000                               主轴正转，转速 1000r/min
G00X40Y-100                             快速移动至工件外侧起刀点
Z5                                      接近工件上表面
G41Y0D01                                建立刀具半径左补偿
G01Z-2F80                               下刀深度 2mm
#1=0                                    椭圆初始旋转角 0°
WHILE#1LE360                            循环条件判断，椭圆初始旋转角小于等于 360°
#2=40*COS[#1*PI/180]
#3=30*SIN[#1*PI/180]
G01X[#2]Y[#3]F100                       直线拟合椭圆加工椭圆柱槽
#1=#1+1                                 椭圆旋转角步长 1°
ENDW                                    循环结束
G00Z5                                   抬刀
X9.955Y29.056                           移动至上耳部起始点
G01Z-2F80                               下刀
G03X-9.955Y29.056R10F120                铣削上耳部柱槽
G00Z5                                   抬刀
X-9.955Y-29.056                         移动至下耳部起始点
G01Z-2F80                               下刀
G03X9.955Y-29.056R10F120                铣削上耳部柱槽
G00Z50
G40G00X0Y0                              取消刀具半径补偿
#4=1                                    加工椭球槽时，截面椭圆的 Z 坐标初始值
WHILE#4LE30                             循环条件判断，加工椭球槽时 Z 坐标不大于 30mm
#5=SQRT[[1-[#4*#4]/[30*30]]*[40*40]]    椭圆公式计算截面椭圆长半轴
#6=SQRT[[30*30]-[#4*#4]]                正圆公式计算截面椭圆短半轴
G41G00X[#5]Y0D01                        建立刀具半径左补偿
G01Z[-#4]F80                            下刀至截面深度
#7=0                                    设截面椭圆起始角度
WHILE#7LE360                            循环条件判断，加工截面椭圆
#8=#5*COS[#7*PI/180]
#9=#6*SIN[#7*PI/180]
G01X[#8]Y[#9]F100                       用直线拟合截面椭圆
#7=#7+1
ENDW                                    截面椭圆加工循环结束
G00Z5                                   抬刀
G40X40Y-100                             取消刀具半径补偿
#4=#4+1                                 椭球槽截面椭圆 Z 坐标步长 1mm
ENDW                                    椭球槽加工循环结束
G00Z100
G40G00X100Y100                          退刀，取消刀具半径补偿
M05                                     主轴停转
M30                                     程序结束
```

第10章 孔系特征零件的数控铣削加工案例

扫码看视频

10.1 振动筛衬板零件的数控铣削加工案例

10.1.1 案例题目

在数控铣床上可以采用子程序、宏程序、镜像、旋转等简化编程方法，对数量较多的、孔径相同的孔系进行手工编程。此时的程序结构清晰、字符量较少，方便实用、效率高。

现使用配备有华中数控系统的数控铣床，采用45钢板料型材为毛坯，对如图10-1所示的振动筛衬板零件进行数控铣削加工。

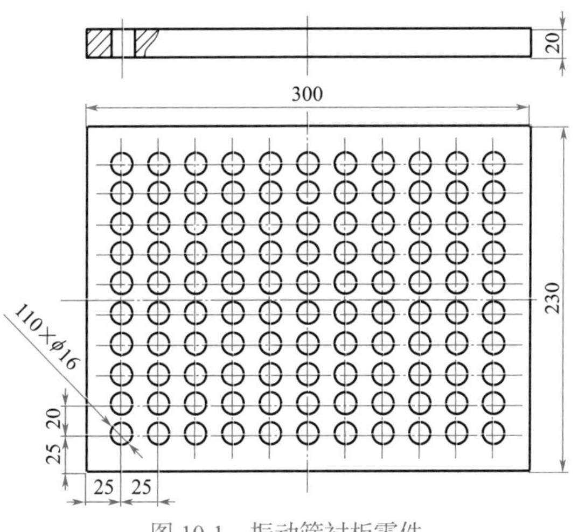

图10-1 振动筛衬板零件

10.1.2 案例分析

本案例振动筛衬板零件结构简单，精度要求不高，可以用一把ϕ16mm麻花钻头完成全部加工。加工内容是在一个300×230的矩形区域内，钻削出110个通孔。这些孔呈10行11

列分布，行距 20mm，列距 25mm。

编程时，以左下角第一个孔的加工为子程序，采用子程序嵌套的形式，分别按照行距和列距、行数与列数进行调用加工。孔的加工采用 G73 高速深孔加工固定循环指令，其中将工件上表面以上 5mm 处设为每次由快进转为工进的位置，记为 $R = 5$mm，如图 10-2 所示。

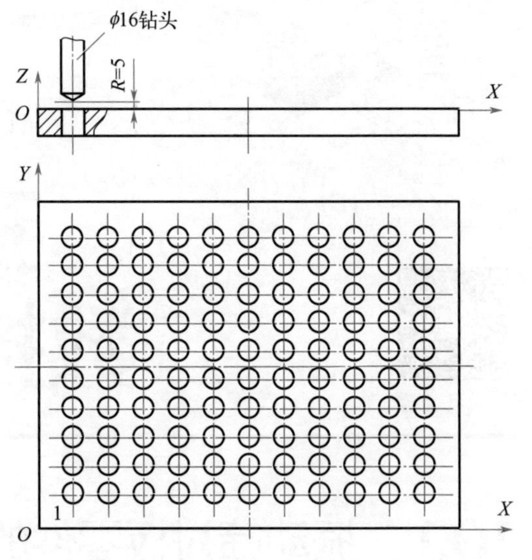

图 10-2 案例分析与节点设计计算

10.1.3 工艺设计

本案例振动筛衬板零件的加工工艺过程为：

① 数控铣床工作台上固定机用台钳并夹持好毛坯，主轴上安装 ϕ16mm 麻花钻头，启动主轴。

② 调整刀具至左下角第一个孔的上方。

③ 调用子程序，加工下方第一行 11 个孔。

④ 调用子程序嵌套结构，加工上方剩余 9 行孔。

⑤ 抬刀并快速退刀。

⑥ 工件停转，加工结束，卸下工件。

本案例振动筛衬板零件的加工工序卡，见表 10-1。

表 10-1 振动筛衬板零件加工工序卡

零件名称	振动筛衬板零件	工序号	01	工序名称	数控铣削
加工设备	数控铣床	夹具名称	机用台钳		
零件材料	45 钢	毛坯规格	300mm×230mm×20mm 板料毛坯		
工步号	工步内容	刀具编号	刀具类型参数	主轴转速 /（r/min）	进给量 /（mm/min）
1	钻削左下角第一个孔	01	ϕ16mm 麻花钻头	1000	100
2	钻削下方第一行剩余 10 个孔	01	ϕ16mm 麻花钻头	1000	100
3	钻削剩余 9 行孔	01	ϕ16mm 麻花钻头	1000	100

10.1.4 数学计算

通过对图纸中尺寸标注的分析，本着易于计算节点坐标值和方便对刀的原则，本案例振动筛衬板零件加工时，选取毛坯上表面左下角点为原点，建立编程坐标系，如图 10-2 所示。

本案例的节点很简单。只需要知道左下角第一个孔的节点坐标值 1（X25 Y25）即可。

10.1.5 程序编制

本案例振动筛衬板零件的数控加工程序（使用华中数控系统）如下：

```
%1001                                  主程序名
G54G90G40G49G80                        机床初始化
M03S1000                               主轴正转，转速 1000r/min
G00X25Y25
Z50                                    钻头快速移动至左下角第一个孔上方
M08                                    切削液开
M98P1001L10                            调用 10 次子程序 1001，加工 10 行孔
G00Z100
X100Y100                               退刀
M09                                    切削液关
M05                                    主轴停转
M30                                    程序结束

%1001                                  子程序 1001
M98P1002L11                            调用 11 次子程序 1002，加工每行 11 个孔
G91G00X-275Y20                         相对坐标形式进行换行
M99                                    子程序返回

%1002                                  子程序 1002
G90G99G73Z-35R5Q10P2F100               高速深孔钻削固定循环，加工深度 35mm，快进与工进
                                       的转换位置为工件上表面以上 5mm，每循环进给切入
                                       10mm，孔底暂停 2s，进给量 100mm/min
G91G01X25                              相对坐标形式移动至右侧下一个孔位
M99                                    子程序返回
```

10.2 换热器管板零件的数控铣削加工案例

10.2.1 案例题目

现使用配备有华中数控系统的数控铣床，采用 Q235 钢板料型材为毛坯，对如图 10-3 所示的换热器管板零件进行数控铣削加工。

10.2.2 案例分析

本案例换热器管板零件结构简单，精度要求不高。采用 ϕ160mm×20 圆柱型材为毛坯，外部尺寸已经车削加工至合格。在数控铣床上只用一把 ϕ10mm 麻花钻头将全部通孔加工出来即可。全部 40 个 ϕ10mm 通孔分布在四个圆周上，每个圆周上的通孔切匀分布。

编程时，以右侧 X 轴正向上的一行孔为每圆周的第一孔。利用 G68 旋转坐标系指令完成旋转，使用宏程序参数和子程序功能实现孔数量的变化和旋转角度的变化，如图 10-4 所示。孔的加工采用 G73 高速深孔加工固定循环指令，其中将工件上表面以上 5mm 处设为 R 值，即每次由快进转为工进的位置。

10.2.3 工艺设计

本案例换热器管板零件的加工工艺过程为：

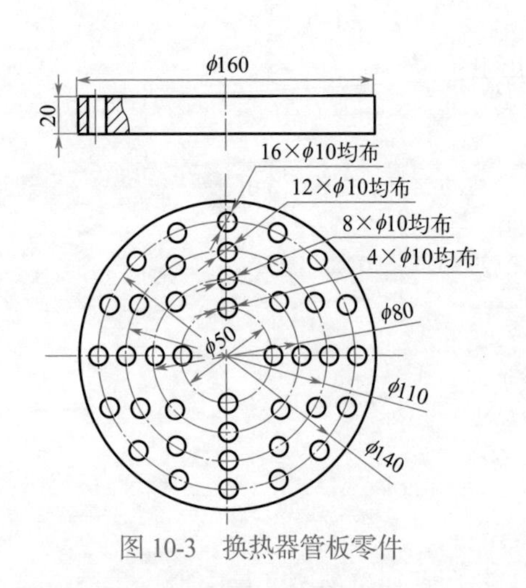

图 10-3　换热器管板零件

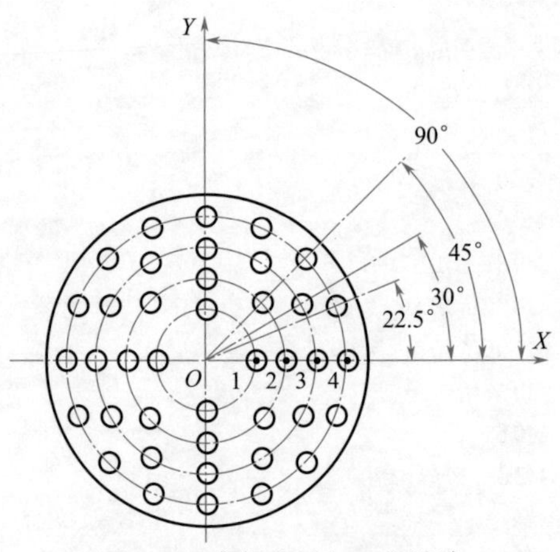

图 10-4　案例分析与工艺设计

① 数控铣床工作台上固定三爪夹盘并夹持好毛坯，主轴上安装 ϕ10mm 麻花钻头，启动主轴。

② 调整刀具至右侧第一个孔的上方。

③ 调用子程序和旋转指令，完成第一圆周 4 个孔的加工。

④ 调用子程序和旋转指令，完成第二圆周 8 个孔的加工。

⑤ 调用子程序和旋转指令，完成第三圆周 12 个孔的加工。

⑥ 调用子程序和旋转指令，完成第四圆周 16 个孔的加工。

⑦ 抬刀并快速退刀。

⑧ 工件停转，加工结束，卸下工件。

本案例换热器管板零件的加工工序卡，见表 10-2。

表 10-2　换热器管板零件加工工序卡

零件名称	换热器管板零件	工序号	01	工序名称	数控铣削
加工设备	数控铣床	夹具名称	三爪夹盘		
零件材料	Q235 钢	毛坯规格	ϕ160mm×20 圆柱型材		

工步号	工步内容	刀具编号	刀具类型参数	主轴转速 /（r/min）	进给量 /（mm/min）
1	钻削第一圆周 4 个孔	01	ϕ10mm 麻花钻头	1000	100
2	钻削第二圆周 8 个孔	01	ϕ10mm 麻花钻头	1000	100
3	钻削第三圆周 12 个孔	01	ϕ10mm 麻花钻头	1000	100
4	钻削第四圆周 16 个孔	01	ϕ10mm 麻花钻头	1000	100

10.2.4　数学计算

通过对图纸中尺寸标注的分析，本着易于计算节点坐标值和方便对刀的原则，本案例换热器管板零件加工时，选取毛坯上表面中心点为原点，建立编程坐标系，如图 10-4 所示。

四个圆周上第一个孔的节点坐标值分别为 1（X25 Y0），2（X40 Y0），3（X55 Y0），4（X70 Y0）。四个圆周上相邻两孔的步距夹角分别为 90°、45°、30°和 22.5°。

10.2.5 程序编制

本案例换热器管板零件的数控加工程序（使用华中数控系统）如下：

```
%1002                               主程序名
G54G90G40G49G80G17                  机床初始化
M03S1000                            主轴正转，转速 1000r/min
G00X0Y0Z100                         快速移动钻头至工件上方
#1=0                                第一圆周通孔旋转起始角度
#2=25                               第一圆周第一通孔 X 坐标
#3=90                               第一圆周通孔旋转步距角
M98P2030L4                          调用子程序 2030 四次，加工第一圆周上的 4 个通孔
G69                                 取消旋转
#1=0                                第二圆周通孔旋转起始角度
#2=40                               第二圆周第一通孔 X 坐标
#3=45                               第二圆周通孔旋转步距角
M98P2030L8                          调用子程序 2030 八次，加工第一圆周上的 8 个通孔
G69
#1=0                                第三圆周通孔旋转起始角度
#2=55                               第三圆周第一通孔 X 坐标
#3=30                               第三圆周通孔旋转步距角
M98P2030L12                         调用子程序 2030 十二次，加工第一圆周上的 12 个通孔
G69
#1=0                                第四圆周通孔旋转起始角度
#2=70                               第四圆周第一通孔 X 坐标
#3=22.5                             第四圆周通孔旋转步距角
M98P2030L16                         调用子程序 2030 十六次，加工第一圆周上的 16 个通孔
G69
G00Z100
X100Y100                            退刀
M05                                 主轴停转
M30                                 程序结束

%2030                               子程序名
G68X0Y0P#1                          旋转坐标系
G90G98G73X[#2]Y0Z-25R5Q10P2F100     高速深孔钻削固定循环
G00Z50                              抬刀
#1=#1+#3                            增加一个旋转步距角
M99                                 子程序返回
```

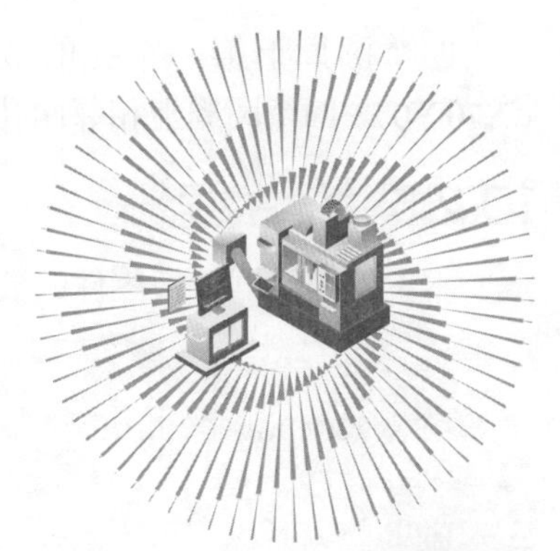

第 11 章 配合加工零件的数控铣削案例

11.1 样板配合件的数控铣削加工案例

11.1.1 案例题目

在数控铣床上加工的零件经常用来和其他零件配合使用。配合件是指由 2 个或 2 个以上零件通过配合关系连接在一起的组合件。在用数控铣床加工配合件的时候，每个零件的加工都要按照单个零件的加工工艺要求进行，寻求最简单编程方法的同时，特别应当注意配合部位尺寸公差和几何公差的处理。

如图 11-1 和图 11-2 所示的两个钳工样板配合件，不但具有较高的尺寸公差要求，还对部分要素的对称度提出一定的要求。现在使用配备华中数控系统的数控铣床加工本案例的两个样板配合件按要求分析图纸，确定工艺方案并编程加工。

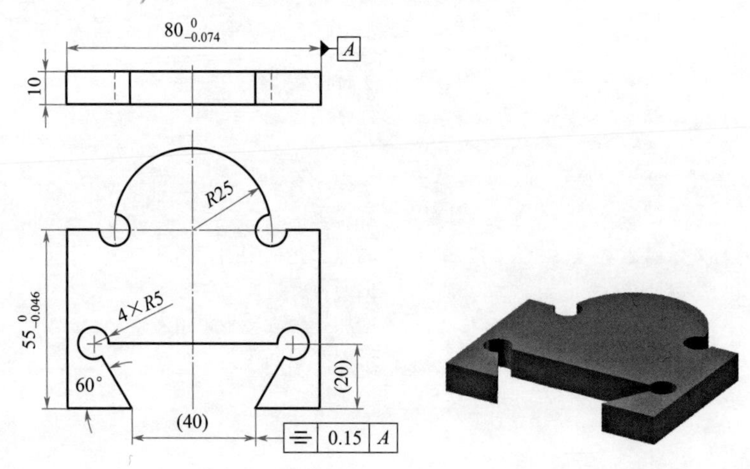

图 11-1 样板零件 1 图样

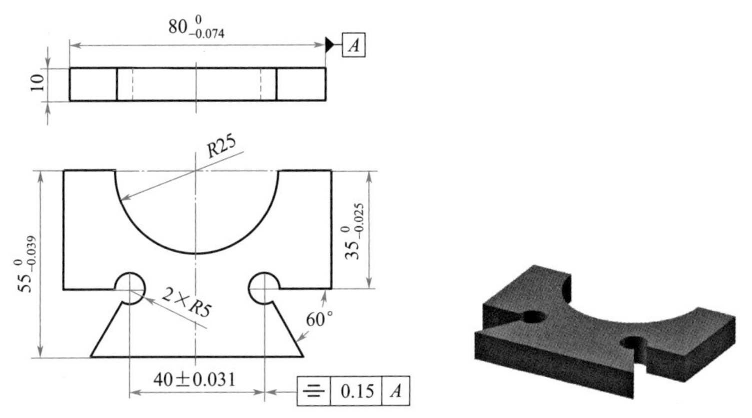

技术要求：
① 未注公差尺寸按IT8级(GB/T 1804-M)。
② 锐边倒角并去除毛刺飞边。
③ 材料45钢，热处理调质至200～230HBS。

图 11-2　样板零件 2 图样

这两个样板配合件加工完毕后，可以有两种配合形式，如图 11-3 所示。其中，图 11-3（a）为燕尾槽配合，图 11-3（b）为圆形配合。为了使配合可靠，避免根部干涉，在两个零件配合部位的转角处均设计工艺孔。

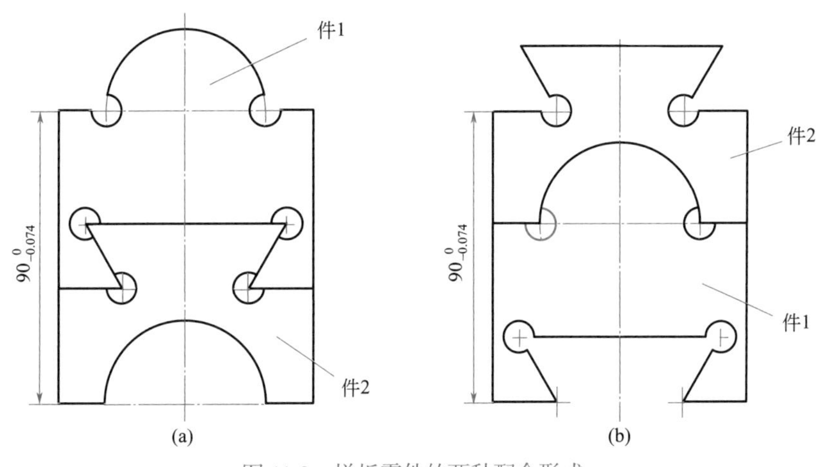

图 11-3　样板零件的两种配合形式

11.1.2　案例分析

本案例零件结构都很简单，主要加工的内容是钻削工艺孔和铣削外轮廓两部分。

样板零件 1 的加工方案如图 11-4 所示。用工艺板装夹并固定在数控铣床的工作台上；为减少刀具数量和避免换刀，根据零件上工艺孔的尺寸，选择 ϕ10mm 键槽铣刀并安装在数控铣床的主轴上。

首先，在 4 个工艺孔位置直接下刀钻削工艺孔至规定深度；然后，依据切向切入切除的进刀原则，选择从 1 点左方建立刀具半径左补偿切入，沿零件轮廓铣削一周后，从 1 点向右方切出，完成加工。

同理，样板零件 2 的加工方案如图 11-5 所示。工艺板装夹，选择 ϕ10mm 键槽铣刀进行加工。不同之处是，在钻削完成 2 个工艺孔后，刀具沿下方直线轮廓从左方切入，采用刀具半径右补偿。

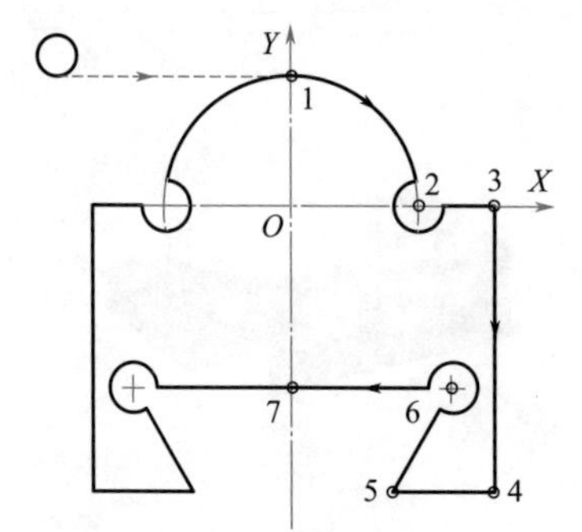

图 11-4　样板零件 1 的案例分析与节点计算

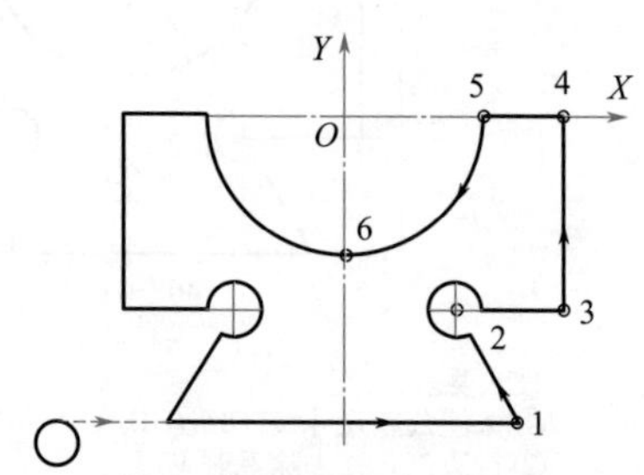

图 11-5　样板零件 2 的案例分析与节点计算

11.1.3　工艺设计

（1）样板零件 1 的加工工艺过程

① 数控铣床工作台上固定工艺板并安装好毛坯，主轴上安装 ϕ10mm 键槽铣刀，启动主轴。

② 调整刀具至工艺孔位置并加工工艺孔。

③ 调整刀具沿零件外圆轮廓切线方向切入切出加工零件外轮廓。

④ 快速抬刀，退刀，工件停转，加工结束。

本案例样板零件 1 的加工工序卡，见表 11-1。

表 11-1　样板零件 1 加工工序卡

零件名称	样板零件 1	工序号	01	工序名称	数控铣削
加工设备	数控铣床	夹具名称	工艺板		
零件材料	45 钢	毛坯规格	90mm×90mm×10mm 板料毛坯		
工步号	工步内容	刀具编号	刀具类型参数	主轴转速 /（r/min）	进给量 /（mm/min）
1	钻削 4 个工艺孔	01	ϕ10mm 键槽铣刀	800	120
2	铣削零件外轮廓	01	ϕ10mm 键槽铣刀	800	120

（2）样板零件 2 的加工工艺过程

① 数控铣床工作台上固定工艺板并安装好毛坯，主轴上安装 ϕ10mm 键槽铣刀，启动主轴。

② 调整刀具至 2 个工艺孔位置并加工工艺孔。

③ 调整刀具沿零件底边直线轮廓切线方向切入加工零件外轮廓。

④ 快速抬刀，退刀，工件停转，加工结束。

本案例样板零件 2 的加工工序卡，见表 11-2。

表 11-2　样板零件 2 加工工序卡

零件名称	样板零件 2	工序号	02	工序名称	数控铣削
加工设备	数控铣床	夹具名称	工艺板		
零件材料	45 钢	毛坯规格	90mm×65mm×10mm 板料毛坯		
工步号	工步内容	刀具编号	刀具类型参数	主轴转速 /（r/min）	进给量 /（mm/min）
1	钻削 2 个工艺孔	01	ϕ10mm 键槽铣刀	800	120
2	铣削零件外轮廓	01	ϕ10mm 键槽铣刀	800	120

11.1.4　数学计算

为方便计算加工节点坐标值和对刀操作，样板零件 1 的编程坐标系原点选在上部半圆形凸轮廓的圆心上，如图 11-4 所示。因为该零件左右对称，为简化起见，只计算出右侧的一些节点坐标值如下：1（X0 Y25），2（X25 Y0），3（X40 Y0），4（X40 Y-54.977），5（X20 Y-54.977），6（X31.547 Y-35），7（X0 Y-35）。

样板零件 2 的编程坐标系原点则选在上部半圆形凹轮廓的圆心上，如图 11-5 所示。该零件同样左右对称，只计算右侧的一些节点坐标值如下：1（X31.547 Y-54.981），2（X20 Y-34.988），3（X40 Y-34.988），4（X40 Y0），5（X25 Y0），6（X0 Y-25）。

11.1.5　程序编制

本案例样板零件 1 的数控加工程序（使用华中数控系统）如下：

```
%1111                      程序名
G54G90G40G49G80G17         机床初始化
M03S800                    主轴正转，转速 800r/min
G00X100Y100Z100            刀具快速移动至起刀点
X25Y0Z5                    定位于第一个工艺孔上方
G01Z-10F80                 钻削第一个工艺孔
G00Z5                      抬刀
X-25Y0Z5
G01Z-10F80                 钻削第二个工艺孔
G00Z5
X31.547Y-35
G01Z-10F80                 钻削第三个工艺孔
G00Z5
X-31.547Y-35
G01Z-10F80                 钻削第四个工艺孔
G00Z50                     抬刀
X-50Y25                    移动至毛坯外侧轮廓加工起始点
Z-10                       下刀
G41G01X0D01F120            建立刀具半径左补偿，设置进给量 120mm/min
```

```
G02X25Y0R25                         加工右半部R25凸圆弧
G01X40                              加工2-3直线
Y-54.977
X20
X31.547Y-35
X-31.547
X-20Y-54.977
X-40
Y0
X-25
G02X0Y25R25                         加工左半部R25凸圆弧
G01X50                              切向切出
G00Z100
G40X100Y100                         退刀，取消刀具半径补偿
M05                                 主轴停转
M30                                 程序结束
```

本案例样板零件2的数控加工程序（使用华中数控系统）如下：

```
%1112                               程序名
G54G90G40G49G80G17                  机床初始化
M03S800                             主轴正转，转速800r/min
G00X100Y100Z100                     快速移动至起刀点
X20Y-34.988Z5                       至第一个工艺孔上方
G01Z-10F80                          钻削第一个工艺孔
G00Z5
X-20Y-34.988Z5
G01Z-10F80                          钻削第二个工艺孔
G00Z50
X-80Y-80                            刀具至毛坯外侧
G42X-50Y-54.981D01                  建立刀具半径右补偿
Z-10                                下刀
G01X31.547F120                      切直线至1点
X20Y-34.988
X40
Y0
X25
G02X-25R25                          切R25凹圆弧
G01X-40
Y-34.988
X-20
X-31.547Y-54.981
X40                                 切向切出
G00Z100
G40X100Y100                         退刀
M05                                 主轴停转
M30                                 程序结束
```

11.2 压印模配合件的数控铣削加工案例

11.2.1 案例题目

现要求使用华中数控铣床，以 T8 碳素工具钢为原料，加工如图 11-6 ～图 11-8 所示的压印模配合件。其毛坯外形尺寸已经加工到图纸尺寸，试按照要求，分析加工工艺，选择合适的刀具并编制数控加工程序。

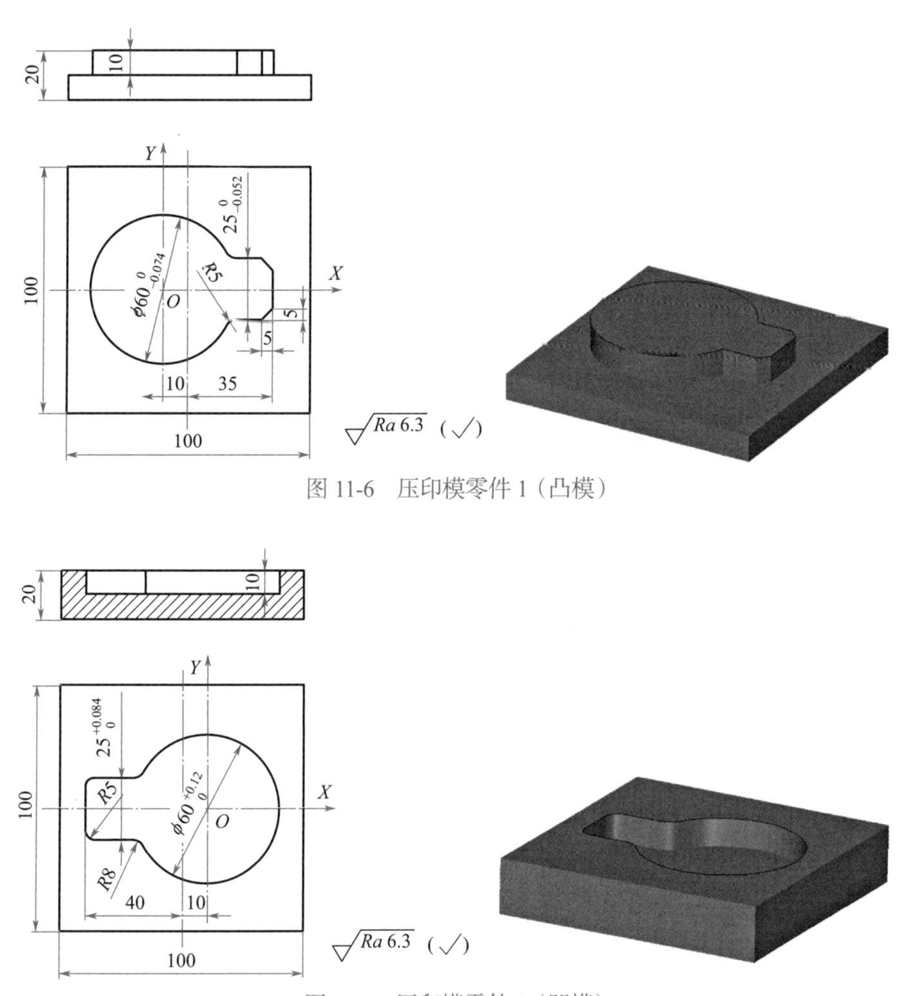

图 11-6　压印模零件 1（凸模）

图 11-7　压印模零件 2（凹模）

11.2.2 案例分析

该配合组件结构简单，尺寸精度和表面粗糙度要求不高。其中零件 1 为凸台类零件，零件 2 为凹槽类零件。它们二者分别通过 ϕ60mm 孔轴配合和 25mm 宽度的键配合实现 5 个自由度的配合定位。因给定毛坯四周边已符合图纸要求，不需加工，所以可以采用机用台钳装夹。两个零件上最小圆弧槽半径 5mm，因此使用 ϕ8mm 键槽铣刀加工，才能避免大刀具半径加工小圆弧时引起的干涉现象。

11.2.3 工艺设计

(1) 零件 1 的加工工艺过程

使用 ϕ8mm 键槽铣刀 Z 向下刀后，按照切向切入切出的原则及图纸要求，直接加工凸台最终轮廓，如图 11-9（a）所示。然后分别在机床中加大刀具半径补偿值参数的设置，由内到外逐渐将外围周边材料清理干净，如图 11-9（b）～（e）所示。

(2) 零件 2 的加工工艺过程

使用 ϕ8mm 键槽铣刀 Z 向下刀后，先从中心线部位开始，切削 3 条直线，形成键槽和圆心的基本底面，如图 11-10（a）和（b）所示。然后以圆凹槽的圆心为圆心，切削若干同心圆，如图 11-10（c）～（e）所示。最后沿整个凹槽的最终轮廓切削一圈，完成零件的加工，如图 11-10（f）所示。

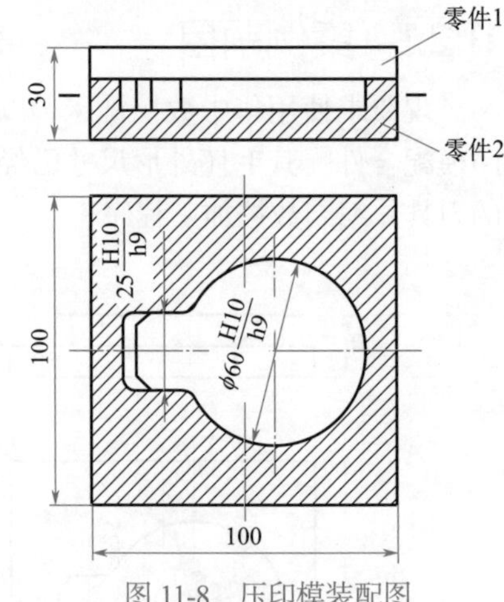

图 11-8 压印模装配图

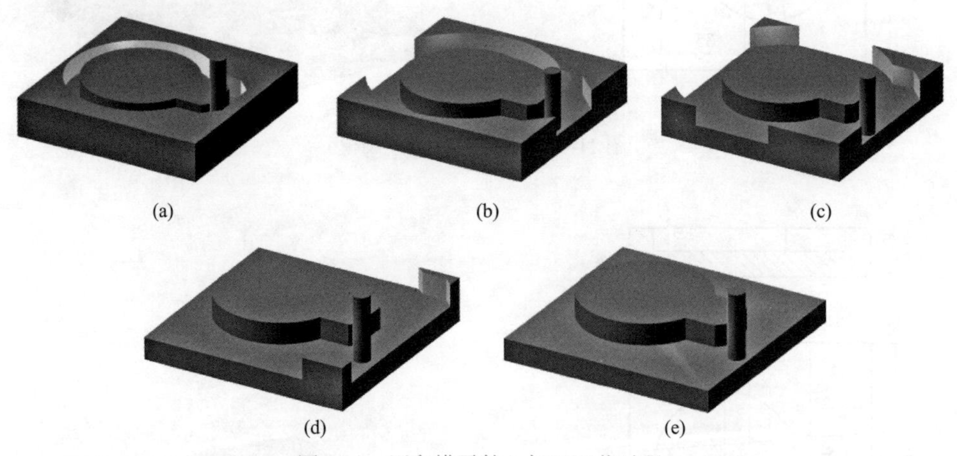

图 11-9 压印模零件 1 加工工艺过程

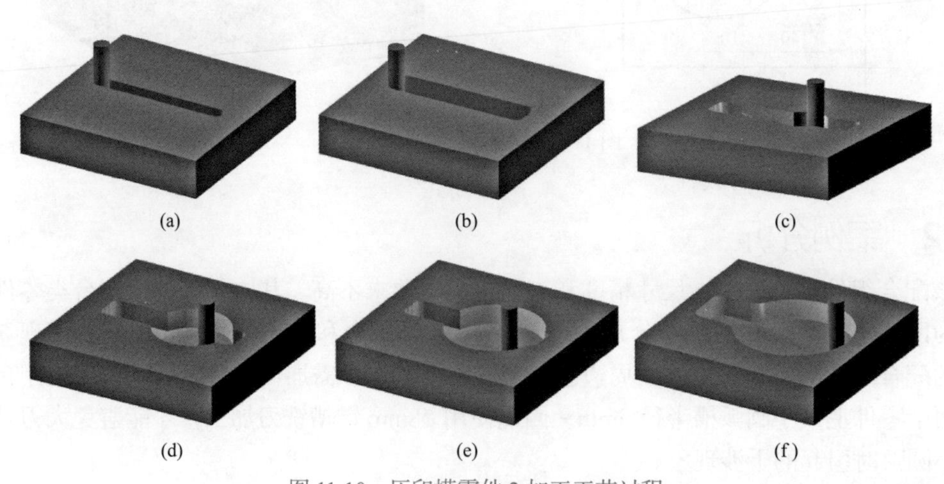

图 11-10 压印模零件 2 加工工艺过程

（3）零件加工工序卡

压印模零件 1 加工工序卡，见表 11-3。

表 11-3 零件 1 加工工序卡

加工工序及加工内容	刀具与切削参数						
	刀具规格			主轴转速 /（r/min）	进给速度 /（mm/min）	刀具补偿	
	刀号	刀具名称	材料			半径 /mm	长度 /mm
铣削压印模零件 1 凸台外轮廓	T1	ϕ8mm 键槽铣刀	高速钢	800	100	4	—

压印模零件 2 加工工序卡，见表 11-4。

表 11-4 零件 2 加工工序卡

加工工序及加工内容	刀具与切削参数						
	刀具规格			主轴转速 /（r/min）	进给速度 /（mm/min）	刀具补偿	
	刀号	刀具名称	材料			半径 /mm	长度 /mm
铣削压印模零件 2 凹槽内轮廓	T1	ϕ8mm 键槽铣刀	高速钢	800	100	4	—

11.2.4 数学计算

为了易于编程和方便对刀，本案例两个零件的编程坐标系原点均设置于零件圆弧的圆心，Z 轴零点位于工件上表面，如图 11-6 和图 11-7 所示。根据装配图上两个零件 H10/h9 的配合关系，查阅标准公差和基本偏差国家标准，确定各配合尺寸的具体上下偏差。在编程时均采用中间偏差值进行编程，以期获得较高的加工合格率。

11.2.5 程序编制

本案例压印模零件 1（凸模）的数控加工程序（使用华中数控系统）如下：

```
%1121                          程序名
G54G90G40G49G80                铣床初始化,G54 设定工件坐标系
M03S800                        主轴正转,转速为 800r/min
G00Z100
X100Y100                       X、Y、Z 轴快速定位至工作起点
Z-10                           Z 轴下刀
G41G00X45Y60D01                建立刀具半径补偿
G01Y-7.5F100                   切削至方键端部
X40Y-12.5                      切倒角部位
X30.311
G03X25.981Y-15.000R5           切下方 R5 过渡圆弧
G02X25.981Y15.000I-25.981J15   切 φ60 圆
G03X30.311Y12.500R5            切上方 R5 过渡圆弧
G01X40Y12.5
X45Y7.5
```

```
Y-60                              切向切出
G00Z100                           抬刀
G40X80Y-80                        取消刀具半径补偿
X100Y100                          退刀
M05                               主轴停转
M30                               程序结束
```

上述程序中的“D01”值分别设置为4mm、10mm、16mm、22mm、28mm、34mm、40mm、46mm,各运行一遍,用来清除周边多余材料。

本案例压印模零件2（凹模）的数控加工程序（使用华中数控系统）如下：

```
%1122                             程序名
G55G90G40G49G80                   数控铣床初始化,G55设定工件坐标系
M03S800                           主轴正转,转速800r/min
G00Z100
X20Y0                             X、Y轴快速定位
Z5                                Z轴快速定位
G01Z-10F60                        Z向下刀切入
X-40F100                          切水平直线
X-40Y4
X20                               切水平直线
Y-4
X-40                              切水平直线
G00X0Y0
G01Y10
G02I0J-10                         由圆心向外侧切同心圆
G01Y16
G02I0J-16                         由圆心向外侧切同心圆
G01Y20
G02I0J-20                         由圆心向外侧切同心圆
G01Y24
G02I0J-24                         由圆心向外侧切同心圆
G41G00X0Y0D01                     建立刀具半径补偿
G03X30I15J0                       圆弧切向切入
X-25.260Y16.184R30                切上半圆弧R30至最终尺寸
G02X-31.996Y12.500R8              切上部R8过渡圆弧
G01X-45
G03X-50Y7.5R5                     切上部R5过渡圆弧
G01Y-7.5
G03X-45.000Y-12.5R5               切下部R5过渡圆弧
G01X-31.996
G02X-25.26Y-16.184                切下部R8过渡圆弧
G03X30Y0I25.26J16.184             切下半圆弧R30至最终尺寸
G00Z100                           抬刀
G40X100Y100                       退刀,取消刀具半径补偿
M05                               主轴停转
M30                               程序结束
```

第 3 篇
数控加工中心加工案例分析与实战

第 12 章 轮廓特征零件的数控加工中心加工案例

扫码看视频

12.1 冲压胎具零件的数控加工中心加工案例

12.1.1 案例题目

加工中心是从数控铣床发展而来的。与数控铣床的最大区别在于加工中心具有自动换刀功能。通过在刀库上安装不同用途的刀具，可在一次装夹中通过自动换刀装置改变主轴上的加工刀具，从而实现加工工序的集中，提高生产效率。

现使用配备华中数控系统的立式加工中心加工如图 12-1 所示的冲压胎具零件。按照图纸要求，分析加工工艺，确定加工方案，选择合适的刀具，编制数控加工程序并试切加工出合格零件。

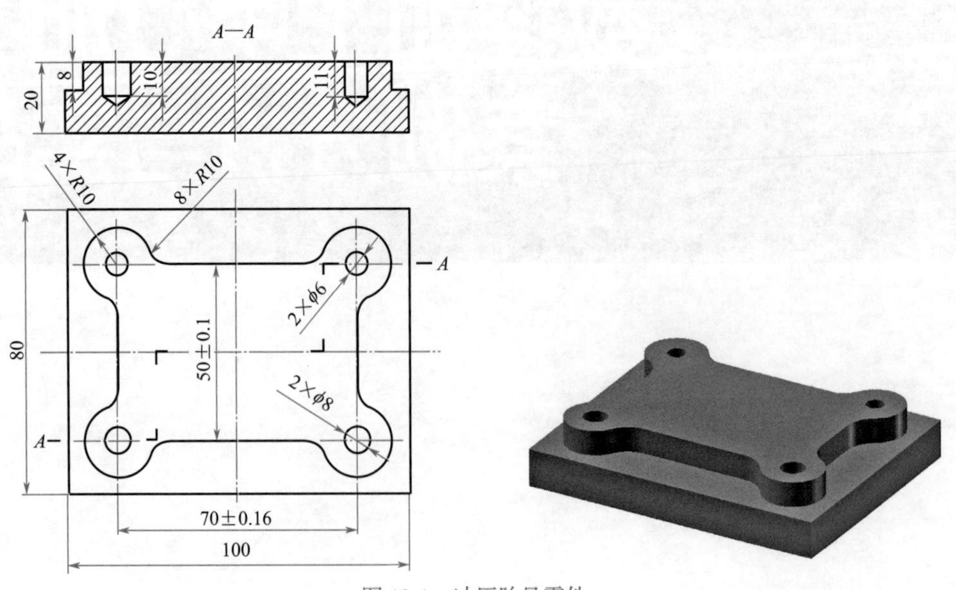

图 12-1　冲压胎具零件

12.1.2 案例实战操作要点

（1）加工中心的换刀指令

加工中心的换刀过程是由主轴上升到特定位置、刀库前移夹住刀柄、主轴继续上升卸刀、刀库旋转选刀、主轴下降装刀、刀库后退等一系列动作所组成的，所以必须有一个专门的子程序（由机床生产厂家根据换刀过程编制的一个专门程序，并存储在数控系统中）用于刀具的切换。华中系统、FANUC 系统的换刀指令为 M6，SIEMENS 系统直接调用换刀的子程序名 L6 进行切换。具体换刀指令格式见表 12-1。

表 12-1　加工中心的换刀指令格式

项目	华中系统	FANUC 系统	SIEMENS 系统
指令格式	M6T××（××为刀具号）	M6T××	T×× L6

（2）刀具装入刀库的操作

加工中心在自动运行程序前，必须要把加工工艺中所指定的刀具装入刀库。例如 ϕ16mm 立铣刀为 1 号刀；ϕ10mm 键槽铣刀为 3 号刀，其操作过程如下：

① 在锁刀座上把所使用的刀具装入刀柄并拧紧。

② 在 MDI（或 MDA）方式下，输入 M6 T1（或 T1、L6）；按“起动”键执行（为避免误动作，尽量不要使用单步运行）。

③ 待加工中心换刀动作全部结束后（实际上是在刀库 1 号位空抓一下后返回），换到手动方式，在加工中心面板或主轴立柱上按下“松 / 紧刀”按钮，把 1 号刀具装入主轴。

④ 继续在 MDI（或 MDA）方式下，输入 M6T3（或 T3、L6）；按“起动”键执行。

⑤ 待把 1 号刀装入刀库，在 3 号位空抓一下等动作全部结束后，换到手动方式，按下“松 / 紧刀”按钮，把 3 号刀具装入主轴。

（3）把刀具从刀库中取下的操作

对于加工完零件且暂不使用的刀具，为避免刀库长期受载而产生变形，应及时取下，其操作过程为：

① 看清要取下刀具在刀库中的刀位号，如 5 号刀。

② 在 MDI（或 MDA）方式下，输入 M6T5（或 T5、L6）；按“起动”键执行。

③ 待换刀动作全部完成后，换到手动方式，按下“松 / 紧刀”按钮，把 5 号刀取下。

（4）加工中心的工件装夹

三轴加工中心的工件装夹与数控铣床的工件装夹相同。对有第四轴的加工中心，在圆柱类工件上加工时，一般采用“一卡一顶”的装夹方式，即工件用第四轴的卡盘夹住一端，另一端用 125mm 中心高的顶尖顶住（圆柱上钻有中心孔）。

（5）加工中心的坐标系设定与刀具半径及长度补偿的设置

加工中心的坐标系设定与数控铣床的方法相同，用刀具或寻边器对刀可确定 X、Y 轴的坐标原点，用 Z 轴设定器可确定 Z 轴的坐标原点。刀具半径及长度补偿的设置也与数控铣床所介绍的方法相同。

12.1.3 案例分析

本案例零件结构相对简单，主要加工两种孔径的 4 个盲孔以及凸台外轮廓。

通过分析图纸可知，本案例零件一共需要三把刀具进行加工，分别是两把加工盲孔的麻花钻头和一把加工凸台外轮廓的立铣刀。加工过程中，首先铣削凸台外轮廓，如图 12-2（a）所示；其次钻削上方两个小孔，如图 12-2（b）所示；最后钻削下方的两个大孔，如图 12-2（b）所示。

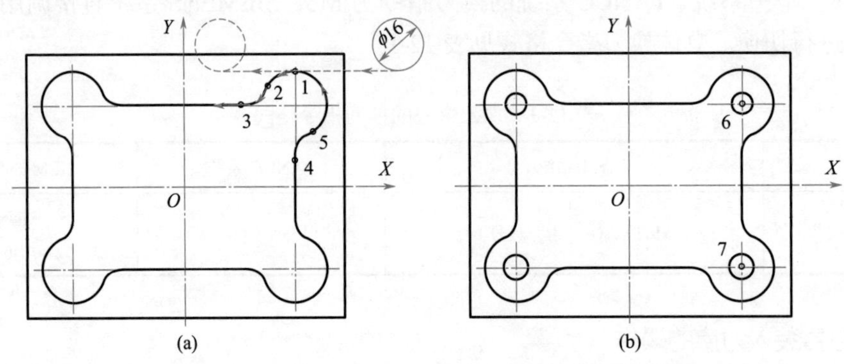

图 12-2 冲压胎具工艺分析与节点计算

12.1.4 工艺设计

本案例零件的加工工艺过程为：

① 立式加工中心工作台上固定机用台钳夹持好毛坯，在主轴和刀库上分别安装好加工所需刀具，启动主轴。

② 调用 ϕ16mm 立铣刀铣削凸台四周外轮廓。

③ 换用 ϕ6mm 麻花钻头钻削上方 2 个小盲孔。

④ 换用 ϕ8mm 麻花钻头钻削下方 2 个大盲孔。

⑤ 快速退刀，工件停转，加工结束。

本案例零件的加工工序卡，见表 12-2。

表 12-2 冲压胎具零件加工工序卡

零件名称	冲压胎具	工序号	01	工序名称	加工中心加工
加工设备	立式加工中心	夹具名称	机用台钳		
零件材料	T8 钢	毛坯规格	100mm×80mm×20mm 板料毛坯		
工步号	工步内容	刀具编号	刀具类型参数	主轴转速 /（r/min）	进给量 /（mm/min）
1	铣削凸台外轮廓	01	ϕ16mm 立铣刀 刀具长度 100mm	600	120
2	钻削 ϕ6mm 盲孔	02	ϕ6mm 麻花钻头 刀具长度 100mm	1000	60
3	钻削 ϕ8mm 盲孔	03	ϕ8mm 麻花钻头 刀具长度 100mm	800	60

通过观察表 12-2 可以发现，本案例使用的 3 把刀具，采用机外对刀装置已经使其长度一致，这样在编程和操作时就可以不必考虑刀具的长度补偿问题。

12.1.5 数学计算

通过对图纸中尺寸标注的分析，本着易于计算节点坐标值和方便对刀的原则，本案例冲压胎具零件数控编程时，应选取零件上表面中心点为原点，建立编程坐标系，如图 12-2 所示。

因为零件轮廓为对称图形，所以为简化起见，只需确定部分节点坐标值即可。部分节点坐标值如下：1（X35 Y35），2（X26.340 Y30），3（X17.679 Y25），4（X35 Y7.679），5（X40 Y16.340），6（X35 Y25），7（X35 Y-25）。

12.1.6 程序编制

本案例冲压胎具零件的数控加工程序（使用华中数控系统）如下：

```
%1201                              程序名
G54G90G40G49G80G17                 机床初始化
G28                                返回参考点
M06T01                             换 1 号刀
M03S600                            主轴正转，转速 600r/min
G00X100Y100Z100                    快移至起刀点
G42X70Y35D01                       建立刀具半径补偿
Z-8                                下刀
G01X35F120                         开始铣削凸台外轮廓，进给量 120mm/min
G03X26.340Y30R10
G02X17.679Y25R10
G01X-17.679
G02X-26.340Y30R10
G03X-40Y16.340I-8.66J-5
G02X-35Y7.679R10
G01Y-7.679
G02X-40Y-16.340R10
G03X-26.340Y-30I5J-8.66
G02X-17.679Y-25R10
G01X17.679
G02X26.340Y-30R10
G03X40Y-16.340I8.66J5
G02X35Y-7.679R10
G01Y7.679
G02X40Y16.340R10
G03X35Y35R10                       凸台外轮廓铣削完成
G01X10                             切向切出
G00Z100
G40X100Y100                        退刀，取消刀具半径补偿
M05                                主轴停转
G28                                返回参考点
```

```
M06T02                    换用 2 号刀
M03S1000                  主轴正转，转速 1000r/min
G00X35Y25                 孔定位
Z5
G01Z-11F60                钻第一个小盲孔，进给量 60mm/min
G00Z5
X-35
G01Z-11                   钻第二个小盲孔
G00Z100
X100Y100
M05
G28                       返回参考点
M06T03                    换用 3 号刀
M03S800                   转速 800r/min
G00X35Y-25
Z5
G01Z-10                   钻第一个大盲孔
G00Z5
X-35
G01Z-10                   钻第二个大盲孔
G00Z100
X100Y100                  退刀
M05                       主轴停转
M30                       程序结束
```

12.2 注塑胎具零件的数控加工中心加工案例

12.2.1 案例题目

现使用配备华中数控系统的立式加工中心加工如图 12-3 所示的注塑胎具零件，按照图纸要求，分析加工工艺，确定加工方案，选择合适的刀具，编制数控加工程序并试切加工出合格零件。

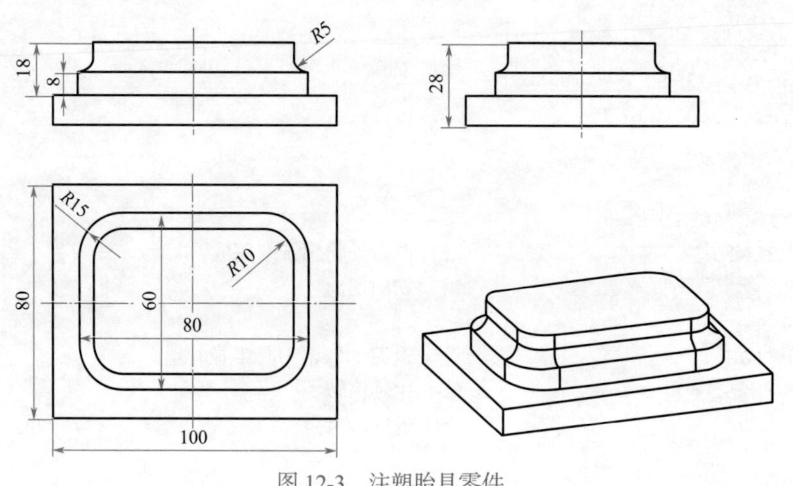

图 12-3 注塑胎具零件

12.2.2 案例分析

本案例零件是某个塑料注射模具的凸模，其结构相对简单。主要加工内容是一个双层的凸台。但是，两个凸台层次之间有圆弧过渡实体特征，该特征如果使用平底铣刀加工，将涉及宏程序编程，而且加工效率低、加工精度也较差。

在立式加工中心上，可以使用 2 把刀具完成该零件的加工。首先，使用 ϕ20mm 大直径平底立铣刀铣削底层凸台并去除周边材料，如图 12-4（a）所示；然后，使用 ϕ10mm 球头铣刀加工上层凸台并自然形成凸台间的圆弧过渡特征，如图 12-4（b）所示。

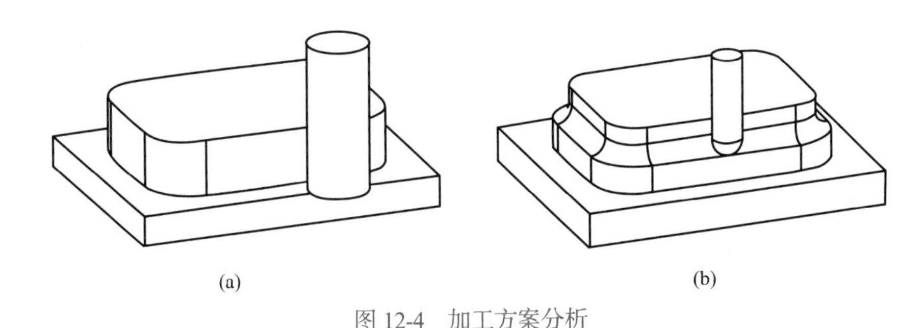

(a)　　(b)

图 12-4　加工方案分析

12.2.3 工艺设计

本案例零件的加工工艺过程为：

① 立式加工中心工作台上固定机用台钳夹持好毛坯，在主轴和刀库上分别安装好加工所需刀具，启动主轴。

② 调用 ϕ20mm 平底立铣刀铣削底层凸台外轮廓，同时去除外侧多余材料。

③ 换用 ϕ10mm 球头铣刀铣削上层凸台外轮廓，同时形成层间圆弧特征。

④ 快速退刀，工件停转，加工结束。

本案例零件的加工工序卡，见表 12-3。

表 12-3　注塑胎具零件加工工序卡

零件名称	注塑胎具	工序号	01	工序名称	加工中心加工
加工设备	立式加工中心	夹具名称	机用台钳		
零件材料	T8 钢	毛坯规格	100mm×80mm×28mm 板料毛坯		
工步号	工步内容	刀具编号	刀具类型参数	主轴转速 /（r/min）	进给量 /（mm/min）
1	铣削底层凸台外轮廓	01	ϕ20mm 平底立铣刀 刀具长度 120mm	400	100
2	铣削上层凸台外轮廓	02	ϕ10mm 球头铣刀 刀具长度 120mm	800	100

12.2.4 数学计算

通过对图纸中尺寸标注的分析，本着易于计算节点坐标值和方便对刀的原则，本案例注塑胎具零件数控编程时，应选取零件上表面中心点为原点，建立编程坐标系，如图 12-5 所示。

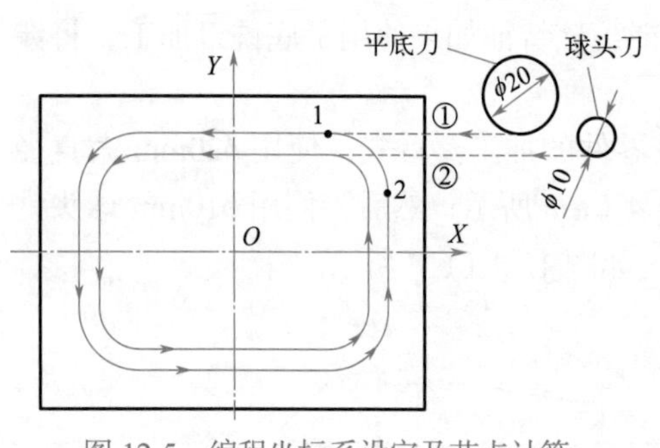

图 12-5　编程坐标系设定及节点计算

加工时，ϕ20mm 平底立铣刀的加工轨迹①和 ϕ10mm 球头铣刀的加工轨迹②为相距 5mm 的等距图形，两把铣刀均在建立刀具半径右补偿后，从工件右侧外部出发，在不同高度上，沿两个同心矩形轨迹线加工一周即可。为简化编程，把轨迹①设为子程序，两个刀具调用子程序执行，通过设置不同刀具半径补偿值来调整实际刀具轨迹线。其中 ϕ20mm 平底立铣刀加工时，刀具半径设为 10；而 ϕ10mm 球头铣刀加工时，刀具半径设为 0。

因为零件轮廓为对称图形，只需确定部分节点坐标值，即 1（X25 Y30），2（X40 Y15）。其他各节点坐标值类推即可。

12.2.5　程序编制

本案例注塑胎具零件的数控加工程序（使用华中数控系统）如下：

```
%1202                       主程序名
G54G90G40G49G80G17          机床初始化
G28                         返回参考点
M06T01                      换用 1 号刀，ϕ20mm 平底立铣刀
M03S400                     主轴正转，转速 400r/min
#1=01                       输入刀补号，D01=10mm
#2=-18                      输入 1 号刀下刀深度
M98P3000                    调用子程序 3000，加工底层凸台
G28                         返回参考点
M06T02                      换用 2 号刀，ϕ10mm 球头铣刀
M03S800                     主轴正转，转速 800r/min
#1=02                       输入刀补号，D02=0
#2=-10                      输入 2 号刀下刀深度
M98P3000                    调用子程序 3000，加工上层凸台
M30                         程序结束

%3000                       子程序名
G00X100Y100Z100             刀具快移至起刀点
G42X80Y30D[#1]              建立刀具半径右补偿
Z[#2]                       下刀
G01X-25F100                 开始切削凸台
G03X-40Y15R15
G01Y-15
G03X-25Y-30R15
G01X25
G03X40Y-15R15
G01Y15
```

```
G03X25Y30R15        凸台切削完毕
G01X0               切向切出
G00Z100
G40X100Y100         退刀
M05                 主轴停转
M99                 子程序返回
```

第 13 章

腔槽特征零件的数控加工中心加工案例

扫码看视频

13.1 冲裁凹模零件的数控加工中心加工案例

13.1.1 案例题目

现使用配备华中数控系统的立式加工中心加工如图 13-1 所示的冲裁凹模零件按照图纸要求，分析加工工艺，确定加工方案，选择合适的刀具，编制数控加工程序并试切加工出合格零件。

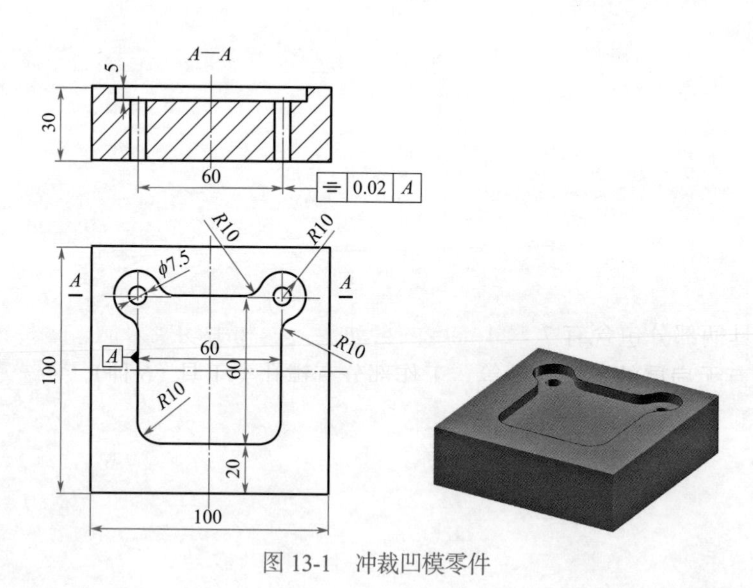

图 13-1 冲裁凹模零件

13.1.2 案例分析

(1) 冲裁凹模零件的加工方案分析

本案例零件是一种冷冲压冲裁模具的凹模，其结构并不复杂。零件上的主要结构是一个封闭型腔和型腔里面的两个通孔。因为加工型腔需要用中等直径的键槽刀铣削槽底，而通孔加工则需要使用小直径的麻花钻头，所以在立式加工中心上通过一次装夹实现全部要素的加工，既可以提高加工效率，又可以提高加工精度。

实际加工时，首先使用 ϕ12mm 键槽铣刀铣削轨迹①和轨迹②两个正方形，从而实现槽底中间多余材料的清除，如图 13-2（a）所示；接着还是使用该刀具从毛坯中心点出发，沿圆弧轨迹③切向切入型腔内轮廓，沿内轮廓线加工一周，如图 13-2（a）所示；最后换用 ϕ7.5mm 的非标麻花钻头对两个通孔进行钻削加工，如图 13-2（b）所示。

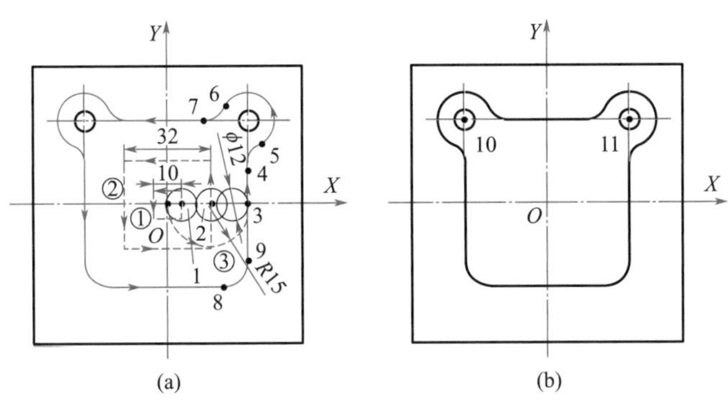

图 13-2　案例分析与节点计算

（2）数控加工中心工具系统

通过前面的案例可以知道，数控加工中心的最大特点是多刀具、工序集中。随着时代的发展，加工中心上越来越多地开始使用工具系统为加工选择合适的刀具。

① 整体式工具系统。整体式工具系统（TSG）是专门为加工中心和镗铣类数控机床配套的工具系统，也可用于普通镗铣床。它的特点是将锥柄和接杆连成一体，不同品种和规格的工作部分都必须带有与机床相连的柄部。其优点是结构简单、整体刚性强、使用方便、工作可靠、更换迅速等；缺点是锥柄的品种和数量较多，选择和管理较麻烦。

世界主要工业国家和著名刀具公司均有自己的 TSG 标准和规格系列。我国镗铣类数控机床用工具系统（TSG）执行的最新国家标准是 GB/T 25669—2010，它由《第 1 部分：型号表示规则》和《第 2 部分：型式和尺寸》组成。该标准规定镗铣类数控机床用工具系统（TSG）由工具柄和工作部分组成，其形成的工具系统图如图 13-3 所示。

其中，工具柄部分包含有 7∶24 锥度的自动换刀柄和手动换刀柄、HSK 柄中的 A 型柄和 C 型柄以及有无扁尾的莫氏锥柄等。工作部分有镗孔类工具（6 种)、装铣刀工具（5 种)、装莫氏柄工具（2 种)、装圆柱柄工具（7 种）和钻孔攻螺纹工具（3 种)。

② 模块式工具系统。随着数控机床的推广使用，工具的需求量迅速增加。为了克服镗铣类整体式工具系统（TSG）规格品种繁多，给生产、使用和管理带来许多不便的缺点，1980 年代以来出现了镗铣类模块式工具系统（TMG)。

模块式工具系统是把工具的柄部和工作部分分割开，制成各种系列化的模块，然后经过不同规格的中间模块，组装成一套套不同用途、不同规格的模块式工具。这样，既方便制造，也方便使用和保管，大大减少用户的工具储备。目前，世界上出现的模块式工具系统不少于几十种，它们之间的区别主要在于模块连接的定心方式和锁紧方式不同。然而，不管哪种模块式工具系统，都是由 3 个部分所组成的。

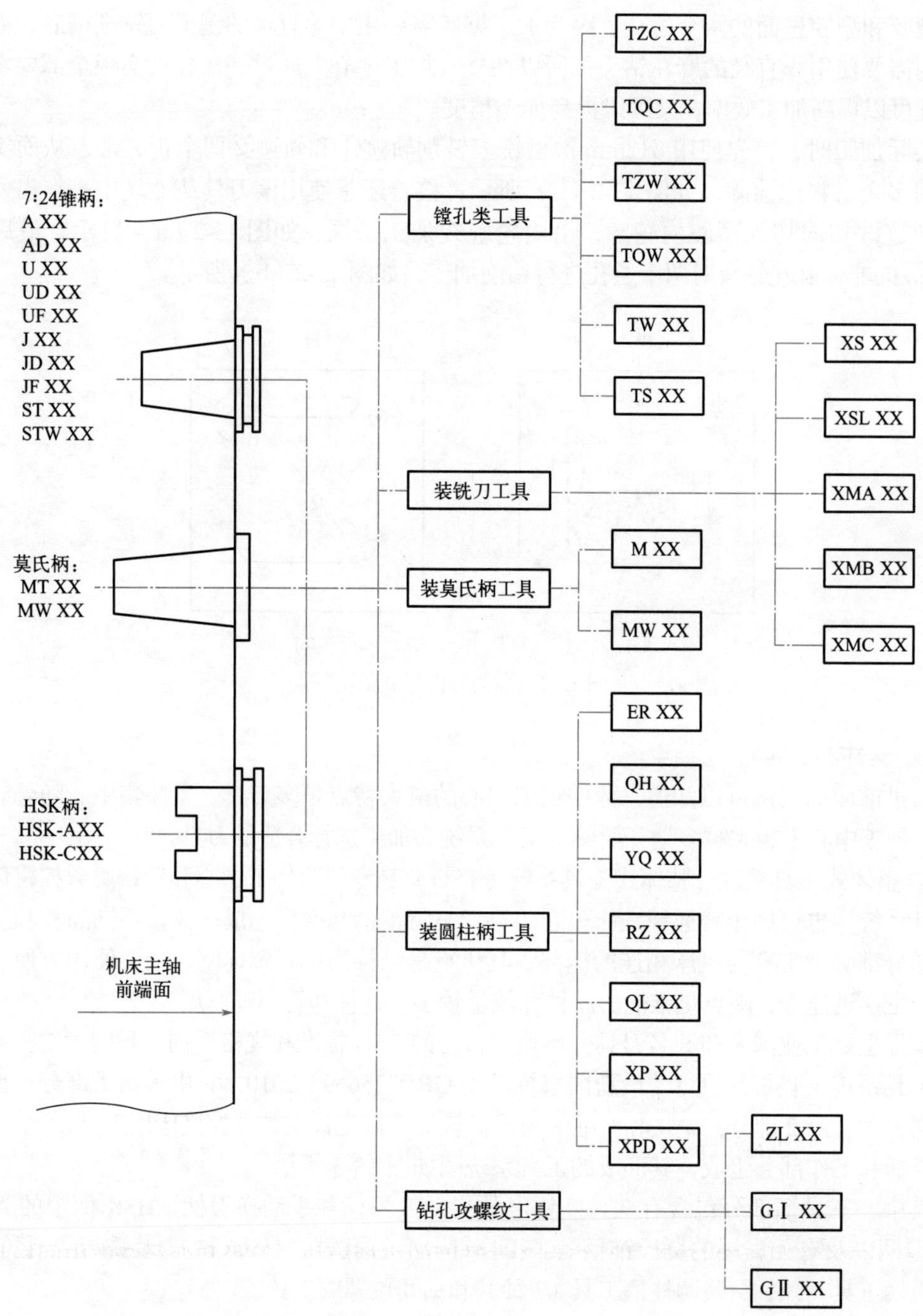

图 13-3　整体式工具系统（TSG）工具系统图

a. 主柄模块。模块式工具系统中，直接与机床主轴连接的工具模块。

b. 中间模块。模块式工具系统中，为了加长工具轴向尺寸和变换连接直径的工具模块。

c. 工作模块。模块式工具系统中，为了装夹各种切削刀具的模块。

TMG 工具系统在实际使用时，可以是主柄模块 - 中间模块 - 工作模块的组合形式，也可以是主柄模块 - 工作模块的组合形式。各组成模块的连接方式为接口孔与接口轴的连接配合，如图 13-4 所示。

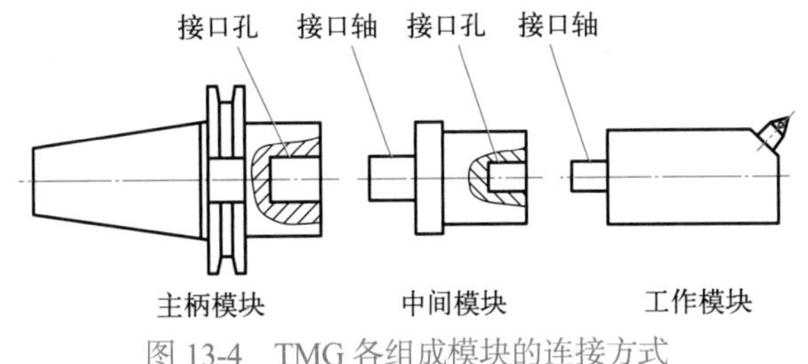

图 13-4　TMG 各组成模块的连接方式

模块式工具系统的模块系统图，如图 13-5 所示。

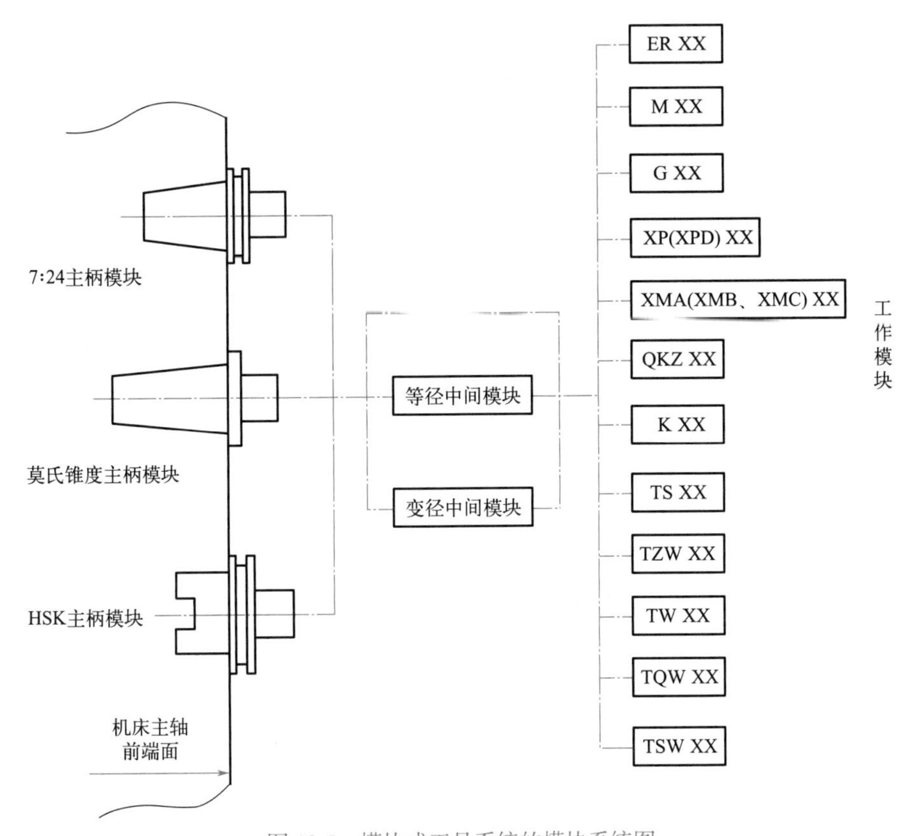

图 13-5　模块式工具系统的模块系统图

由图 13-5 可见，TMG 工具系统由 3 类锥度的主柄模块，等径和变径 2 类中间模块，以及弹簧夹头、安装铣刀（镗刀、钻头）等多种刀具的工作模块和多种自带刀具的工作模块组成。在使用时可以根据实际加工工艺要求及机床接口尺寸合理选择模块并组合使用。考虑到加入中间模块会较大地削弱刀具系统的刚度，因此在满足加工使用要求的情况下，尽量避免使用中间模块。

13.1.3　工艺设计

本案例零件的加工工艺过程为：

① 立式加工中心工作台上固定机用台钳夹持好毛坯，在主轴和刀库上分别安装好加工所需刀具，启动主轴。

② 调用 ϕ12mm 键槽铣刀铣削型腔内轮廓，同时去除型腔内多余材料。

③ 换用 ϕ7.5mm 麻花钻头，调用 H02 刀具长度补偿后，钻削型腔里面的两个通孔至规定深度。

④ 快速退刀，工件停转，加工结束。

本案例零件的加工工序卡，见表 13-1。

表 13-1　冲裁凹模零件加工工序卡

零件名称	冲裁凹模零件	工序号	01	工序名称	加工中心加工
加工设备	立式加工中心	夹具名称	机用台钳		
零件材料	T8 钢	毛坯规格	100mm×100mm×30mm 板料毛坯		

工步号	工步内容	刀具编号	刀具类型参数	主轴转速 /（r/min）	进给量 /（mm/min）
1	铣削型腔内轮廓	01	ϕ12mm 键槽铣刀 刀具长度 110mm	500	100
2	钻削型腔内通孔	02	ϕ7.5mm 麻花钻头 刀具长度 100mm	1500	50

从表 13-1 中可以看出，本案例使用的刀具长度不一样。因此，编程时应当以 01 号刀具为基准刀具，换用 02 号刀具时使用 G43 指令调取 H02 长度补偿值；同时，在操作时应当在机床刀具表中把 02 号刀的长度参数设置为 -10mm。

13.1.4　数学计算

通过对图纸中尺寸标注的分析，本着易于计算节点坐标值和方便对刀的原则，本案例冲裁凹模零件数控编程时，应选取零件上表面型腔中心点为原点，建立编程坐标系，如图 13-2 所示。因为零件图形对称，所以只计算并确定部分节点坐标值如下：1（X5 Y0），2（X16 Y0），3（X30 Y0），4（X30 Y12.679），5（X35 Y21.340），6（X21.340 Y35），7（X12.679 Y30），8（X20 Y-30），9（X30 Y-20），10（X-30 Y30），11（X30 Y30）。其他节点坐标可以依据上述节点类推。

13.1.5　程序编制

本案例冲裁凹模零件的数控加工程序（使用华中数控系统）如下：

```
%1301                          程序名
G54G90G40G49G80G17             机床初始化
G28                            返回参考点
M06T01                         换用键槽铣刀
M03S500
G00X5Y0Z100
Z5
G01Z-5F60                      下刀至型腔深度
Y5F100                         开始切削小正方形轨迹
X-5
Y-5
```

```
X5
Y0                                  小正方形轨迹切削完毕
X16                                 开始切削大正方形轨迹
Y16
X-16
Y-16
X16
Y0                                  大正方形轨迹切削完毕
G00Z5                               抬刀
X-15
Y15
G41X0Y0D01                          建立刀具半径左补偿
G03X30R15                           圆弧切入型腔内轮廓
G01Z-5F60                           下刀至型腔深度
Y12.679F100                         开始切削腔内轮廓
G02X35Y21.340R10
G03X21.340Y35I-5J8.66
G02X12.679Y30R10
G01X-12.679
G02X-21.340Y35R10
G03X-35Y21.340I-8.66J-5
G02X-30Y12.679R10
G01Y-20
G03X-20Y-30R10
G01X20
G03X30Y-20R10
G01Y20                              型腔加工完毕
G00Z100
G40X100Y100                         取消刀具半径补偿
M05                                 主轴停转
G28                                 返回参考点
M06T02                              换用钻头
M03S1500
G00G43H02X-30Y30                    建立刀具长度补偿
G90G98G73Z-35R5Q10P2F50             钻削左侧通孔
G00X30
G90G98G73Z-35R5Q10P2F50             钻削右侧通孔
G49G00Z100                          取消刀具长度补偿
X100Y100                            退回起刀点
M05                                 主轴停转
M30                                 程序结束
```

13.2 端面滑槽零件的数控加工中心加工案例

13.2.1 案例题目

现使用配备华中数控系统的立式加工中心加工如图 13-6 所示的端面滑槽零件，按照图纸要求，分析加工工艺，确定加工方案，选择合适的刀具，编制数控加工程序并试切加工出合格零件。

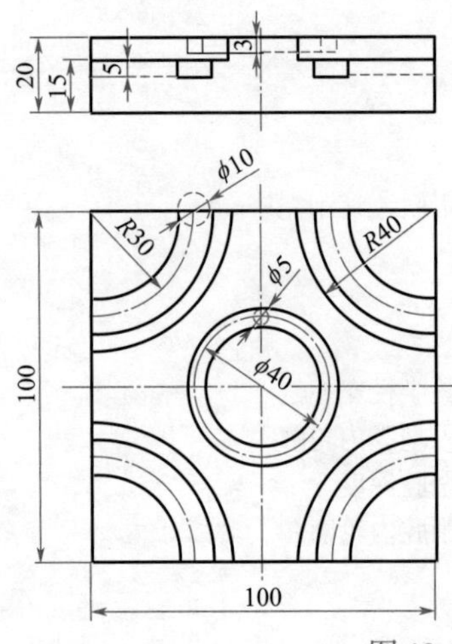

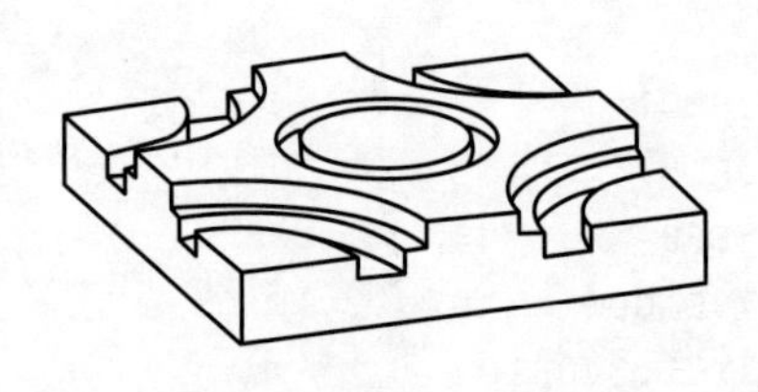

图 13-6　端面滑槽零件

13.2.2　案例分析

本案例零件是某种端面凸轮组的一个连接件，其结构呈四角对称分布。零件每一个对称角上的结构相同，即一个圆弧台阶和一个圆弧槽；零件的中心还有一个整圆槽。零件总体结构简单，加工精度要求不高。

加工时，首先使用 ϕ50mm 平底立铣刀铣削第一象限 *R*40 圆弧台阶，即刀具轨迹①，并利用镜像加工指令，加工另外三个象限的 *R*40 圆弧台阶；其次是使用 ϕ10mm 平底立铣刀铣削第一象限 *R*30 圆弧槽，即刀具轨迹②，并利用镜像加工指令，加工另外三个象限的 *R*30 圆弧槽；最后是使用 ϕ10mm 键槽铣刀加工零件中心的 ϕ40mm 的整圆槽，如图 13-7 所示。

图 13-7　案例分析与节点计算

13.2.3　工艺设计

本案例零件的加工工艺过程为：

① 立式加工中心工作台上固定机用台钳夹持好毛坯，在主轴和刀库上分别安装好加工所需刀具，启动主轴。

② 调用 ϕ50mm 平底立铣刀，建立刀具半径右补偿，铣削四个 *R*40 圆弧台阶。

③ 换用 ϕ10mm 平底立铣刀，不加刀具半径补偿并调用 H02 刀具长度补偿后，铣削四段 R30 圆弧槽。

④ 换用 ϕ5mm 键槽铣刀，不加刀具半径补偿并调用 H03 刀具长度补偿后，铣削 ϕ40mm 整圆槽。

⑤ 快速退刀，工件停转，加工结束。

本案例零件的加工工序卡，见表 13-2。

表 13-2　端面滑槽零件加工工序卡

零件名称	端面滑槽零件	工序号	01	工序名称	加工中心加工
加工设备	立式加工中心	夹具名称	机用台钳		
零件材料	45 钢	毛坯规格	100mm×100mm×20mm 板料毛坯		

工步号	工步内容	刀具编号	刀具类型参数	主轴转速 /（r/min）	进给量 /（mm/min）
1	铣削四个 $R40$ 圆弧台阶	01	ϕ50mm 平底立铣刀 刀具长度 100mm	200	100
2	铣削四段 $R30$ 圆弧槽	02	ϕ10mm 平底立铣刀 刀具长度 110mm	600	100
3	铣削 ϕ40mm 整圆槽	03	ϕ5mm 键槽铣刀 刀具长度 70mm	1500	80

13.2.4　数学计算

通过对图纸中尺寸标注的分析，本着易于计算节点坐标值和方便对刀的原则，本案例端面滑槽零件数控编程时，应选取零件上表面中心点为原点，建立编程坐标系，如图 13-7 所示。因为零件图形对称，所以只计算并确定部分节点坐标值如下：1（X50 Y10），2（X10 Y50），3（X50 Y20），4（X20 Y50），5（X0 Y-20）。其他节点坐标可以依据上述节点类推。

13.2.5　程序编制

本案例端面滑槽零件的数控加工程序（使用华中数控系统）如下：

```
%1302                        程序名
G54G90G40G49G80G17           机床初始化
G28                          返回参考点
M06T01                       换用 01 号 φ50mm 平底立铣刀
M03S200                      主轴正转，转速 200r/min
G00X100Y0Z100
Z5
M98P1001                     调用子程序 1001，加工第一象限圆弧台阶
G24X0                        建立 Y 轴镜像
M98P1001                     调用子程序 1001，加工第二象限圆弧台阶
G24Y0                        建立原点镜像（即 X 轴和 Y 轴一起镜像）
M98P1001                     调用子程序 1001，加工第三象限圆弧台阶
G25X0                        取消 Y 轴镜像，剩下 X 轴镜像
M98P1001                     调用子程序 1001，加工第四象限圆弧台阶
G25Y0                        取消 X 轴镜像
G00Z100
M05
```

```
G28                     返回参考点
M06T02                  换用 02 号 φ10mm 平底立铣刀
M03S600                 主轴正转，转速 600r/min
G00G43H02Z5             建立 02 号刀具长度补偿， H02=10mm
M98P1002                调用子程序 1002，加工第一象限圆弧槽
G24X0                   建立 Y 轴镜像
M98P1002                调用子程序 1002，加工第二象限圆弧槽
G24Y0                   建立原点镜像（即 X 轴和 Y 轴一起镜像）
M98P1002                调用子程序 1002，加工第三象限圆弧槽
G25X0                   取消 Y 轴镜像，剩下 X 轴镜像
M98P1002                调用子程序 1002，加工第四象限圆弧槽
G25Y0                   取消 X 轴镜像
G00G49Z100              取消刀具长度补偿
M05
G28                     返回参考点
M06T03                  换用 03 号 φ5mm 键槽铣刀
M03S1500                主轴正转，转速 1500r/min
G00G43H03Z5             建立 02 号刀具长度补偿，H03=-30mm
X0Y-20                  快速移动至整圆槽起点上方
G01Z-3F30               下刀
G02J20F80               铣削整圆槽
G00G49Z100              取消刀具长度补偿
X100Y100                快退至起刀点
M05                     主轴停转
M30                     程序结束

%1001                   子程序 1001
G00G42X80Y10D01         建立刀具半径右补偿，D01=25mm
Z-5                     下刀
G01X50F100              至圆弧台阶起点
G02X10Y50R40            铣削圆弧台阶
G00Z100                 抬刀
G40X100Y100             取消刀具半径补偿
M99                     子程序返回

%1002                   子程序 1002
G00X60Y20               快移至毛坯外侧
Z-10                    下刀
G01X50F100              移动至圆弧槽起点
G02X20Y50R30            铣削圆弧槽
G00Y100                 切向切出
Z100                    抬刀
M99                     子程序返回
```

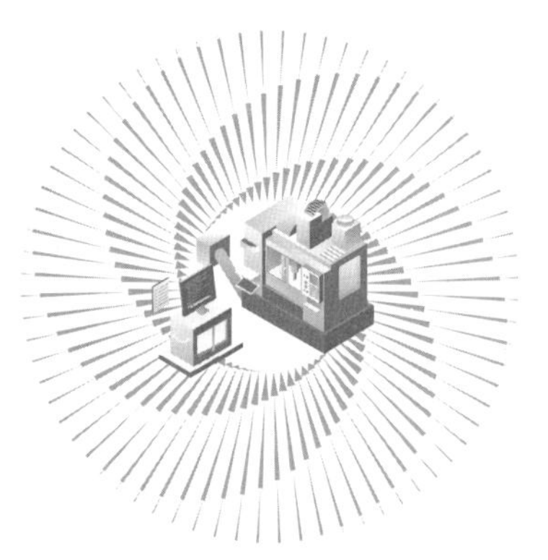

第 14 章 孔系特征零件的数控加工中心加工案例

扫码看视频

14.1 涡流转子零件的数控加工中心加工案例

14.1.1 案例题目

数控加工中心可以利用自身强大的刀具存储与交换能力，加工以多种孔为主要特征或孔与其他特征相结合的相对较为复杂的零件。

如图 14-1 所示为某实验设备中用到的一种涡流转子零件。现使用配备华中数控系统的立式加工中心加工，按照图纸要求，分析加工工艺，确定加工方案，选择合适的刀具，编制数控加工程序并试切加工出合格零件。

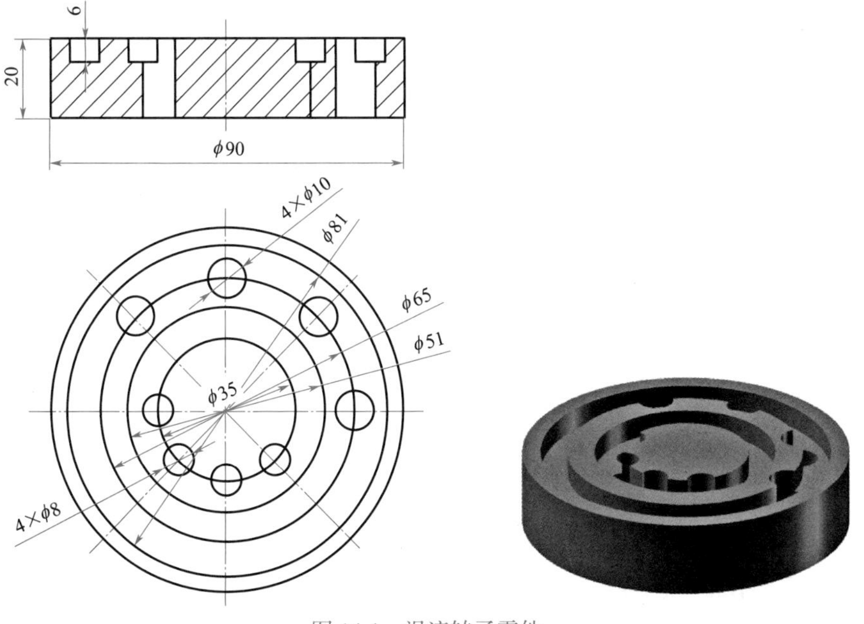

图 14-1 涡流转子零件

14.1.2 案例分析

本案例零件整体外观为圆柱形，在其上部端面上开有两道宽度相同的同心圆周槽，在槽与台的交界处各有 4 个通孔，通孔非对称分布，并且有两种孔径。零件结构相对简单，加工精度要求不高。

在加工时，若先开槽后在槽台交界钻孔，必将会引起钻孔偏斜，因此该零件的加工应先钻孔再开槽。首先使用 ϕ10mm 麻花钻头钻削外圈 4 个通孔；其次使用 ϕ8mm 麻花钻头钻削内圈 4 个通孔；最后使用 ϕ8mm 键槽铣刀加工两条同心圆周槽。

14.1.3 工艺设计

本案例零件的加工工艺过程为：

① 立式加工中心工作台上固定三爪夹盘并夹持好毛坯，在主轴和刀库上分别安装好加工所需刀具，启动主轴。

② 调用 ϕ10mm 麻花钻头钻，以此刀具为基准。使用钻孔复合循环指令和旋转坐标系指令配合编程，钻削外圈 4 个通孔。

③ 换用 ϕ8mm 麻花钻头钻，调用 H02 刀具长度补偿后，使用钻孔复合循环指令和旋转坐标系指令配合编程，钻削内圈 4 个通孔。

④ 换用 ϕ8mm 键槽铣刀，不加刀具半径补偿，调用 H03 刀具长度补偿后，沿两槽中心线铣削同心圆周槽。

⑤ 快速退刀，工件停转，加工结束。

本案例零件的加工工序卡，见表 14-1。

表 14-1 涡流转子零件加工工序卡

零件名称	涡流转子	工序号	01	工序名称	加工中心加工
加工设备	立式加工中心	夹具名称		三爪夹盘	
零件材料	45 钢	毛坯规格		ϕ90mm×20mm 圆柱毛坯	
工步号	工步内容	刀具编号	刀具类型参数	主轴转速 /（r/min）	进给量 /（mm/min）
1	钻削外圈 4 个通孔	01	ϕ10mm 麻花钻头 刀具长度 100mm	800	80
2	钻削内圈 4 个通孔	02	ϕ8mm 麻花钻头 刀具长度 100mm	1000	60
3	铣削同心圆周槽	03	ϕ8mm 键槽铣刀 刀具长度 90mm	1000	100

14.1.4 数学计算

通过对图纸中尺寸标注的分析，本着易于计算节点坐标值和方便对刀的原则，本案例涡流转子零件数控编程时，应选取零件上表面中心点为原点，建立编程坐标系，如图 14-2 所示。

因为零件上通孔沿圆周等角度分布，加工时采用旋转坐标系指令，因此只确定两组孔系的第一个孔的中心坐标值即可，即 1（X32.5 Y0），2（X-17.5 Y0）；根据图纸尺寸计算，两槽的中心线圆直径分别为ϕ73mm和ϕ43mm，对于整圆加工只需确定起点坐标值即可，即3（X0 Y36.5），4（X0 Y21.5）。

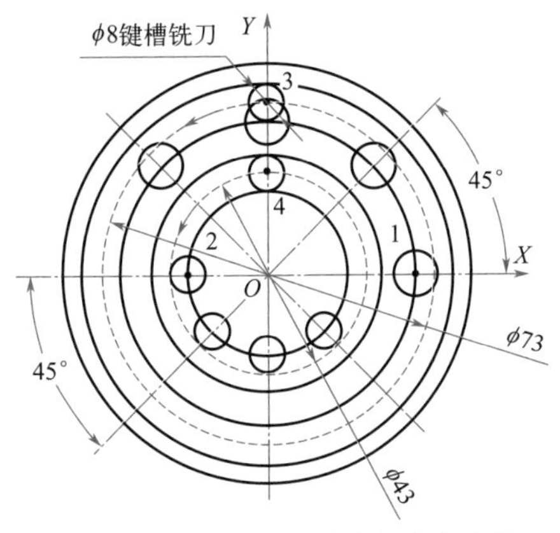

图 14-2　编程坐标系设定与节点计算

14.1.5　程序编制

本案例涡流转子零件的数控加工程序（使用华中数控系统）如下：

```
%1401                        程序名
G54G90G40G49G80G17           机床初始化
G28                          返回参考点
M06T01                       换用 01 号刀
M03S800                      主轴正转，转速 800r/min
G00X0Y0Z5
M98P4001                     加工外圈第一个通孔
G68X0Y0P45                   旋转 45°
M98P4001                     加工外圈第二个通孔
G68X0Y0P90                   旋转 90°
M98P4001                     加工外圈第三个通孔
G68X0Y0P135                  旋转 135°
M98P4001                     加工外圈第四个通孔
G69                          取消旋转
G00Z100                      抬刀
M05
G28                          返回参考点
M06T02                       换用 02 号刀
M03S1000
G43G00Z5H02                  引入刀具长度补偿，此时 H02=0
X0Y0
M98P4002                     加工内圈第一个通孔
G68X0Y0P45                   旋转 45°
M98P4002
G68X0Y0P90
M98P4002
```

```
G68X0Y0P135
M98P4002
G69                              取消旋转
G49G00Z100                       取消刀具长度补偿
M05
G28                              返回参考点
M06T03                           换用 03 号刀
M03S1000
G00X0Y36.5
G43H03Z5                         引入刀具长度补偿，此时 H03=-10mm
G01Z-6F60                        下刀至槽底深度
G03J-36.5F100                    加工外圈圆周槽
G00Z5
Y21.5
G01Z-6F60
G03J-21.5F100                    加工内圈圆周槽
G49G00Z100                       取消刀具长度补偿
X100Y100                         退刀
M05                              主轴停转
M30                              程序结束

%4001                            子程序 4001
G00X32.5Y0                       定位至外圈通孔上方
G90G98G73Z-25R5Q10P2F80          深孔高速钻削固定循环，进给量 80mm/min
G00Z5                            抬刀
M99                              子程序返回

%4002                            子程序 4002
G00X-17.5Y0                      定位至内圈通孔上方
G90G98G73Z-25R5Q10P2F60          深孔高速钻削固定循环，进给量 60mm/min
G00Z5                            抬刀
M99                              子程序返回
```

14.2 冲压复合模具零件的数控加工中心加工案例

14.2.1 案例题目

在华中数控加工中心上，加工如图 14-3 所示的冲压复合模具零件。按照图纸要求，分析加工工艺，选择合适的刀具，编制数控加工程序并进行试切加工。

14.2.2 案例分析

本案例零件结构复杂，但尺寸精度和表面粗糙度要求并不高，可以在数控加工中心上，通过自动换刀，多段程序进行加工。因给定毛坯四周边已符合图纸要求，不需加工，所以可以采用机用台钳装夹。加工内容主要有：铣周边余量、铣正置正六边形及圆角、铣斜置正六边形及圆角、铣凹槽和孔加工等。工件坐标系原点设在工件上表面的中心。

14.2.3 工艺过程

本案例零件加工工艺过程初步设计如下：

① 铣周边余量。采用 ϕ25mm 平底立铣刀，在毛坯［如图 14-4（a）所示］外部进刀，沿 ϕ80mm 整圆外侧切削，深度为 6mm，以去除四角多余金属，如图 14-4（b）所示。

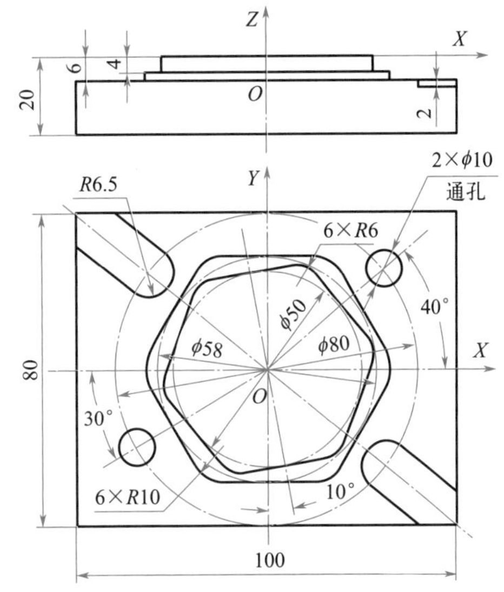

图 14-3　冲压复合模具零件

② 铣正置正六边形及圆角。采用 ϕ25mm 平底立铣刀，G54 建立工件坐标系，从外部进刀，建立刀具半径左补偿，切削深度 6mm。加工由 6 段直线和 6 段圆弧组成的正置正六边形，如图 14-4（c）所示。

③ 铣斜置正六边形及圆角。采用 ϕ25mm 平底立铣刀，G54 建立工件坐标系，旋转工件坐标系 10°，从外部进刀，建立刀具半径左补偿，切削深度 4mm。加工由 6 段直线和 6 段圆弧组成的斜置正六边形，如图 14-4（d）所示。

④ 铣凹槽。采用 ϕ12mm 平底立铣刀，G54 建立工件坐标系，建立 2 号刀具长度补偿，由工件外侧切入，通过直线插补，直接形成需要的直槽，如图 14-4（e）所示。

⑤ 孔加工。采用 ϕ10mm 钻头，G54 建立工件坐标系，建立 3 号刀具长度补偿，使用钻孔固定循环指令，直接钻出 2 个 ϕ10mm 通孔，如图 14-4（f）所示。加工完的成品零件如图 14-4（g）所示。

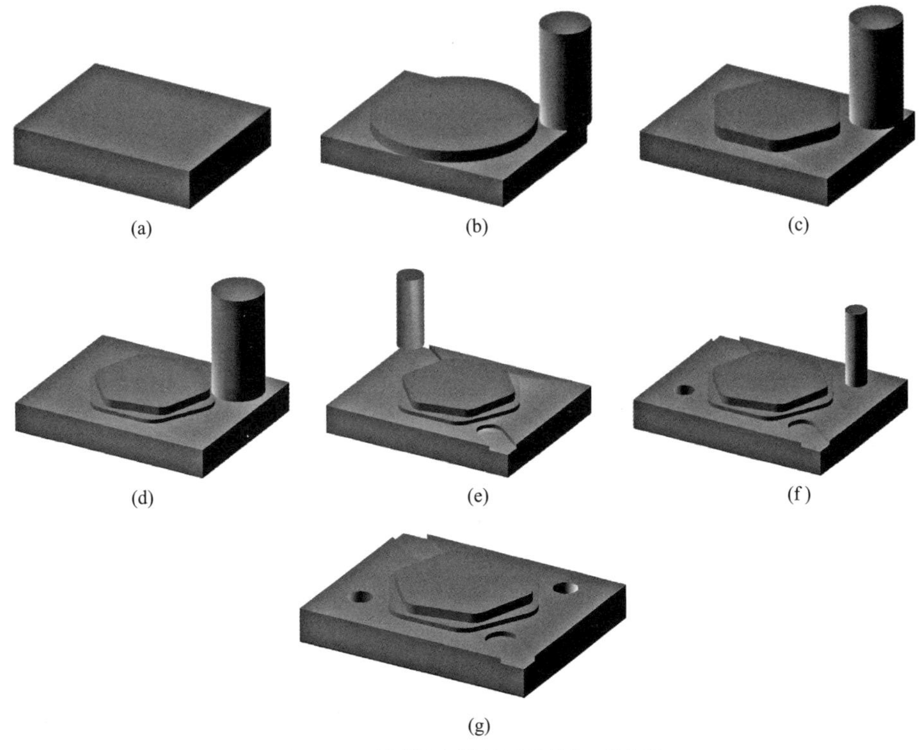

图 14-4　冲压复合模具零件的加工过程

14.2.4 刀具选用

本案例零件数控编程时，根据图纸上零件结构特点及尺寸标注，选取零件上表面中心点为编程坐标系原点，如图 14-3 所示。其所使用的刀具参照零件加工工序卡，见表 14-2。

表 14-2 冲压复合模具零件加工工序卡

加工工序及加工内容	刀具与切削参数						
	刀具规格			主轴转速 /（r/min）	进给速度 /（mm/min）	刀具补偿	
	刀号	刀具名称	材料			半径 /mm	长度 /mm
铣周边余量	T1	ϕ25mm 平底立铣刀	高速钢	600	120	D01=12.5	H01=0
铣正置六边形及圆角	T1	ϕ25mm 平底立铣刀	高速钢	850	60	D01=12.5	H01=0
铣斜置六边形及圆角	T1	ϕ25mm 平底立铣刀	高速钢	800	60	D01=12.5	H01=0
铣凹槽	T2	ϕ12mm 平底立铣刀	高速钢	800	80	D02=0	H02=−10
钻孔	T3	ϕ10mm 麻花钻头	高速钢	1000	50	D03=0	H03=−20

14.2.5 程序编制

本案例冲压复合模具零件的数控加工程序（使用华中数控系统）如下：

```
%1401                          程序名
G54G90G40G49G80G17             机床初始化
G28                            返回参考点
M06T01                         换用 01 号刀
M03S600                        主轴正转，转速 600r/min
G00Z100.0
X0Y55.0                        快速定位至工件外侧
Z-6.0                          下刀至正凸台底部深度
G41G01Y40.0D01F120             引入刀具半径补偿
G02I0J-40.0                    加工整圆
G40G00X100.0Y100.0             退刀，取消刀补
Z100.0
M05
M03S850                        提速至 850r/min
G00X0Y55.0
Z5.0
G01Z-6.0F40                    下刀
G41D01G01X0Y29.0F60            引入刀具半径补偿
X10.97                         开始加工正六边凸台
G02X19.63Y24.0R10.0
G01X30.60Y5.0
G02Y-5.0R10.0
G01X19.63Y-24.0
```

```
G02X10.97Y-29.0R10.0
G01X-10.97
G02X-19.63Y-24.0R10.0
G01X-30.60Y-5.0
G02Y5.0R10.0
G01X-19.63Y24.0
G02X-10.97Y29.0R10.0
G01X0                               正六边凸台加工完毕
G40G01X0Y55.0                       取消刀具半径补偿
G00Z50.0
M05
G68X0Y0P10.0                        旋转坐标系 10° 功能
M03S800                             主轴降速至 800r/min
G00X0Y40.0
Z5.0
G01Z-4.0F40                         下刀至斜六边凸台底部深度
G41D01G01X0Y25.0F60                 引入刀具半径补偿
X10.97                              开始铣削斜六边凸台
G02X16.17Y22.0R6.0
G01X27.14Y3.0
G02Y-3.0R6.0
G01X16.17Y-22.0
G02X10.97Y-25.0R6.0
G01X-10.97
G02X-16.17Y-22.0R6.0
G01X-27.14Y-3.0
G02Y3.0R6.0
G01X-16.17Y22.0
G02X-10.97Y25.0R6.0
G01X0                               斜六边凸台铣削完毕
G40G01X0Y40.0                       取消刀具半径补偿
G00Z50.0                            抬刀
G69                                 取消旋转
M05                                 主轴停转
G28                                 返回参考点
M06T02                              换用 02 号刀
M03S800
G43G00Z100.0H02                     引入 02 号刀长度补偿
X0Y0
M98P4008                            调用子程序加工凹槽
G24X0Y0                             设置关于原点对称功能
M98P4008                            调用子程序加工另一侧凹槽
G25X0Y0                             取消对称功能
G49G00Z100.0                        取消刀具长度补偿
X100.0Y100.0
M05
G28                                 返回参考点
M06T03                              换用 03 号刀
```

```
M03S1000                          主轴提速至1000r/min
G43H03G00Z100.0                   引入03号刀长度补偿
X0Y0
Z10.0
G68X0Y0P40                        旋转坐标系40°
X40.0                             定位于被加工孔上方
G90G99G73Z-23.0R5.0Q10.0P2F50     深孔高速钻削固定循环
G00X0Y0
G68X0Y0P210                       旋转坐标系210°
X40.0                             定位于被加工孔上方
G90G99G73Z-23.0R5.0Q10.0P2F50     深孔高速钻削固定循环
G69                               取消旋转
G00G49Z100.0                      取消刀具长度补偿
X100.0Y100.0                      退刀
M05                               主轴停转
M30                               程序结束

%4008                             子程序名
G00X60.0Y-48.0                    快速定位于工件外侧
Z-8.0                             下刀至凹槽槽底深度
G01X31.235Y-24.988F80             铣削凹槽
G00Z5.0                           退刀
M99                               子程序返回
```

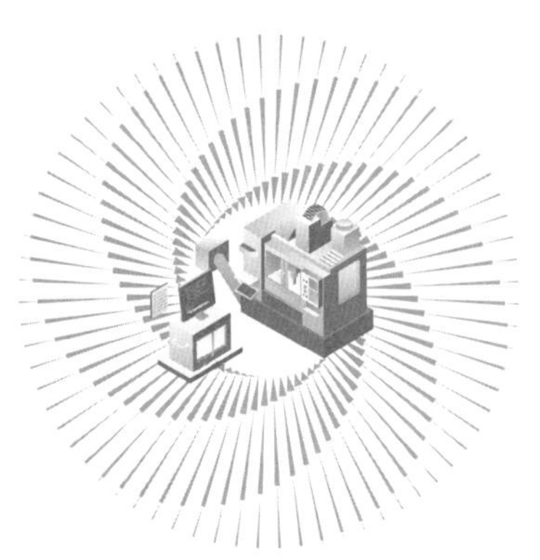

第15章 曲面特征零件的数控加工中心加工案例

扫码看视频

15.1 五角直纹曲面零件的数控加工中心加工案例

15.1.1 案例题目

现使用配备华中数控系统的立式加工中心加工如图15-1所示的五角直纹曲面零件。按照图纸要求，分析加工工艺，确定加工方案，选择合适的刀具，编制数控加工程序并试切加工出合格零件。

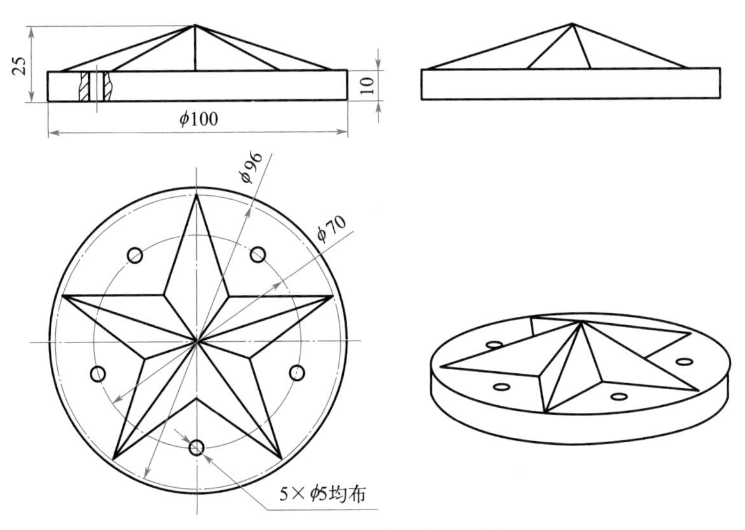

图15-1 五角直纹曲面零件

15.1.2 案例分析

本案例零件的主要特征是在一个圆柱毛坯上有一个凸起的五角星，五角星各面为直纹面；另外底座上还有 5 个安装孔。这样的复杂曲面零件一般是需要计算机自动编程加工的，但是通过数学建模和利用简化编程指令，手工编程也可以实现加工。

加工时，首先使用 ϕ6mm 键槽铣刀从顶层开始加工一个很小的五角星，随着刀具逐渐下降，每层加工的五角星也逐渐变大，其中刀具下降的高度与五角星变大的程度呈线性变化，这样得到的是直纹面组成的五角星。具体编程时，可以使用旋转坐标系指令相配合，这样只编写 *A-H*、*H-B* 这两条直线加工的程序即可，不但能减少程序量，还能减少大量的计算工作，如图 15-2（a）所示。

五角星加工完毕后，毛坯上会留有 5 块较大的剩余材料。这时要使用 ϕ30mm 平底立铣刀，不加刀具半径补偿，沿 *C-D*、*D-E* 切削两条直线，去除下方的一块剩余材料。其余 4 块可以利用旋转坐标系指令配合子程序，简化编程完成加工，如图 15-2（b）所示。

最后是安装孔的加工，使用 ϕ5mm 麻花钻头钻削最下方一个通孔。仍然利用旋转坐标系指令配合子程序，简化编程钻削另外的 4 个通孔，如图 15-2（c）所示。

以上 3 个加工内容均包含利用旋转坐标系指令实现五个角度加工的内容，为了简化程序，可以利用宏程序把该旋转加工功能做成一个通用的子程序，大大减少程序量。

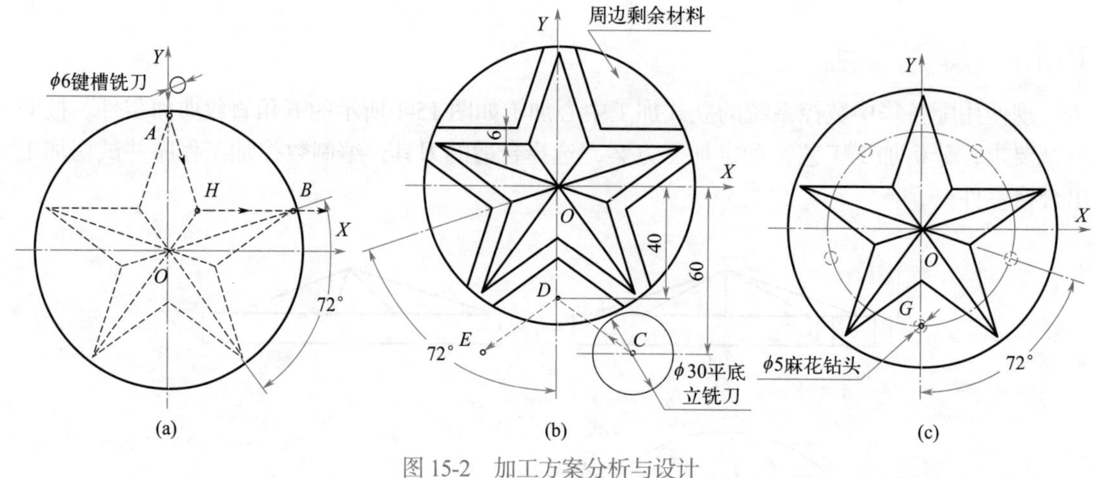

图 15-2　加工方案分析与设计

15.1.3 工艺设计

本案例零件的加工工艺过程为：

① 立式加工中心工作台上固定三爪夹盘并夹持好毛坯，在主轴和刀库上分别安装好加工所需刀具，启动主轴。

② 调用 ϕ6mm 键槽铣刀，建立刀具半径左补偿，铣削五角直纹面凸台。

③ 换用 ϕ30mm 平底立铣刀，不加刀具半径补偿并调用 H02 刀具长度补偿后，铣削周边剩余材料。

④ 换用 ϕ5mm 麻花钻头，调用 H03 刀具长度补偿后，钻削 ϕ5mm 安装通孔。

⑤ 快速退刀，工件停转，加工结束。

本案例零件的加工工序卡，见表 15-1。

表 15-1　五角直纹曲面零件加工工序卡

零件名称	五角直纹曲面零件	工序号	01	工序名称	加工中心加工
加工设备	立式加工中心	夹具名称	三爪夹盘		
零件材料	45 钢	毛坯规格	ϕ100mm×25mm 圆柱毛坯		
工步号	工步内容	刀具编号	刀具类型参数	主轴转速 /（r/min）	进给量 /（mm/min）
1	铣削五角直纹曲面	01	ϕ6mm 键槽铣刀 刀具长度 90mm	800	100
2	铣削周边剩余材料	02	ϕ30mm 平底立铣刀 刀具长度 130mm	300	80
3	钻削 ϕ5mm 通孔	03	ϕ5mm 麻花钻头 刀具长度 80mm	1500	50

15.1.4 数学计算

通过对图纸中尺寸标注的分析，本着易于计算节点坐标值和方便对刀的原则，本案例五角直纹曲面零件数控编程时，应选取零件上表面中心点为原点，建立编程坐标系，如图 15-2 所示。

首先，要确定在任意高度上的五角星截面节点的计算，如图 15-3 所示。根据刀具下降的高度与五角星尺寸呈线性变化的特点，设当刀具下降 ΔZ 时，截面上五角星外接圆半径为 r，如图 15-3（a）所示。根据相似三角形原理，则有

$$\frac{\Delta Z}{r}=\frac{15}{48}$$

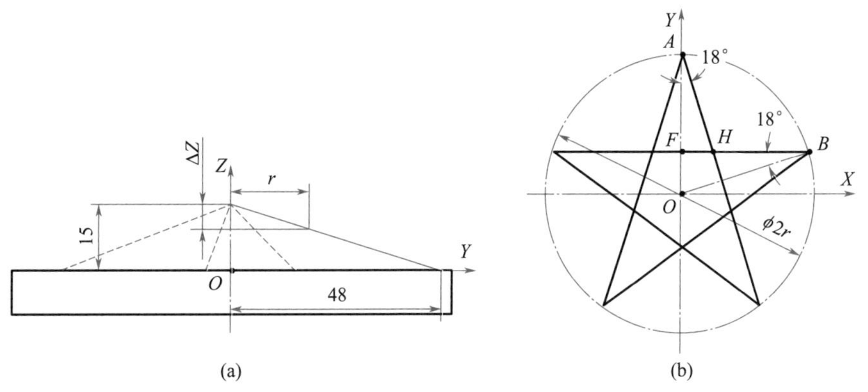

图 15-3　任意高度上五角星节点坐标的计算

在任意高度截面上，五角星节点坐标计算如图 15-3（b）所示。已知该外接圆直径为 $2r$，运用三角函数关系得到此时节点坐标如下：A（X0 Yr），B（X$r$cos18° Y$r$sin18°），H（X（r-$r$sin18°）tan18° Y$r$sin18°）。

工步 2 和工步 3 的节点为固定值，如图 15-2（b）（c）所示，分别为 C（X27.528 Y-60），D（X0 Y-40），E（X-27.528 Y-60），G（X0 Y-35）。

15.1.5 程序编制

本案例五角直纹曲面零件的数控加工程序（使用华中数控系统）如下：

```
%1501                    主程序名
G54G90G40G49G80G17       机床初始化
G28                      返回参考点
M06T01                   换用 01 号 φ6mm 键槽铣刀
M03S800                  主轴正转，转速 800r/min
G00X0Y80Z100
#1=0                     #1 为刀具下降高度 ΔZ
WHILE#1LE15              循环判断，当 ΔZ 不超过 15 时有效
#2=#1*48/15              计算对应 r 值
#3=5001                  #3 为需要调用的子程序名，即需要调用 5001 子程序
M98P5000                 调用旋转加工子程序
#1=#1+0.5                刀具每次下降高度 0.5mm
ENDW                     循环结束
G28
M05
M06T02                   换用 φ30mm 平底立铣刀，去除周边剩余材料
M03S300
#3=5002                  设置子程序名为 5002
M98P5000                 调用旋转加工子程序
G28
M05
M06T03                   换用 φ5mm 麻花钻头
M03S1500
#3=5003                  设置子程序名为 5003
M98P5000                 调用旋转加工子程序
G00G49Z100
X100Y100                 退刀
M05                      主轴停转
M30                      程序结束

%5000                    旋转加工子程序名
M98P[#3]                 调用对应的加工功能子程序
G68X0Y0P72               旋转 72°
M98P[#3]                 旋转后，再次加工
G68X0Y0P144
M98P[#3]
G68X0Y0P216
M98P[#3]
G68X0Y0P288
M98P[#3]
G69                      取消旋转
```

```
M99                                子程序返回

%5001                              任意截面五角星加工子程序名
G41G00X0Y[#2+2]D01                 建立刀具半径左补偿
G01Z-[#1]F50                       下刀
Y[#2]F100                          直线移动至A
X[[#2-#2*SIN[18*PI/180]]*TAN[18*PI/180]]Y[#2*SIN[18*PI/180]]    切直线A-H
X[#2*COS[18*PI/180]+2]             切直线H-B
G00Z5                              抬刀
G40X80                             取消刀具半径补偿
M99                                子程序返回

%5002                              去除周边剩余材料子程序名
G00X27.528Y-60
G43H02Z5                           建立刀具长度补偿，此时H02=40mm
G01Z-15F60
X0Y-40F80                          沿C-D直线走刀
X-27.528Y-60                       沿D-E直线走刀
G00Z5
M99                                子程序返回

%5003                              钻削安装孔子程序名
G00X0Y-35                          孔定位
Z-10                               下刀至孔上方
G43H03Z5                           建立刀具长度补偿，此时H03=-10mm
G01Z-27F50                         钻孔
G00Z5                              抬刀
M99                                子程序返回
```

15.2 柱锥相贯曲面零件的数控加工中心加工案例

15.2.1 案例题目

现使用配备华中数控系统的立式加工中心加工如图15-4所示的柱锥相贯曲面零件。按照图纸要求，分析加工工艺，确定加工方案，选择合适的刀具，编制数控加工程序并试切加工出合格零件。

15.2.2 案例分析

本案例零件从几何要素上分析是由一个圆锥（圆台）、一个圆柱孔和另一个水平方向的圆柱孔相贯而成。

根据立式加工中心的特点，圆锥部分可以使用宏程序，依照刀具下降高度与环形刀轨半径呈正比例变化的特点编程加工，如图15-5（a）所示；中心通孔可以使用钻头直接钻出，如图15-5（b）所示；最后的相贯面则要依据刀具下降高度与刀具水平位移呈圆周图形（二元二次方程）变化规律，用宏程序来实现，如图15-5（c）所示。

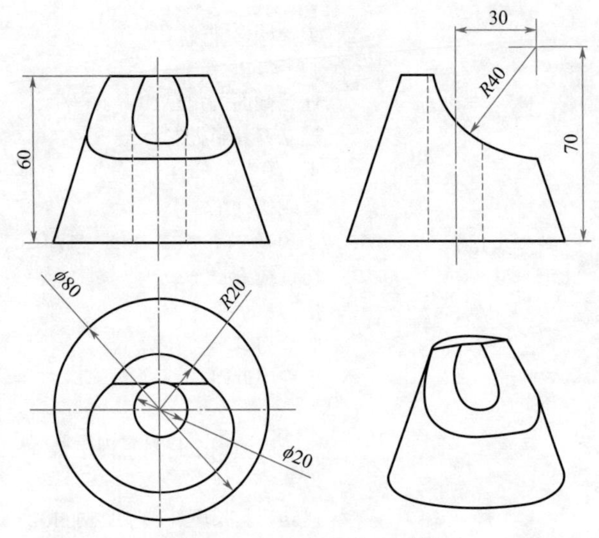

图 15-4　柱锥相贯曲面零件

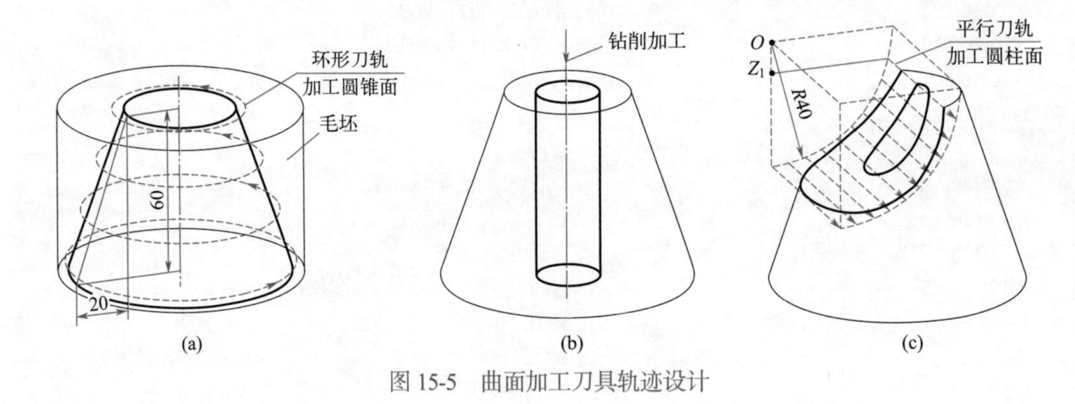

图 15-5　曲面加工刀具轨迹设计

15.2.3 工艺设计

本案例零件的加工工艺过程为：

① 立式加工中心工作台上固定工艺板并安装好毛坯，在主轴和刀库上分别安装好加工所需刀具，启动主轴。

② 调用 ϕ15mm 平底立铣刀，建立刀具半径右补偿，铣削圆锥面。

③ 换用 ϕ20mm 麻花钻头，调用 H02 刀具长度补偿后，钻削中心通孔。

④ 换用 ϕ15mm 平底立铣刀，建立刀具半径右补偿并调用 H03 刀具长度补偿后，铣削相贯曲面。

⑤ 快速退刀，工件停转，加工结束。

本案例零件的加工工序卡，见表 15-2。

表 15-2　柱锥相贯曲面零件加工工序卡

零件名称	柱锥相贯曲面零件	工序号	01	工序名称	加工中心加工
加工设备	立式加工中心	夹具名称	工艺板		
零件材料	45 钢	毛坯规格	ϕ90mm×60mm 圆柱毛坯		

续表

工步号	工步内容	刀具编号	刀具类型参数	主轴转速 /（r/min）	进给量 /（mm/min）
1	铣削圆锥曲面	01	ϕ15mm 平底立铣刀 刀具长度 130mm	600	120
2	钻削中心通孔	02	ϕ20mm 麻花钻头 刀具长度 160mm	500	60
3	铣削相贯曲面	01	ϕ15mm 平底立铣刀 刀具长度 130mm	600	120

15.2.4 数学计算

通过对图纸中尺寸标注的分析，本着易于计算节点坐标值和方便对刀的原则，本案例柱锥相贯曲面零件数控编程时，应选取零件上表面中心点为原点，建立编程坐标系。该零件加工过程基本由宏程序控制，不需要特别的节点计算工作。

15.2.5 程序编制

本案例柱锥相贯曲面零件的数控加工程序（使用华中数控系统）如下：

```
%1502                          程序名
G54G90G40G49G80G17             机床初始化
G28                            返回参考点
M06T01                         换用 01 号刀具，并作为基准刀具
M03S600                        主轴正转，转速 600r/min
G00X100Y100Z100                快移至起刀点
#1=-1                          #1 为 Z 向下刀深度，初始赋值 -1mm
WHILE#1GE-60                   循环判断条件，Z 向下刀深度不小于 -60mm
G00X80Y80
G00Z[#1]                       下刀
#2=20-[#1/3]                   计算相应的刀具水平坐标
G42G00X60Y[#2]D01              建立刀具半径补偿
G01X0F120                      切向切入
G03J-[#2]                      加工整圆
G01X-[#2]                      切向切出
G40X-80
G00Z50                         抬刀
#1=#1-1                        刀具高度每层下降 1mm
ENDW                           循环结束
G00Z100
M05
G28
M06T02                         换用 02 号刀具，钻中心通孔
M03S500
G00X0Y0Z100
```

```
G43H02Z5                          建立刀具长度补偿
G90G98G73Z-58R5Q8P2F60            深孔高速钻削固定循环
G00G49Z100
M05
G28
M06T1                             换用 01 号刀，铣削相贯曲面
M03S600
#4=10                             计算圆周内 Z 向起始高度 10mm
WHILE#4LE40                       循环判断条件，计算圆周内 Z 高度不大于 40mm
#5=SQRT[[40*40]-#4*#4]            在计算圆周内，计算相应水平坐标
#6=#5-30                          换算成编程坐标系内的刀具水平坐标
G00X-80Y80
Z[10-[#4]]                        下刀
G42X-60Y[#6]D01                   建立刀具半径补偿
G01X60F120                        切直线，拟合相贯曲面
G40G00X80Y80
G00Z50
#4=#4+1                           每次循环，刀具高度下降 1mm
ENDW                              循环结束
G00Z100
X100Y100                          退刀至起刀点
M05                               主轴停转
M30                               程序结束
```

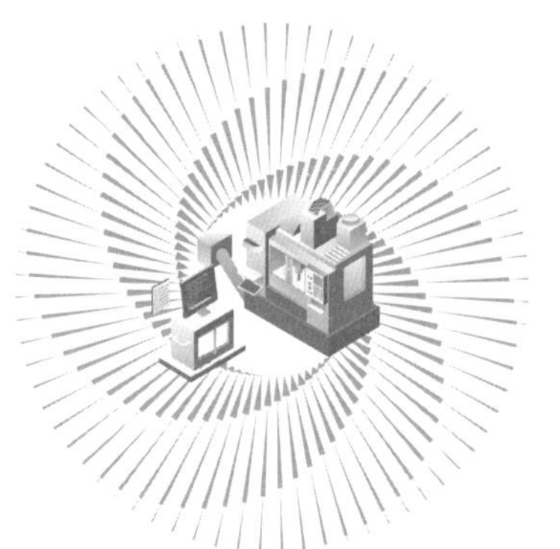

第 16 章 槽轮机构组合件的数控加工中心加工案例

扫码看视频

16.1 槽轮零件的数控加工中心加工案例

16.1.1 案例题目

槽轮机构是一种间歇运动机构，由槽轮、拨盘和机架组成。现以某种槽轮机构为例，选取其中最具代表性的槽轮零件，使用配备华中数控系统的立式加工中心，按图纸要求，分析加工工艺，确定加工方案，选择合适的刀具，编制数控加工程序并试切加工出合格零件。槽轮零件如图 16-1 所示，槽轮机构的装配如图 16-2 所示。

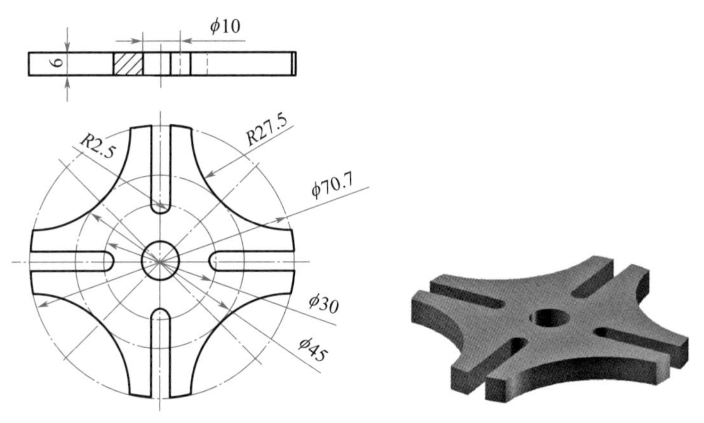

图 16-1　槽轮零件

16.1.2 案例分析

槽轮零件加工时需要使用 3 把刀具。其中外轮廓加工要用 ϕ10mm 平底立铣刀，分三次走刀加工完外轮廓。如图 16-3 所示，轨迹①是走整圆，轨迹②是走四条直线，目的都是去除外围多余材料；轨迹③是形成最终的槽轮止转槽外轮廓；四条直槽加工需要用到 ϕ5mm 平底立铣刀，从工件外侧下刀，沿刀具轨迹④直线走刀至 ϕ30mm 圆即可；中心通孔加工要用

ϕ10mm 麻花钻头，在零件中心点直接下刀钻削。

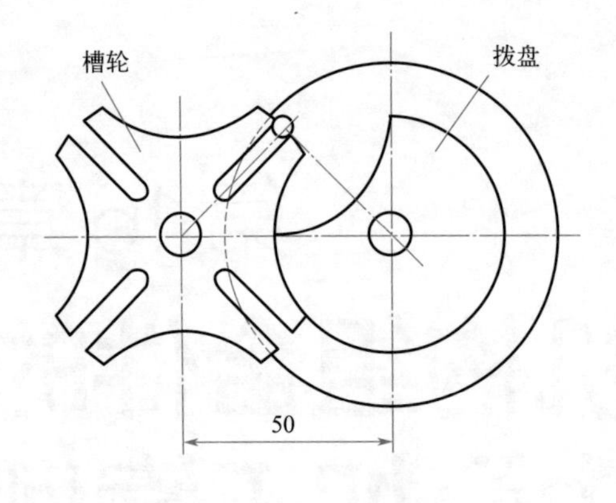

图 16-2 槽轮机构装配图

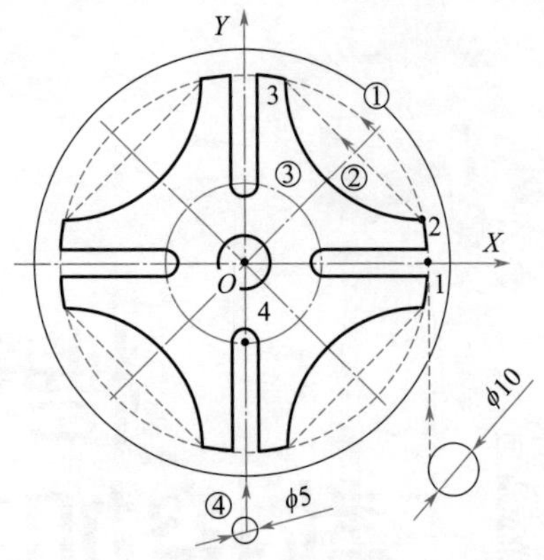

图 16-3 槽轮案例分析与节点计算

16.1.3 工艺设计

槽轮零件的加工工艺过程为：

① 立式加工中心工作台上固定工艺板并夹持好毛坯，在主轴和刀库上分别安装好加工所需刀具，启动主轴。

② 调用 ϕ10mm 平底立铣刀铣削槽轮零件外轮廓，同时去除周边多余材料。

③ 换用 ϕ5mm 平底立铣刀，调用 H02 刀具长度补偿后，铣削 4 条长直槽至规定尺寸。

④ 换用 ϕ10mm 麻花钻头，调用 H03 刀具长度补偿后，钻削中心通孔。

⑤ 快速退刀，工件停转，加工结束。

槽轮零件的加工工序卡，见表 16-1。

表 16-1 槽轮零件加工工序卡

零件名称	槽轮	工序号	01	工序名称	加工中心加工
加工设备	立式加工中心	夹具名称	工艺板		
零件材料	45 钢	毛坯规格	ϕ80mm×6mm 圆柱毛坯		
工步号	工步内容	刀具编号	刀具类型参数	主轴转速 /（r/min）	进给量 /（mm/min）
1	铣削槽轮外轮廓	01	ϕ10mm 平底立铣刀 刀具长度 110mm	600	120
2	铣削长直槽	02	ϕ5mm 平底立铣刀 刀具长度 70mm	1000	80
3	钻削中心通孔	03	ϕ10mm 麻花钻头 刀具长度 100mm	800	60

16.1.4 数学计算

通过对图纸中尺寸标注的分析，本着易于计算节点坐标值和方便对刀的原则，本案例槽轮零件数控编程时，应选取零件上表面型腔中心点为原点，建立编程坐标系，如图 16-3 所示。因为零件图形对称，所以只计算并确定部分节点坐标值如下：1（X35.35 Y0），2（X34.464 Y7.864），3（X7.864 Y34.464），4（X0 Y-15）。其他节点坐标可以依据上述节点类推。

16.1.5 程序编制

该零件刀具轨迹②、轨迹③、轨迹④均存在间隔 90°中心角重复加工 4 次的情况，为简化编程，将轨迹②、轨迹③、轨迹④各作为一个子程序可以被重复调用；而整个加工过程中，一个圆周内每次旋转 90°的程序也将会重复编写 3 次，因此把这部分旋转功能也作为一个子程序进行嵌套使用，可以大大减少程序量。

本案例槽轮零件的数控加工程序（使用华中数控系统）如下：

```
%1601                       主程序名
G54G90G40G49G80G17          机床初始化
G28                         返回参考点
M06T01                      换用 01 号刀，以此作为基准刀具
M03S600                     主轴正转，转速 600r/min
G00X100Y-100Z100
G42X35.35Y-50D01            建立刀具半径补偿
Z-6                         下刀
G01Y0F120                   切向切入
G03I-35.35                  切削 φ70.7mm 整圆
G01Y50                      切向切出
G00Z5                       抬刀
#2=6001                     #2 赋值为 6001，即加工轨迹②的子程序名 %6001
M98P6000                    调用旋转功能子程序，加工轨迹②
#2=6002                     #2 赋值为 6002，即加工轨迹③的子程序名 %6002
M98P6000                    调用旋转功能子程序，加工轨迹③
G00G40Z100                  取消刀具半径补偿
G28
M05
M06T02                      换用 02 号刀
M03S1000
G00G43H02Z50                建立刀具长度补偿，此时 H02=-40mm
#2=6003                     #2 赋值为 6003，即加工轨迹④的子程序名 %6003
M98P6000                    调用旋转功能子程序，加工轨迹④
G28
M05
M06T03                      换用 02 号刀
M03S800
G00G43H03Z50                建立刀具长度补偿，此时 H03=-10mm
X0Y0
Z5
G01Z-6F60                   钻削中心通孔
G00Z100
X100Y100                    退刀至起刀点
```

```
M05                                主轴停转
M30                                程序结束

%6000                              旋转功能子程序名
#1=0                               旋转初始角 0°
WHILE#1LT360                       循环条件判断，旋转角度小于 360°
G68X0Y0P#1                         建立坐标系旋转，旋转角度为 #1
M98P#2                             调用由 #2 赋值的子程序名
#1=#1+90                           每次旋转 90°，共旋转 4 次
ENDW                               循环结束
G69                                取消旋转
M99                                子程序返回

%6001                              轨迹②子程序
G00X34.464Y7.864
G01Z-6F60
X7.864Y34.464F120                  切削 2-3 直线
G00Z5
M99                                子程序返回

%6002                              轨迹③子程序
G00X34.464Y7.864
G01Z-6F60
G02X7.864Y34.464R27.5F120          切削 2-3 圆弧
G00Z5
M99                                子程序返回

%6003                              轨迹④子程序
G00X0Y-90
G01Z-6F40
Y-15F80                            切削长直槽
G00Z5
M99                                子程序返回
```

16.2 拨盘零件的数控加工中心加工案例

16.2.1 案例题目

现使用配备华中数控系统的立式加工中心加工拨盘零件，如图 16-4 所示。按图纸要求，分析加工工艺，确定加工方案，选择合适的刀具，编制数控加工程序并试切加工出合格零件。

16.2.2 案例分析

拨盘零件加工需要用到两把刀。首先使用 ϕ16mm 平底立铣刀，从工件外侧出发，建立刀具半径右补偿，沿刀具轨迹⑤加工拨盘的止转凸台；然后仍然使用 ϕ16mm 平底立铣刀，

从工件下方外侧出发，沿刀具轨迹⑥加工拨销；最后使用 ϕ10mm 麻花钻头加工中心通孔，在零件中心点直接下刀钻削；如图 16-5 所示。

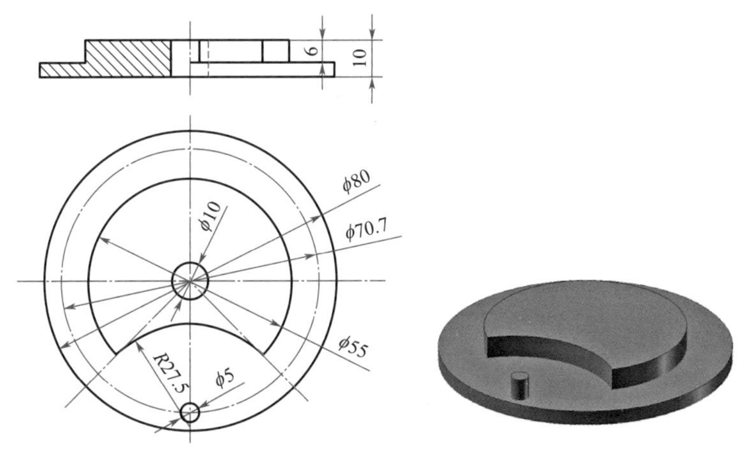

图 16-4　拨盘零件

16.2.3　工艺设计

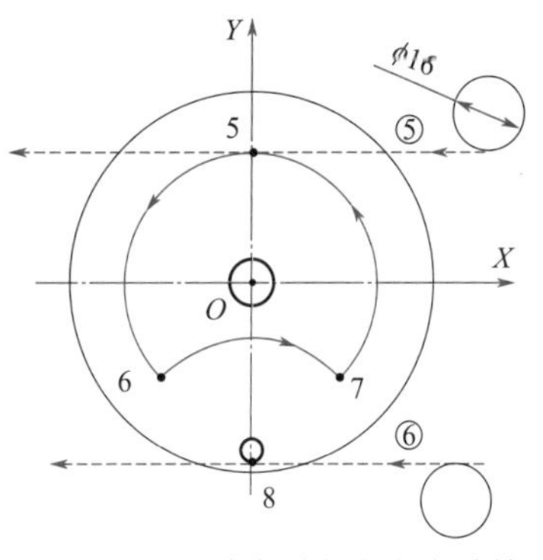

图 16-5　拨盘案例分析与节点计算

拨盘零件的加工工艺过程为：

① 立式加工中心工作台上固定工艺板并夹持好毛坯，在主轴和刀库上分别安装好加工所需刀具，启动主轴。

② 调用 ϕ16mm 平底立铣刀铣削止转凸台外轮廓。

③ 使用 ϕ16mm 平底立铣刀铣削拨销外轮廓。

④ 换用 ϕ10mm 麻花钻头，调用 H02 刀具长度补偿后，钻削中心通孔至规定深度。

⑤ 快速退刀，工件停转，加工结束。

拨盘零件的加工工序卡，见表 16-2。

表 16-2　拨盘零件加工工序卡

零件名称	拨盘	工序号	02	工序名称	加工中心加工
加工设备	立式加工中心	夹具名称	工艺板		
零件材料	45 钢	毛坯规格	ϕ80mm×10mm 圆柱毛坯		
工步号	工步内容	刀具编号	刀具类型参数	主轴转速 /（r/min）	进给量 /（mm/min）
1	铣削止转凸台外轮廓	01	ϕ16mm 平底立铣刀 刀具长度 110mm	500	100
2	铣削拨销外轮廓	01	ϕ16mm 平底立铣刀 刀具长度 110mm	500	100
3	钻削中心通孔	02	ϕ10mm 麻花钻头 刀具长度 100mm	800	60

16.2.4 数学计算

通过对图纸中尺寸标注的分析，本着易于计算节点坐标值和方便对刀的原则，本案例拨盘零件数控编程时，应选取零件上表面型腔中心点为原点，建立编程坐标系，如图16-5所示。确定节点坐标值如下：5（X0 Y27.5），6（X-19.445 Y-19.445），7（X19.445 Y-19.445），8（X0 Y-37.85）。其他节点坐标可以依据上述节点类推。

16.2.5 程序编制

本案例拨盘零件的数控加工程序（使用华中数控系统）如下：

```
%1602                           程序名
G54G90G40G49G80G17              机床初始化
G28                             返回参考点
M06T01                          换用 01 号刀
M03S500                         主轴正转，转速 500r/min
G00X100Y100Z100                 快速移动至起刀点
G42X60Y27.5D01                  建立刀具半径右补偿
Z-6                             下刀
G01X0F100                       切向切入，进给量 100mm/min
G03X-19.445Y-19.445R27.5        铣削 5-6 圆弧
G02X19.445Y-19.445R27.5         铣削 6-7 圆弧
G03X0Y27.5R27.5                 铣削 7-5 圆弧
G01X-60                         切向切出
G00Z100
G40X100Y-100                    取消刀具半径补偿
G41X60Y-37.85D01                建立刀具半径左补偿
Z-6                             下刀
G01X0                           切向切入
G02J2.5                         加工拨销
G01X-60                         切向切出
G40G00Z100                      取消刀具半径补偿
G28                             返回参考点
M05                             主轴停转
M06T02                          换用 02 号刀
M03S800                         主轴正转，800r/min
G43G00Z50H02                    建立刀具长度补偿，此时 H02=10mm
X0Y0Z5                          至中心通孔上方
G01Z-9.5F60                     钻削中心通孔
G00Z100
X100Y100                        退刀至起刀点
M05                             主轴停转
M30                             程序结束
```

第 4 篇
数控自动编程与仿真加工案例分析与实战

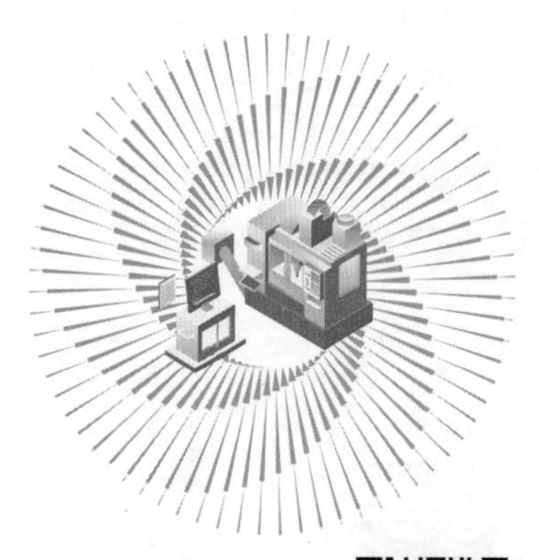

第17章 数控自动编程案例分析与实战

扫码看视频

17.1 数控车削加工自动编程案例

数控程序的编制方法可以分为手工编程和自动编程两种。手工编程从分析零件图样、确定加工工艺过程、数值计算、编写零件加工程序单、制作控制介质到程序校验都是由人工完成的。它要求编程人员不仅要熟悉数控指令及编程规则，还要具备数控加工工艺知识和数值计算能力。对于加工形状简单、计算量小、程序段数不多的零件，采用手工编程较容易，而且经济、及时。前面所述的数控编程方法就是手工编程。但是，对于形状复杂的零件，特别是由非圆曲线、列表曲线及曲面组成的零件，用手工编程就有一定困难，出错的概率增大，有时甚至无法编出程序，必须用计算机软件辅助自动编程的方法来进行程序编制。

如图17-1所示，其中图17-1（a）零件的轮廓母线除了直线就是圆弧，使用G01、G02（G03）等编程指令完全可以清楚地描绘出其刀具轨迹，再辅以G71等复合循环指令等手工

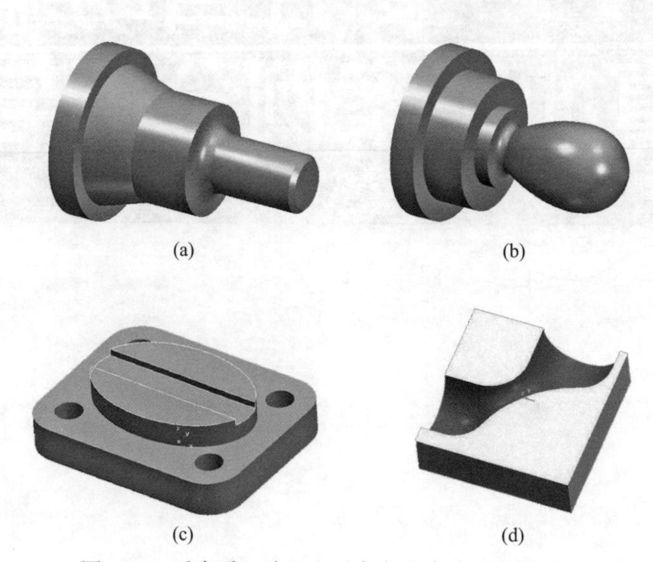

图17-1 适合手工编程和适合自动编程的零件对比

车床编程技巧，可以快速编写出程序且程序短小、加工效率高；而图 17-1（b）所示零件右端部曲面母线轮廓是一条不能用数学公式表达的样条曲线，因此即使用宏程序编程也无法准确描述其刀具轨迹，只能采取计算机辅助自动车削编程的方法，使用 G01、G02（G03）等基本曲线来拟合这条不规则的样条曲线。所以，一般来讲，使用数控自动编程的程序里面只有 G00、G01、G02（G03）等基本准备功能指令，且程序量巨大。

图 17-1（c）所示的零件，其表面平直、规整，即使上部凸台是非圆轮廓，也可以采用宏程序加工出该椭圆。另外其四个通孔还可以使用钻孔固定循环指令和子程序功能，快速编写出数控铣床加工程序；而图 17-1（d）所示的零件，其上部凹槽是通过三个截面曲线放样而成的，无法具体用数学描述，因此只能用计算机辅助自动编程的方法，先绘制出其凹槽曲面，再进行拟合生成数控铣削程序。

数控自动编程软件是使用计算机编制数控加工程序的专用工具软件。编程人员只需根据零件图样的要求，输入零件图形数据，由计算机自动进行数值计算及后置处理，编写零件加工程序单。加工程序可以通过存储器和网络等通信方式直接送入数控机床，控制机床工作。被加工零件采用线架、曲面、实体等来表示，CAM 系统在零件几何体基础上生成刀具轨迹，经过后置处理生成加工代码，将加工代码通过传输介质传给数控机床，数控机床按数字量控制刀具运动，完成零件加工。其过程如下：

【零件信息】→【CAD 系统造型】→【CAM 系统生成加工代码】→【数控机床】→【零件】

完整的数控自动编程加工工作过程有以下 7 个步骤：

① 零件数据准备：系统自设计和造型功能或通过数据接口传入 CAD 数据，如 STEP、IGES、SAT、DXF、X-T 等；在实际的数控加工中，零件数据不仅仅来自图纸，特别在广泛采用 Internet 网的今天，零件数据还往往通过测量或通过标准数据接口传输等方式得到。

② 确定粗加工、半精加工和精加工方案。

③ 生成各加工步骤的刀具轨迹。

④ 刀具轨迹仿真。

⑤ 后置输出加工代码。

⑥ 输出数控加工工艺技术文件。

⑦ 传给机床实现加工。

17.1.1 案例题目

现要求使用 CAXA 数控车软件完成对如图 17-2 所示的柔性接头零件进行自动编程加工。

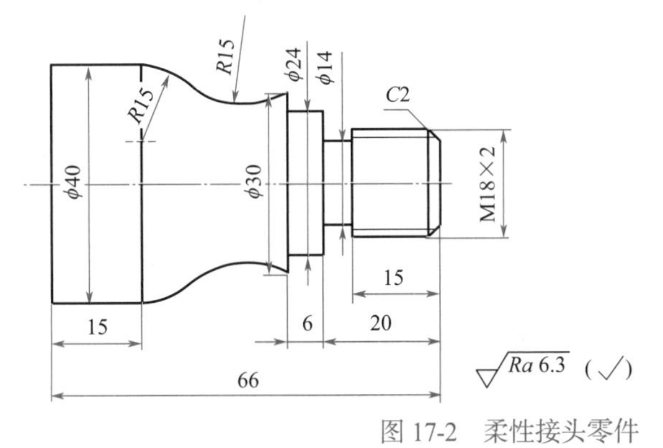

图 17-2 柔性接头零件

17.1.2 工艺分析

该柔性接头零件结构相对复杂，主要加工内容有外轮廓加工、退刀槽加工以及外螺纹加工等。尤其是两个 *R*15 圆弧的切点坐标，在实际工作中计算起来还是相当麻烦的，因此该零件适合使用自动编程加工的方法。加工工序卡见表 17-1。

表 17-1 柔性接头零件自动编程加工工序卡

零件名称	柔性接头零件		工序号	01	工序名称	数控车削
加工设备	数控车床		夹具名称	自定心卡盘		
零件材料	45 钢		毛坯规格	ϕ50 棒料		
工步号	工步内容	刀具编号	刀具类型参数	主轴转速 /（r/min）	进给量 /（mm/r）	
1	粗车外轮廓表面	T1	V 型刀片机夹外圆车刀 35°刀尖角	600	0.15	
2	精车外轮廓表面	T1	V 型刀片机夹外圆车刀 35°刀尖角	1000	0.06	
3	车退刀槽	T2	刃宽 4mm 切槽车刀	500	0.15	
4	车外螺纹	T3	外螺纹车刀	300	—	

17.1.3 案例自动编程实战

CAXA 数控车是主要针对车削加工零件进行自动编程的一款自动编程软件。它可以完成零件的 CAD 模型数据输入、轮廓粗加工、轮廓精加工、切槽加工、钻孔加工和螺纹加工，以及进行以上加工的机床设置、后置设置、轨迹仿真及数控代码生成等工作。

CAXA 数控车的工作界面，如图 17-3 所示。

使用 CAXA 数控车软件进行数控自动编程加工的一般过程是：

① 根据零件图纸要求，利用曲线生成和曲线编辑工具，绘制相应的被加工表面轮廓线和毛坯轮廓线；

② 设置相应的机床参数和刀具参数，以适应所在单位数控机床和刀具的具体情况；

③ 使用加工工具栏提供的刀具轨迹设置功能，分别完成轮廓的粗车、精车，加工螺纹及各种孔类的刀具轨迹设置；

④ 使用加工工具栏提供的仿真加工功能，对设置好的加工轨迹进行仿真校核；

⑤ 生成数控加工 G 代码；

⑥ 对数控加工 G 代码进行必要的后置设置；

⑦ 使用存储器拷贝或网络传输至数控车床；

⑧ 进行首件试切；

⑨ 数控程序定型，开始投入生产。

在分析案例零件的图纸和加工工艺过程之后，就可以打开 CAXA 数控车软件，对案例零件进行自动编程。其主要操作步骤如下：

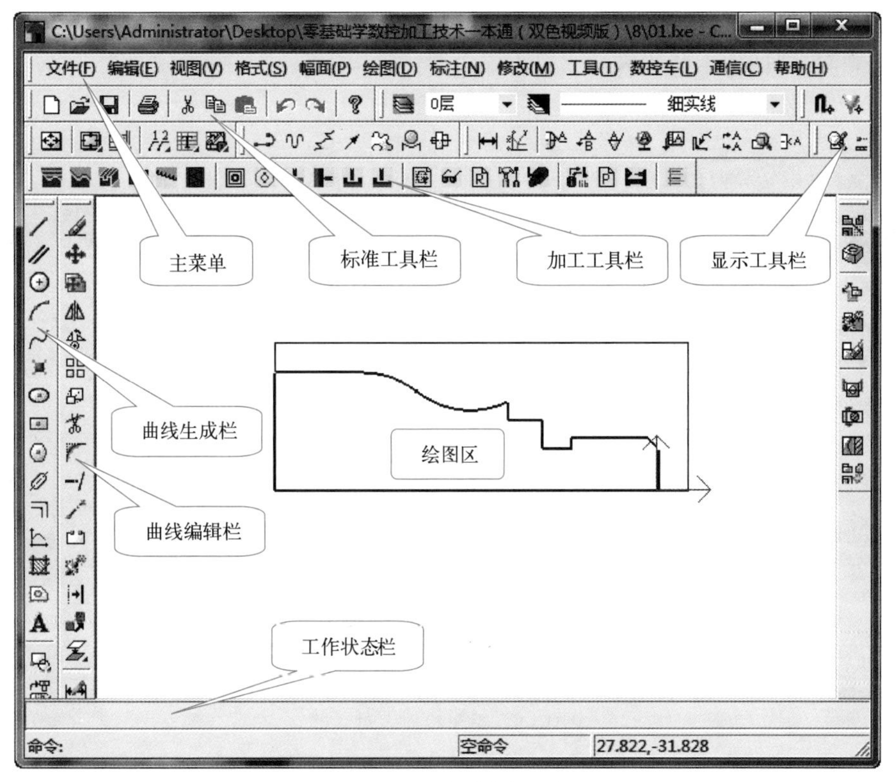

图 17-3　CAXA 数控车的工作界面

① 使用 CAXA 数控车软件中的绘图功能，按图纸尺寸绘制零件轮廓，注意只需要绘制半幅零件轮廓即可，如图 17-4 所示。

② 按毛坯尺寸要求，绘制半幅毛坯轮廓，如图 17-5 所示。

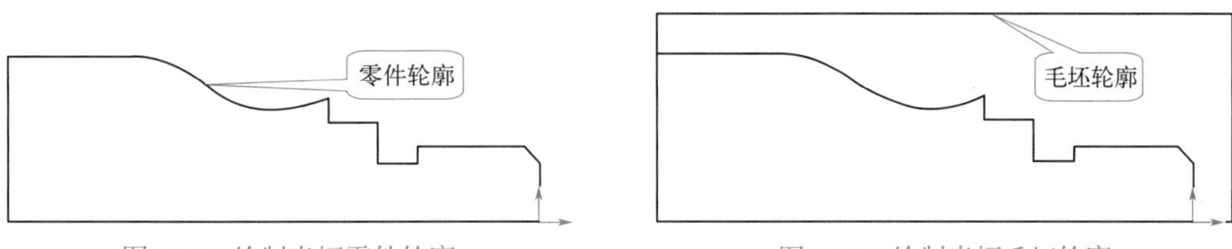

图 17-4　绘制半幅零件轮廓　　图 17-5　绘制半幅毛坯轮廓

③ 去除零件轮廓左下部多余轮廓线，得到如图 17-6 所示的切削图形。

④ 首先要加工的是零件外轮廓，因此使用直线绘制功能，把退刀槽填平，如图 17-7 所示。

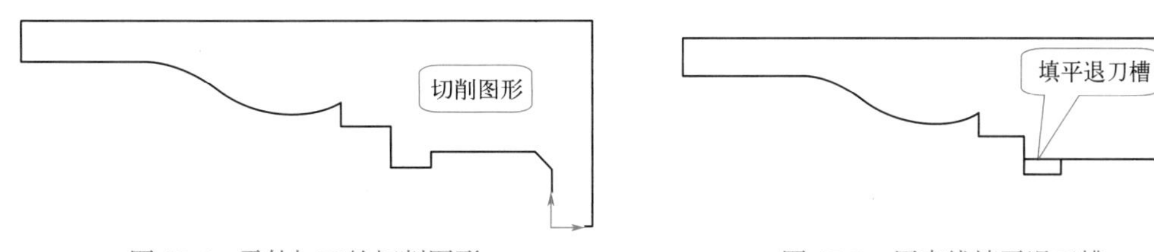

图 17-6　零件加工的切削图形　　图 17-7　用直线填平退刀槽

⑤ 单击轮廓粗车图标，系统弹出粗车参数表，如图 17-8 所示。按照事先设计好的工艺参数，填写好对话框中的内容后，点击确定按钮。

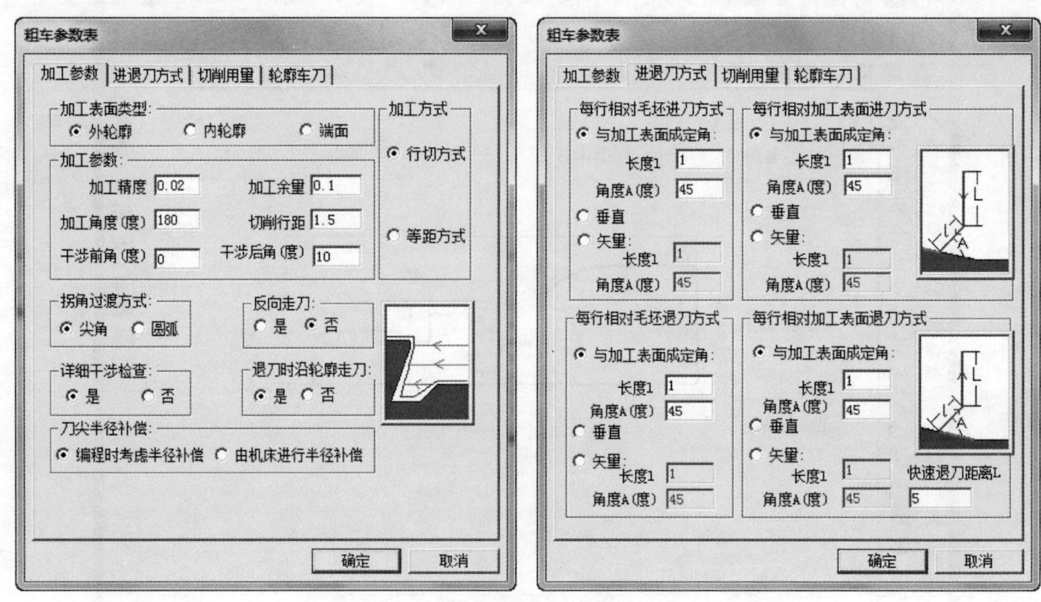

图 17-8　粗车参数表对话框

该对话框各标签页参数含义具体如下所述。

a. 加工参数标签页。

（a）加工表面类型：

● 外轮廓。采用外轮廓车刀加工外轮廓，此时缺省加工方向角度为 180°。

● 内轮廓。采用内轮廓车刀加工内轮廓，此时缺省加工方向角度为 180°。

● 端面。此时缺省加工方向应垂直于系统 X 轴，即加工角度为 −90°或 270°。

（b）加工参数：

● 干涉后角。做底切干涉检查时，确定干涉检查的角度。

● 干涉前角。做前角干涉检查时，确定干涉检查的角度。

● 加工角度。刀具切削方向与机床 Z 轴（软件系统 X 轴）正方向的夹角。

● 切削行距。行间切入深度，两相邻切削行之间的距离。

● 加工余量。加工结束后，被加工表面没有加工部分的剩余量（与最终加工结果比较）。

● 加工精度。用户可按需要来控制加工的精度。对轮廓中的直线和圆弧，机床可以精确地加工；对由样条曲线组成的轮廓，系统将按给定的精度把样条转化成直线段来满足用户所需的加工精度。

（c）拐角过渡方式：

● 圆弧。在切削过程遇到拐角时刀具从轮廓的一边到另一边的过程中，以圆弧的方式过渡。

● 尖角。在切削过程遇到拐角时刀具从轮廓的一边到另一边的过程中，以尖角的方式过渡。

（d）反向走刀：

● 否。刀具按缺省方向走刀，即刀具从机床 Z 轴正向向 Z 轴负向移动。

● 是。刀具按与缺省方向相反的方向走刀。

（e）详细干涉检查：

● 否。假定刀具前后干涉角均为 0°，对凹槽部分不做加工，以保证切削轨迹无前角及底切干涉。

● 是。加工凹槽时，用定义的干涉角度检查加工中是否有刀具前角及底切干涉，并按定义的干涉角度生成无干涉的切削轨迹。

（f）退刀时沿轮廓走刀：

● 否。刀位行首末直接进退刀，不加工行与行之间的轮廓。

● 是。两刀位行之间如果有一段轮廓，在后一刀位行之前、之后增加对行间轮廓的加工。

（g）刀尖半径补偿：

● 编程时考虑半径补偿。在生成加工轨迹时，系统根据当前所用刀具的刀尖半径进行补偿计算（按假想刀尖点编程）。所生成代码即为已考虑半径补偿的代码，无需机床再进行刀尖半径补偿。

● 由机床进行半径补偿。在生成加工轨迹时，假设刀尖半径为 0，按轮廓编程，不进行刀尖半径补偿计算。所生成代码在用于实际加工时应根据实际刀尖半径由机床指定补偿值。

b. 进退刀方式标签页。

（a）每行相对毛坯进刀方式用于指定对毛坯部分进行切削时的进刀方式。每行相对加工表面进刀方式用于指定对加工表面部分进行切削时的进刀方式。

● 与加工表面成定角。指在每一切削行前加入一段与轨迹切削方向夹角成一定角度的进刀段，刀具垂直进刀到该进刀段的起点，再沿该进刀段进刀至切削行。角度 A 定义该进刀段与轨迹切削方向的夹角，长度 1 定义该进刀段的长度。

● 垂直。指刀具直接进刀到每一切削行的起始点。

● 矢量。指在每一切削行前加入一段与系统 X 轴（机床 Z 轴）正方向成一定夹角的进刀段，刀具进刀到该进刀段的起点，再沿该进刀段进刀至切削行。角度 A 定义矢量（进刀段）与系统 X 轴正方向的夹角，长度 1 定义矢量（进刀段）的长度。

（b）每行相对毛坯退刀方式用于指定对毛坯部分进行切削时的退刀方式，每行相对加工表面退刀方式用于指定对加工表面部分进行切削时的退刀方式。

● 与加工表面成定角。指在每一切削行后加入一段与轨迹切削方向夹角成一定角度的退刀段，刀具先沿该退刀段退刀，再从该退刀段的末点开始垂直退刀。角度 A 定义该退刀段与轨迹切削方向的夹角，长度 1 定义该退刀段的长度。

● 垂直。指刀具直接退刀到每一切削行的起始点。

● 矢量。指在每一切削行后加入一段与系统 X 轴（机床 Z 轴）正方向成一定夹角的退刀段，刀具先沿该退刀段退刀，再从该退刀段的末点开始垂直退刀。角度 A 定义矢量（退刀段）与系统 X 轴正方向的夹角；长度 1 定义矢量（退刀段）的长度。

● 快速退刀距离。以给定的退刀速度回退的距离（相对值），在此距离上以机床允许的最大进给速度 G00 退刀。

参数设置好并按下确定按钮之后，系统会提示拾取被加工工件表面轮廓，此时一定要把拾取方式调整为【单个拾取】状态，否则会因一次拾取过多而分不清零件轮廓和毛坯轮廓。

拾取完零件轮廓后，单击鼠标右键，系统提示拾取毛坯轮廓，仍然在【单个拾取】状态，把毛坯轮廓拾取完毕，如图 17-9 所示。

拾取完全部轮廓后，单击鼠标右键，系统提示设置进退刀点。在图形右上角适当位置，通过单击鼠标左键，完成进退刀点的设置，同时，粗车外轮廓的刀具轨迹也自动设计完成，如图 17-10 所示。

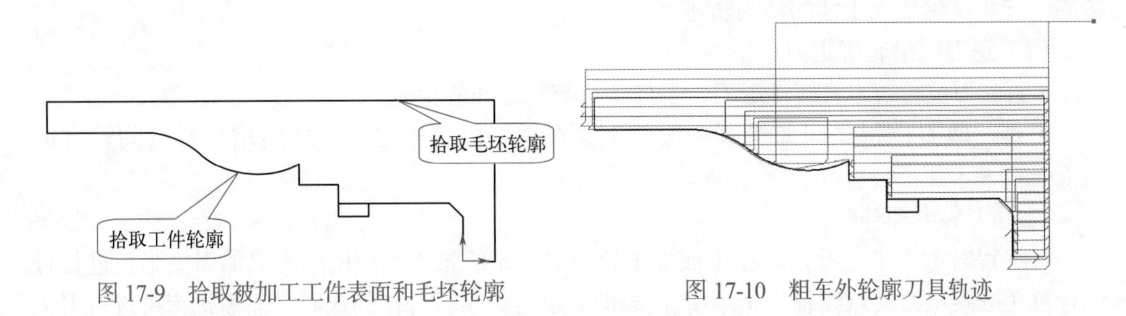

图 17-9　拾取被加工工件表面和毛坯轮廓　　图 17-10　粗车外轮廓刀具轨迹

为了避免各种加工刀具轨迹线叠加在一起，造成视觉混乱，在每生成一个刀具轨迹并确认无误后，应将其暂时隐藏，为后续加工刀具轨迹设计提供清晰干净的窗口空间。可以单击如图 17-11 所示的刀具轨迹管理器图标，此时会弹出刀具轨迹管理窗口。在该窗口中，选中需要隐藏的加工刀具轨迹，右击鼠标，在菜单中选中“隐藏”，则该刀具轨迹不再显示。如果选中“显示”，则会重新显示该加工的刀具轨迹。

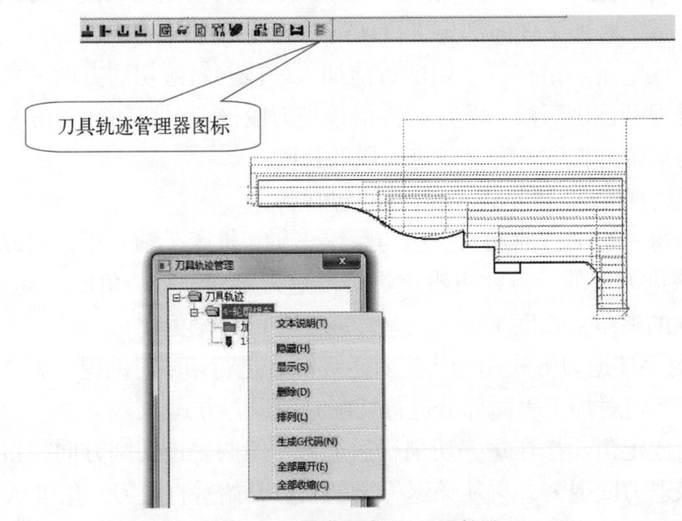

图 17-11　隐藏粗加工刀具轨迹

⑥ 单击轮廓精车图标，系统弹出精车参数表对话框，按照表 17-1 设计的工艺参数，填写好对话框，单击确定，如图 17-12 所示。

加工参数标签页参数解释如下。

a. 加工表面类型：

- 外轮廓。采用外轮廓车刀加工外轮廓，此时缺省加工方向角度为 180°。
- 内轮廓。采用内轮廓车刀加工内轮廓，此时缺省加工方向角度为 180°。
- 端面。此时缺省加工方向应垂直于系统 X 轴，即加工角度为 −90°或 270°。

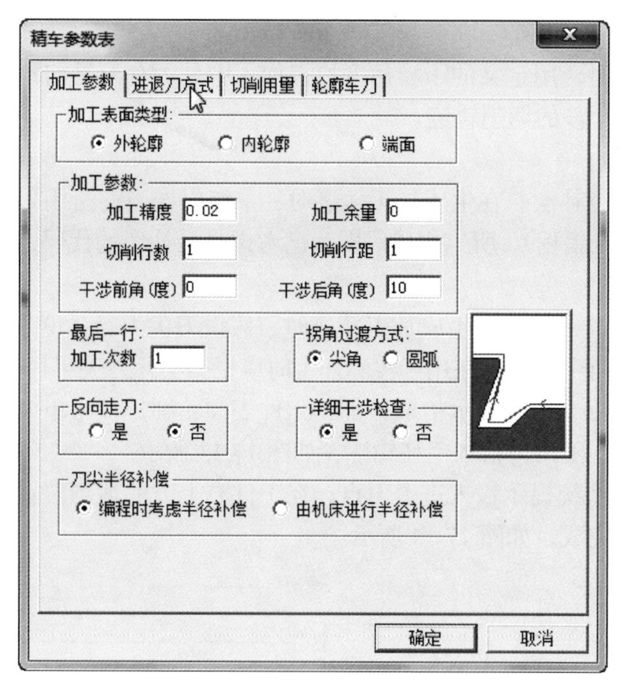

图 17-12 精车参数表对话框

b. 加工参数：

● 切削行距。行与行之间的距离，沿加工轮廓走刀一次称为一行。

● 切削行数。刀位轨迹的加工行数，不包括最后一行的重复次数。

● 加工余量。被加工表面没有加工部分的剩余量。

● 加工精度。用户可按需要来控制加工的精度。对轮廓中的直线和圆弧，机床可以精确地加工；对由样条曲线组成的轮廓，系统按给定的精度把样条转化成直线段来满足用户所需的加工精度。

● 干涉前角。做底切干涉检查时，确定干涉检查的角度，避免加工反锥时出现前刀面与工件干涉。

● 干涉后角。做底切干涉检查时，确定干涉检查的角度，避免加工正锥时出现刀具底面与工件干涉。

c. 最后一行→加工次数：精车时，为提高车削的表面质量，最后一行常常在相同进给量的情况进行多次车削。该处定义多次切削的次数。

d. 拐角过渡方式：

● 圆弧。在切削过程遇到拐角时刀具从轮廓的一边到另一边的过程中，以圆弧的方式过渡。

● 尖角。在切削过程遇到拐角时刀具从轮廓的一边到另一边的过程中，以尖角的方式过渡。

e. 反向走刀：

● 否。刀具按缺省方向走刀，即刀具从 Z 轴正向向 Z 轴负向移动。

● 是。刀具按与缺省方向相反的方向走刀。

f. 详细干涉检查：

● 否。假定刀具前后干涉角均为 0°，对凹槽部分不做加工，以保证切削轨迹无前角及底切干涉。

● 是。加工凹槽时，用定义的干涉角度检查加工中是否有刀具前角及底切干涉，并按定义的干涉角度生成无干涉的切削轨迹。

g. 刀尖半径补偿：

● 编程时考虑半径补偿。在生成加工轨迹时，系统根据当前所用刀具的刀尖半径进行补偿计算（按假想刀尖点编程）。所生成代码即为已考虑半径补偿的代码，无需机床再进行刀尖半径补偿。

● 由机床进行半径补偿。在生成加工轨迹时，假设刀尖半径为 0，按轮廓编程，不进行刀尖半径补偿计算。所生成代码在用于实际加工时应根据实际刀尖半径由机床指定补偿值。

加工参数确定好后，系统提示拾取被加工工件表面轮廓，在【单个拾取】状态，把精加工轮廓拾取完毕即可，不用再拾取毛坯轮廓，如图 17-13 所示。

单击鼠标右键，系统提示输入进退刀点，在工件右上方的适当位置单击鼠标左键，精车加工轨迹便自动设计完成，如图 17-14 所示。

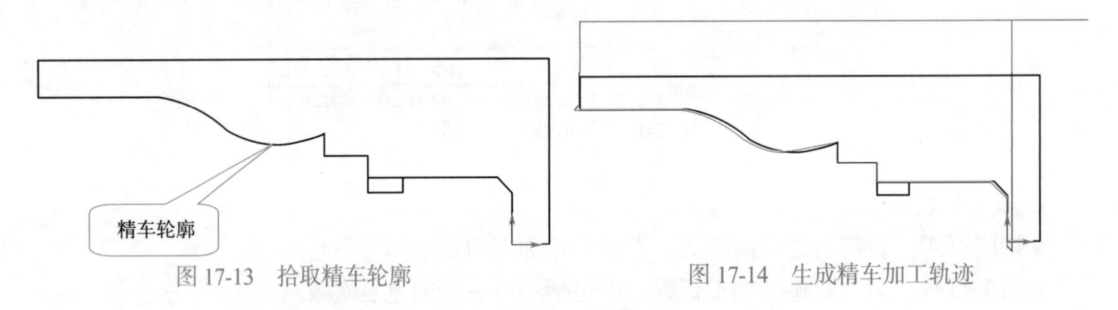

图 17-13　拾取精车轮廓　　　　图 17-14　生成精车加工轨迹

⑦ 单击切槽加工图标，系统弹出切槽参数表对话框，按照表 17-1 中设计的切退刀槽的工艺参数，填写好对话框，单击确定，如图 17-15 所示。

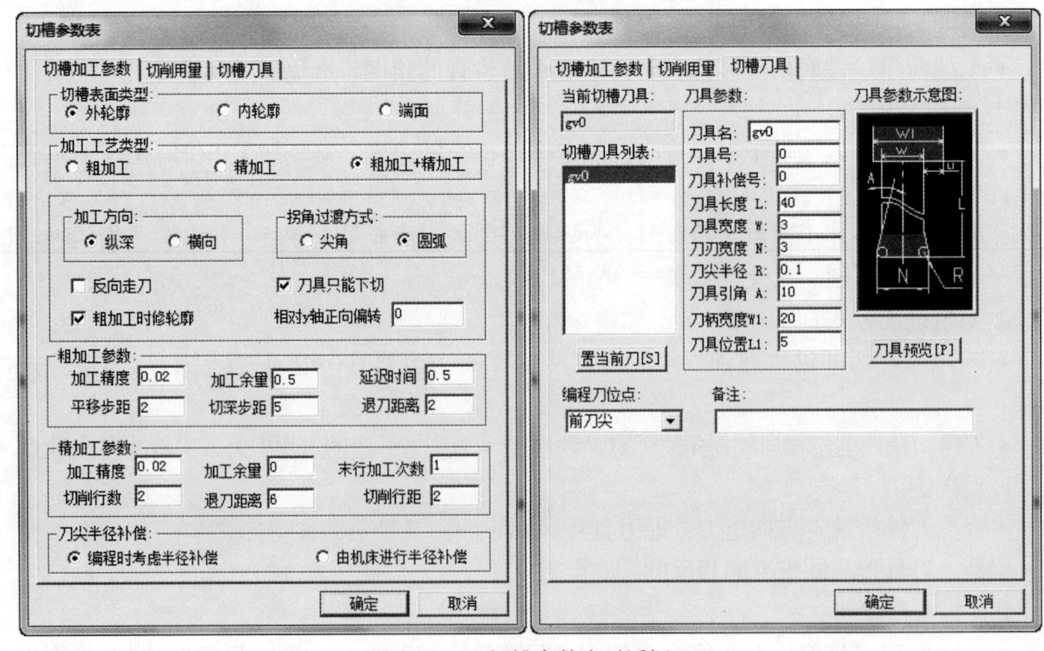

图 17-15　切槽参数表对话框

a. 切槽加工参数标签页。

（a）切槽表面类型：

● 外轮廓。外轮廓切槽，或用切槽刀加工外轮廓。

● 内轮廓。内轮廓切槽，或用切槽刀加工内轮廓。

● 端面。端面切槽，或用切槽刀加工端面。

（b）加工工艺类型：

● 粗加工。对槽只进行粗加工。

● 精加工。对槽只进行精加工。

● 粗加工 + 精加工。对槽进行粗加工之后接着做精加工。

（c）拐角过渡方式：

● 圆弧。在切削过程遇到拐角时刀具从轮廓的一边到另一边的过程中，以圆弧的方式过渡。

● 尖角。在切削过程遇到拐角时刀具从轮廓的一边到另一边的过程中，以尖角的方式过渡。

（d）粗加工参数：

● 延迟时间。粗车槽时，刀具在槽的底部停留的时间。

● 切深步距。粗车槽时，刀具每一次纵向切槽的切入量（机床 *X* 向）。

● 平移步距。粗车槽时，刀具切到指定的切深步距后，进行下一次切削前的水平平移量（机床 *Z* 向）。

● 退刀距离。粗车槽中进行下一行切削前退刀到槽外的距离。

● 加工余量。粗加工时，被加工表面未加工部分的预留量。

（e）精加工参数：

● 切削行距。精加工行与行之间的距离。

● 切削行数。精加工刀位轨迹的加工行数，不包括最后一行的重复次数。

● 退刀距离。精加工中切削完一行之后，进行下一行切削前退刀的距离。

● 加工余量。精加工时，被加工表面未加工部分的预留量。

● 末行加工次数。精车槽时，为提高加工的表面质量，最后一行常常在相同进给量的情况下进行多次车削，该处定义多次切削的次数。

b. 切槽刀具标签页。

该页主要设置切槽刀的各项尺寸数据，需要特别注意的是，刀具宽度≤刀刃宽度，刀刃宽度≤（槽宽 - 平移步距），否则系统将会出错。

参数设置好并按下确定按钮以后，系统提示拾取被加工工件表面轮廓，在【单个拾取】状态，拾取退刀槽槽底和两侧直线即可，单击鼠标右键，系统提示输入进退刀点，在退刀槽正上方外侧适当位置单击鼠标左键，退刀槽加工刀具轨迹即可设计完毕，如图 17-16 所示。

⑧ 单击螺纹加工图标，系统提示拾取螺纹加工的起始点，依次点击完毕后，弹出螺纹参数表对话框，填写好对话框，单击确定，如图 17-17 所示。

a. 螺纹参数标签页。

（a）螺纹参数：

● 起点坐标。车螺纹的起始点坐标，单位为 mm。

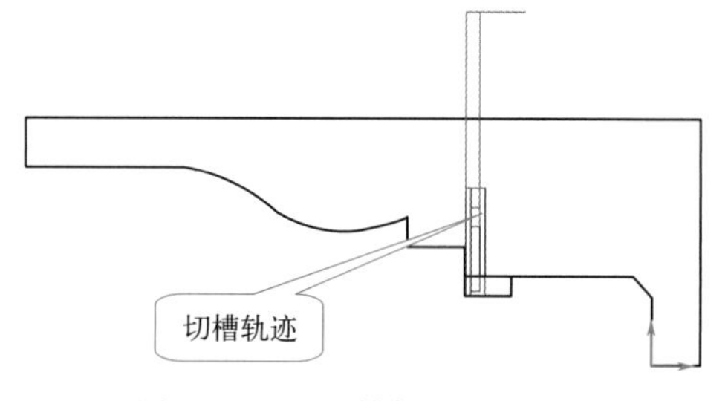

图 17-16 退刀槽加工刀具轨迹

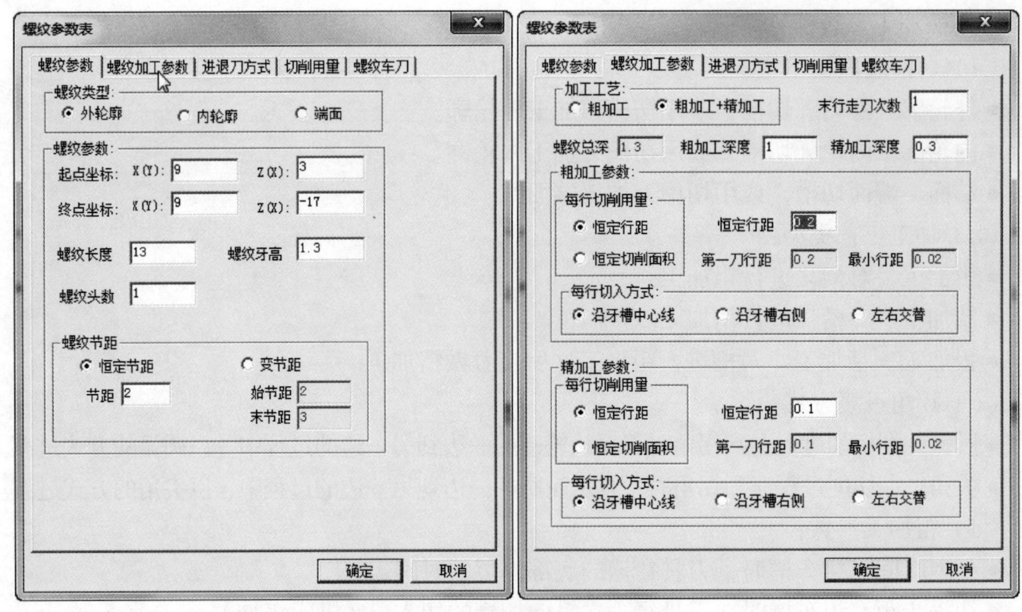

图 17-17　螺纹参数表对话框

- 终点坐标。车螺纹的终止点坐标，单位为 mm。
- 螺纹长度。螺纹起始点到终止点的距离。
- 螺纹牙高。螺纹牙的高度。
- 螺纹头数。螺纹起始点到终止点之间的牙数。

（b）螺纹节距（这里指的是螺距）:

- 恒定节距。两个相邻螺纹轮廓上对应点之间的距离为恒定值。
- 节距。恒定节距值。
- 变节距。两个相邻螺纹轮廓上对应点之间的距离为变化的值。
- 始节距。起始端螺纹的节距。
- 末节距。终止端螺纹的节距。

b. 螺纹加工参数标签页。

（a）加工工艺:

- 粗加工。指直接采用粗切方式加工螺纹。
- 粗加工 + 精加工。指根据指定的粗加工深度进行粗切后，再采用精切方式（如采用更小的行距）切除剩余余量（精加工深度）。
- 末刀走刀次数。为提高加工质量，最后一个切削行有时需要重复走刀多次，此时需要指定重复走刀次数。

（b）螺纹总深：螺纹粗加工和精加工总的切深量。

- 粗加工深度。螺纹粗加工的切深量。
- 精加工深度。螺纹精加工的切深量。

（c）每行切削用量:

- 恒定行距。加工时沿恒定的行距进行加工。
- 恒定切削面积。加工时保证每次切削的切削面积恒定。用户需指定第一刀行距及最小行距。

（d）每行切入方式：指刀具在螺纹始端切入时的切入方式。刀具在螺纹末端的退出方式与切入方式相同。

- 沿牙槽中心线。切入时沿牙槽中心线。
- 沿牙槽右侧。切入时沿牙槽右侧。
- 左右交替。切入时沿牙槽左右交替。

参数设置完毕，系统提示输入进退刀点，在螺纹外部适当位置单击鼠标左键，螺纹加工刀具轨迹设计完毕，如图 17-18 所示。

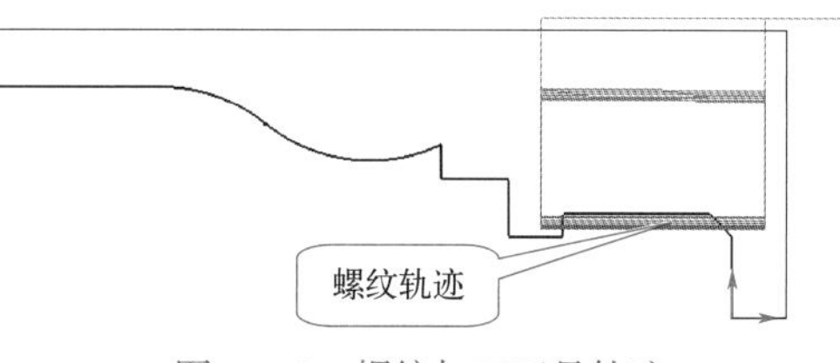

图 17-18　螺纹加工刀具轨迹

⑨ 单击刀具轨迹仿真图标，即可对上述四个刀具轨迹进行仿真加工并校核，如图 17-19 所示。

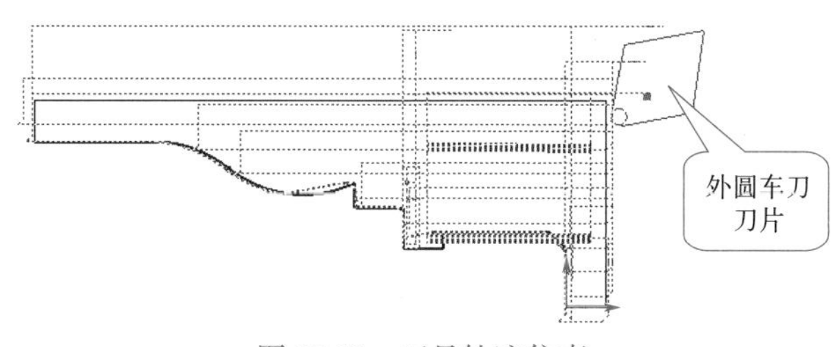

图 17-19　刀具轨迹仿真

⑩ 单击图标（生成 G 代码），在弹出的对话框里输入程序名，再选取需要生成数控程序的刀具轨迹，即可出现加工程序代码，完成自动编程，如图 17-20 所示。

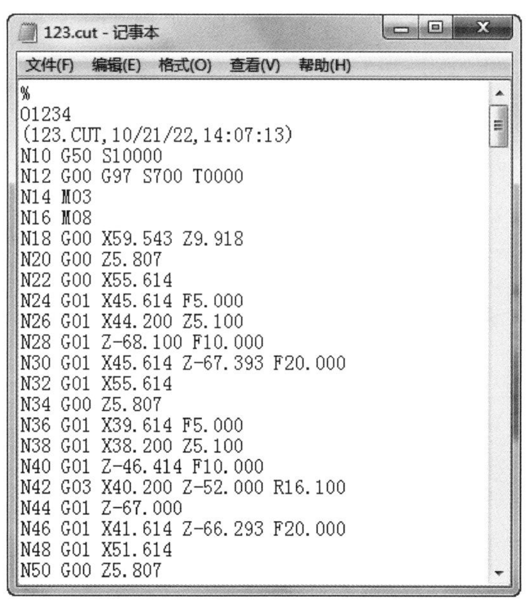


```
%
O1234
(123.CUT,10/21/22,14:07:13)
N10 G50 S10000
N12 G00 G97 S700 T0000
N14 M03
N16 M08
N18 G00 X59.543 Z9.918
N20 G00 Z5.807
N22 G00 X55.614
N24 G01 X45.614 F5.000
N26 G01 X44.200 Z5.100
N28 G01 Z-68.100 F10.000
N30 G01 X45.614 Z-67.393 F20.000
N32 G01 X55.614
N34 G00 Z5.807
N36 G01 X39.614 F5.000
N38 G01 X38.200 Z5.100
N40 G01 Z-46.414 F10.000
N42 G03 X40.200 Z-52.000 R16.100
N44 G01 Z-67.000
N46 G01 X41.614 Z-66.293 F20.000
N48 G01 X51.614
N50 G00 Z5.807
```

图 17-20　自动生成的数控程序局部

读者可以按照上述数控车削加工自动编程方法，对如图 17-21 所示的一些零件进行自动编程练习。

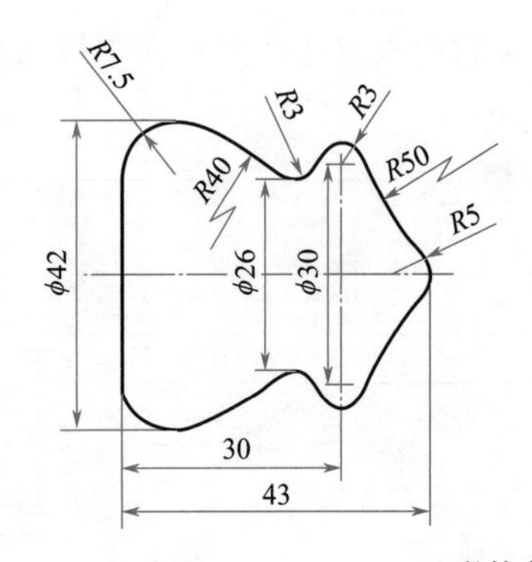

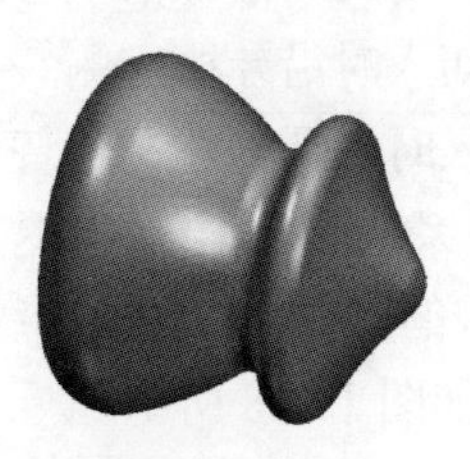

(a) 数控车削加工自动编程练习题1

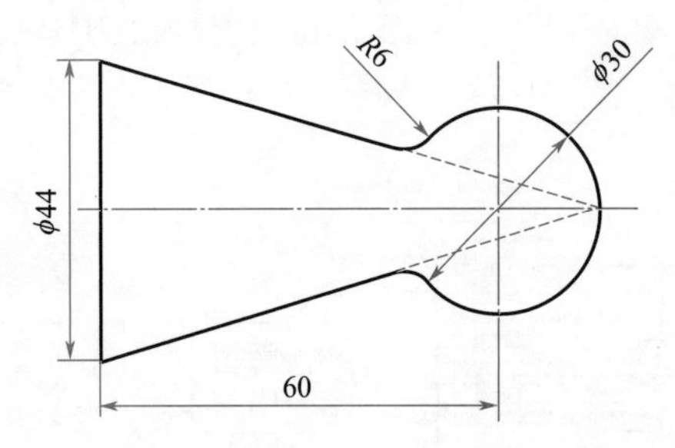

(b) 数控车削加工自动编程练习题2

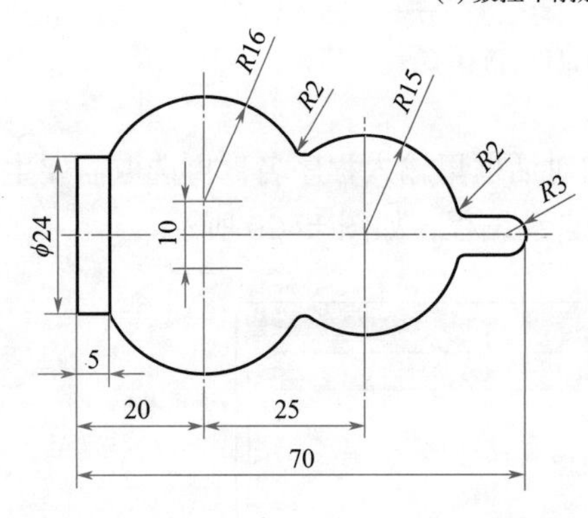

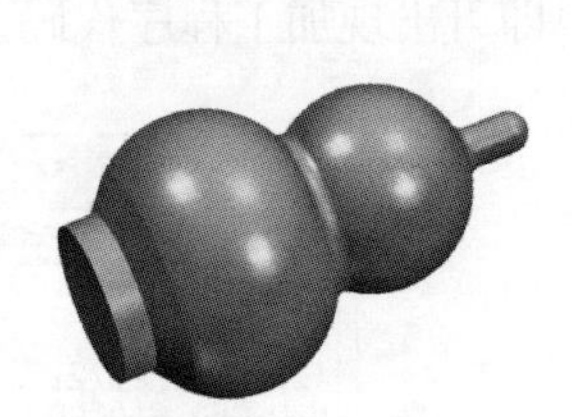

(c) 数控车削加工自动编程练习题3

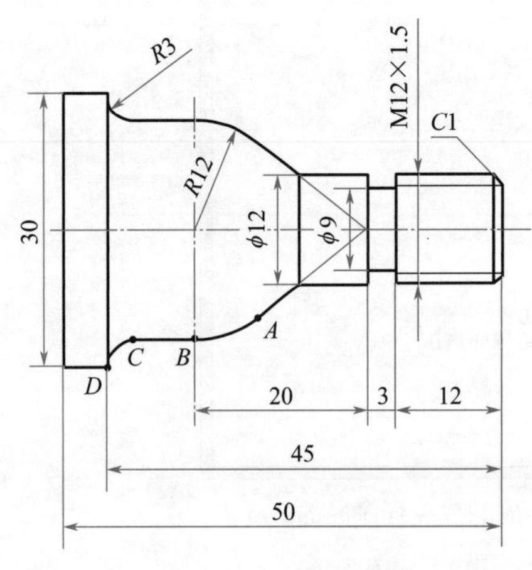

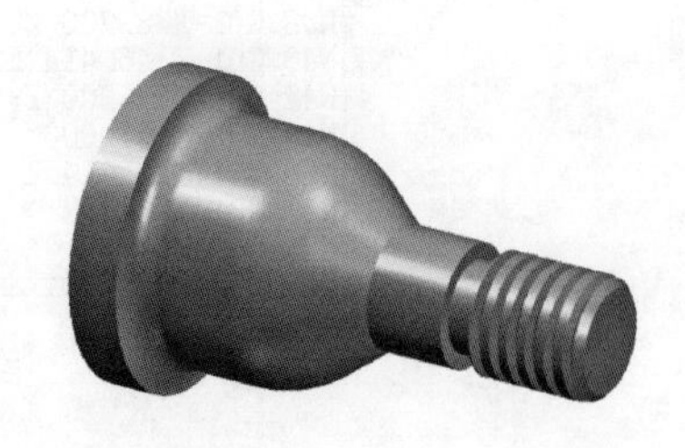

(d) 数控车削加工自动编程练习题4

图 17-21　数控车削加工自动编程练习题目

17.2 数控铣削加工自动编程案例

17.2.1 案例题目

使用计算机辅助编程软件对某开关零件进行数控铣削自动编程加工。如图 17-22 所示为某开关旋钮零件的曲面造型图样，现使用 CAXA 制造工程师软件对生产其塑料注射模具的工具电极进行数控自动编程加工。

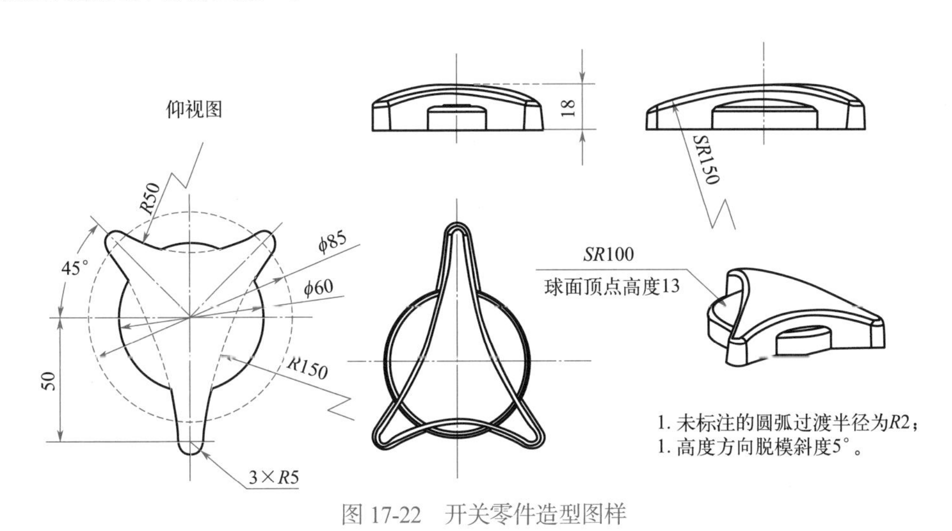

图 17-22 开关零件造型图样

17.2.2 工艺分析

该零件结构复杂，曲面类型且数量较多，还含有大量的圆弧过渡结构，使用手工编程无法完成。因此，在由二维视图进行三维造型之后，采用 CAXA 制造工程师软件对其进行自动编程为宜。

粗加工时为了提高加工效率，使用 $\phi10$ 球头铣刀；由于零件曲面曲率半径相对较小，为保证表面细节和加工精度，精加工使用 $\phi5$ 球头铣刀，并相应提高其主轴转速。其中粗加工选用等高线粗加工，精加工选用曲面区域式精加工。加工工序卡见表 17-2。

表 17-2 开关零件自动编程加工工序卡

<table>
<tr><td>零件名称</td><td colspan="2">开关零件</td><td>工序号</td><td>01</td><td>工序名称</td><td>数控铣削</td></tr>
<tr><td>加工设备</td><td colspan="2">数控铣床</td><td>夹具名称</td><td colspan="3">工艺板</td></tr>
<tr><td>零件材料</td><td colspan="2">铸铝</td><td>毛坯规格</td><td colspan="3">100mm×80mm×20mm</td></tr>
<tr><td>工步号</td><td colspan="2">工步内容</td><td>刀具编号</td><td>刀具类型参数</td><td>主轴转速 /（r/min）</td><td>进给量 /（mm/min）</td></tr>
<tr><td>1</td><td colspan="2">等高线粗加工</td><td>T1</td><td>ϕ10 球头铣刀</td><td>600</td><td>200</td></tr>
<tr><td>2</td><td colspan="2">曲面区域式精加工</td><td>T2</td><td>ϕ5 球头铣刀</td><td>1800</td><td>50</td></tr>
</table>

17.2.3 案例造型设计实战

CAXA 制造工程师软件主要面向的是数控铣削及加工中心的自动编程功能。该软件集成数据接口、几何造型、加工轨迹生成、加工过程仿真检验、数控加工代码生成、加工工艺单生成等一整套面向复杂零件和模具的数控编程功能；将CAD模型与CAM加工技术无缝集成，可直接对曲面、实体模型进行一致的加工操作；支持先进实用的轨迹参数化和批处理功能，明显提高工作效率；支持高速切削，大幅度提高加工效率和加工质量；通用的后置处理可向任何数控系统输出加工代码。

CAXA 制造工程师的数控加工模块主要功能有：

① 两轴到三轴的数控加工功能。两轴到两轴半加工方式：可直接利用零件的轮廓曲线生成加工轨迹指令，而无需建立其三维模型；提供轮廓加工和区域加工功能，加工区域内允许有任意形状和数量的岛。可分别指定加工轮廓和岛的拔模斜度，自动进行分层加工。三轴加工方式：多样化的加工方式可以安排从粗加工、半精加工到精加工的加工工艺路线。

② 支持高速加工。支持高速切削工艺，提高产品精度，降低代码数量，使加工质量和效率大大提高。

③ 参数化轨迹编辑和轨迹批处理。CAXA 制造工程师的“轨迹再生成”功能可实现参数化轨迹编辑。用户只需选中已有的数控加工轨迹，修改原定义的加工参数表，即可重新生成加工轨迹。CAXA 制造工程师可以先定义加工轨迹参数，而不立即生成轨迹。工艺设计人员可将大批加工轨迹参数事先定义，而后在某一集中时间批量生成。这样，可以合理地优化工作时间。

④ 加工工艺控制。CAXA 制造工程师提供丰富的工艺控制参数，可以方便地控制加工过程，使编程人员的经验得到充分的体现。

⑤ 加工轨迹仿真。CAXA 制造工程师提供轨迹仿真手段以检验数控代码的正确性。可以通过实体真实感仿真，如实地模拟加工过程，展示加工零件的任意截面，显示加工轨迹。

⑥ 通用后置处理。CAXA 制造工程师提供的后置处理器，无需生成中间文件就可直接输出 G 代码控制指令。系统不仅可以提供常见的数控系统的后置格式，用户还可以定义专用数控系统的后置处理格式。

CAXA 制造工程师的工作界面如图 17-23 所示。它主要由工具栏、绘图区、特征树栏、立即菜单和系统提示栏等部分组成。

CAXA 制造工程师主要有两方面的工作。一个是利用其较为强大的三维 CAD 功能建立零件模型数据，另外一个是使用其 CAM 功能对零件进行自动编程加工。转换这两大功能是依靠特征树栏的两个选项卡来完成的，如图 17-24 所示。

CAXA 制造工程师的主要数控加工功能及加工方式，见表 17-3。

本案例零件的三维造型操作步骤如下。

（1）开关三维造型思路

该曲面造型可以看作是由两部分构成：一部分是底部为 $\phi60$ 圆的圆柱形；另一部分是底部为圆头三角形的立体。每一部分的构成方法是一样的。首先绘制底部图形，然后带拔模斜度地对底面图形做扫描面操作，接下来绘制顶部球面，最后用此球面与扫描面做曲面过渡，形成过渡圆弧面。

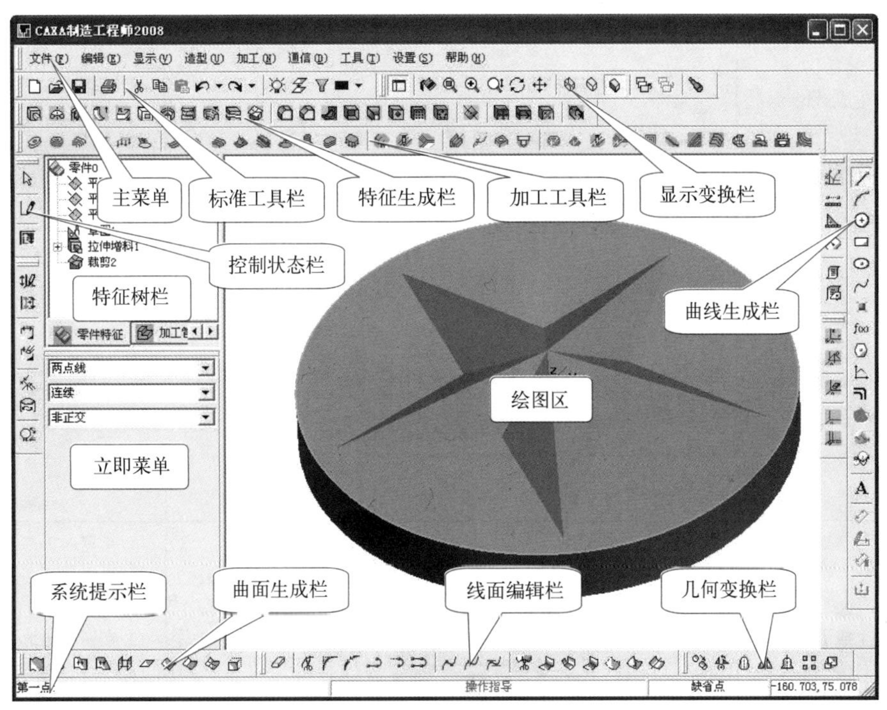

图 17-23　CAXA 制造工程师的工作界面

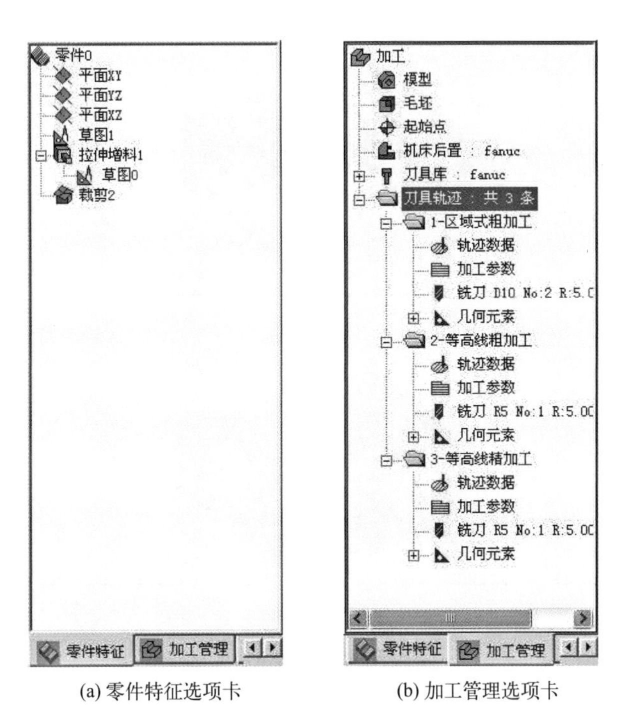

(a) 零件特征选项卡　　　　(b) 加工管理选项卡

图 17-24　CAD 和 CAM 模式下的特征树变换

表 17-3 CAXA 制造工程师的主要数控加工功能及加工方式

方式	主要功能	加工举例	说明
平面轮廓加工	生成沿轮廓线切削的平面刀具轨迹	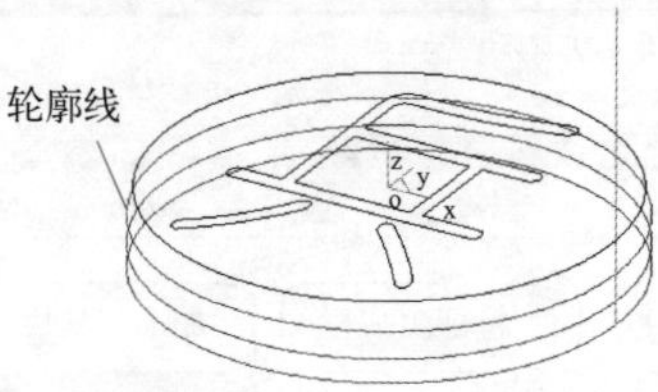 轮廓线	1. 两轴半加工方式。 2. 平面轮廓线可以是封闭的，也可以是不封闭的。 3. 主要用于加工外形
平面区域加工	生成具有多个岛的平面区域的刀具轨迹	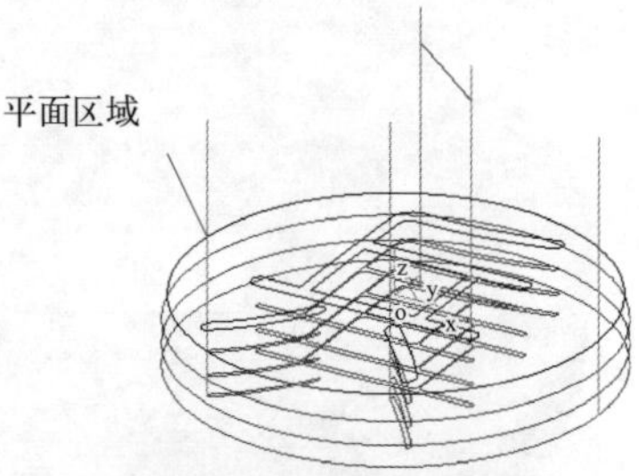 平面区域	1. 两轴半加工方式。 2. 主要用于加工型腔
参数线加工	生成沿参数线方向的三轴刀具轨迹	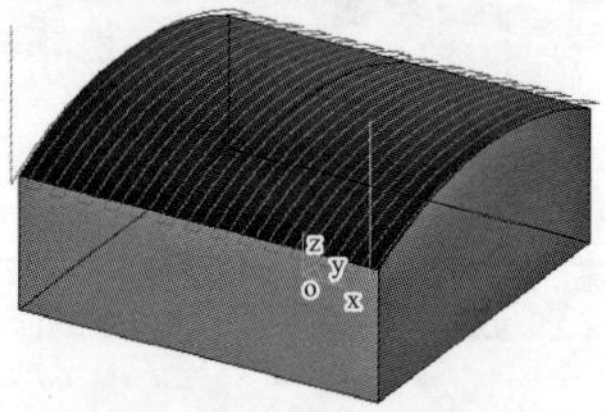	1. 指定加工方式和退刀方式时要保证不会使机床碰到夹具。 2. 在切削加工表面时，对可能干涉的表面要做干涉检查。 3. 对不该切削的表面，要设置限制面，否则会产生过切
曲面轮廓加工	生成沿轮廓线加工曲面的刀具轨迹	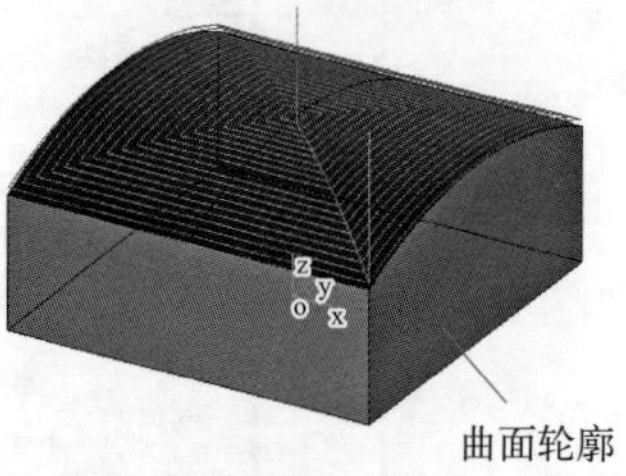 曲面轮廓	1. 生成的刀具轨迹与刀次和行距都关联，要加工轮廓内的全部曲面时，可以把刀次数给大一点。 2. 轮廓线可以是封闭的，也可以是不封闭的，还可以是空间的
曲面区域加工	生成待加工封闭曲面的刀具轨迹	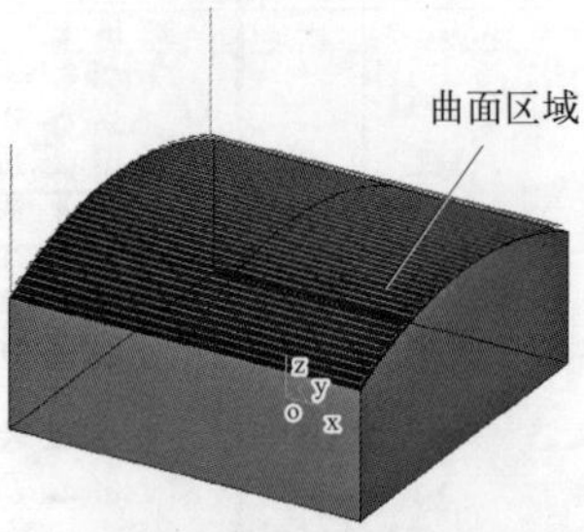 曲面区域	曲面轮廓线必须封闭
限制线加工	生成多个曲面的三轴刀具轨迹	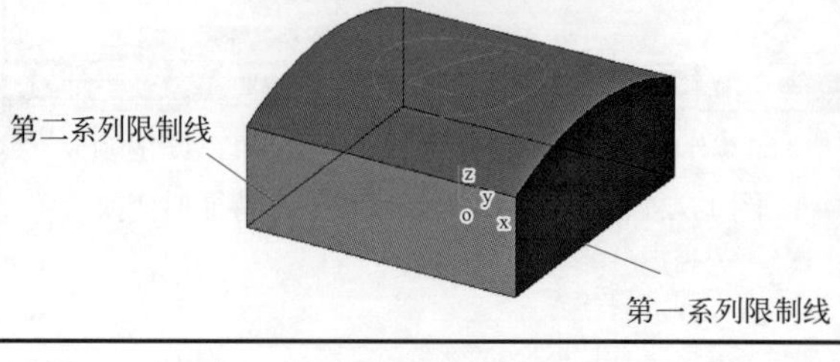 第二系列限制线 第一系列限制线	1. 指定加工方式和退刀方式时要保证不会使机床碰到夹具。 2. 进刀点必须是限制线的端点

续表

方式	主要功能	加工举例	说明
投影加工	将已有的刀具轨迹投影到待加工曲面，生成曲面加工的刀具轨迹	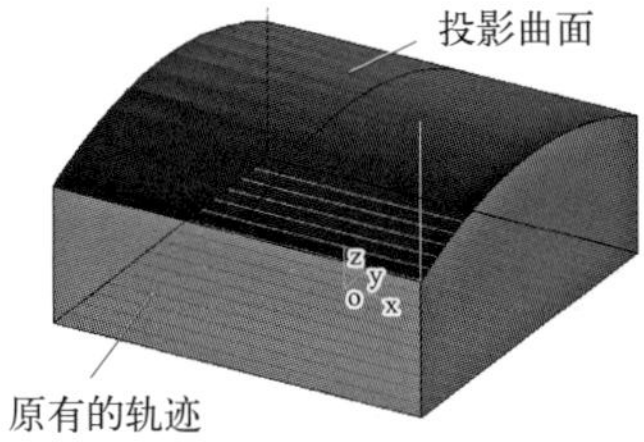 投影曲面 原有的轨迹	1. 投影加工前必须已有加工轨迹。 2. 待加工曲面可以拾取多个。 3. 投影加工的加工参数可以与原有刀具轨迹的参数不同
曲线加工	生成三维曲线刀具轨迹	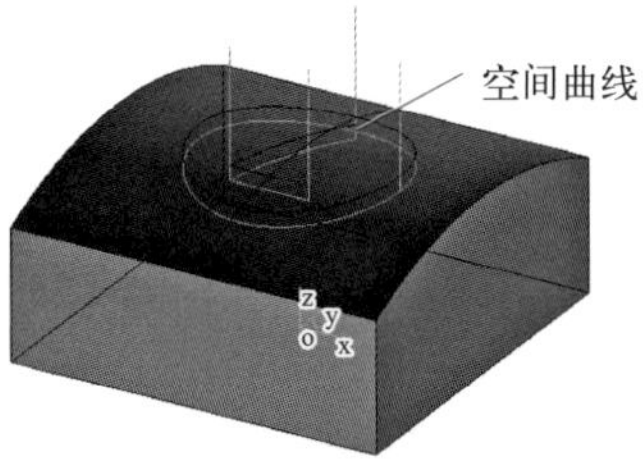 空间曲线	用于空间沟槽的加工
导动加工	生成轮廓线沿导动线运动的刀具轨迹	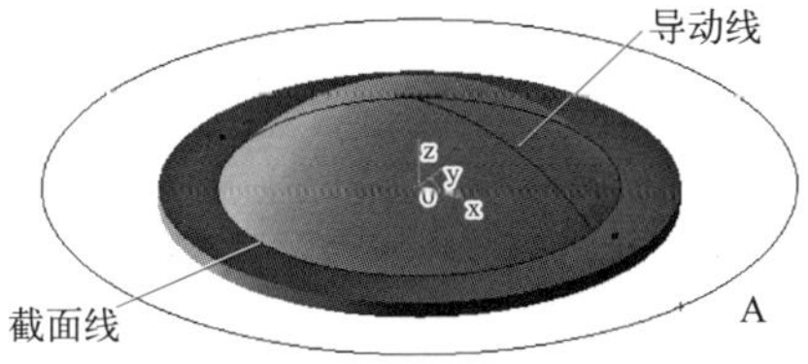 导动线 截面线 A	1. 轮廓线可以封闭，也可以不封闭；导动线必须开放。 2. 导动线必须在轮廓线的法平面
等高线粗加工	生成按等高距离下降，大量去除毛坯材料的刀具轨迹	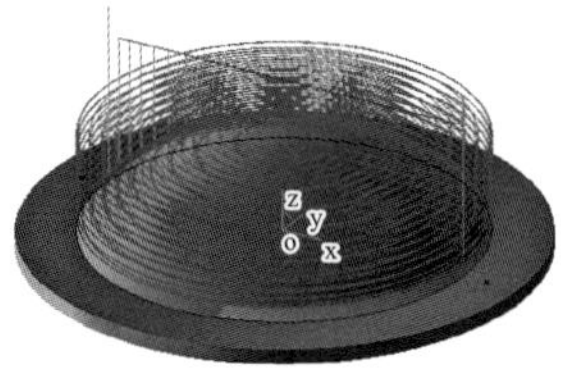	顶层高度是等高线刀具轨迹的最上层的高度值
等高线精加工	生成等高线粗加工未加工区域的刀具轨迹	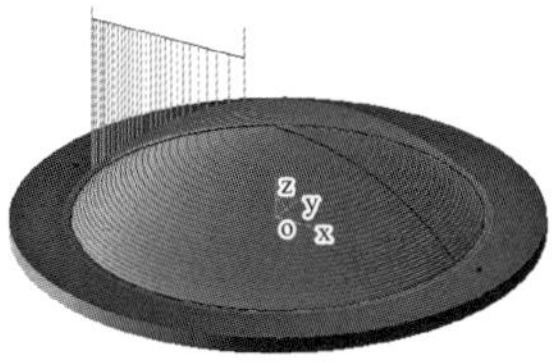	用于陡面的精加工
自动区域加工	自动生成曲面区域的刀具轨迹	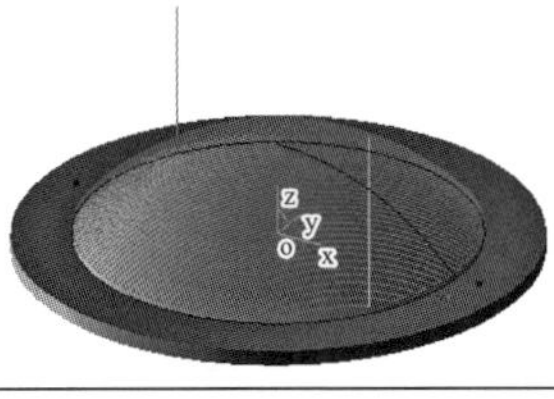	实质是曲面区域加工
知识加工	针对三维造型自动生成一系列的刀具轨迹	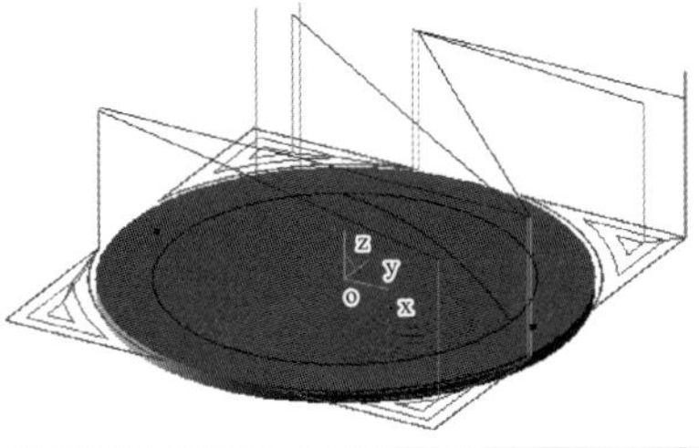	1. 为用户提供整体加工思路，快速完成加工过程。 2. 使用前一般先针对已有机床进行知识加工库参数设置

续表

方式	主要功能	加工举例	说明
钻孔	生成钻孔的刀具轨迹		1. 钻孔方式的实现与机床有关。 2. 系统中钻孔指令的格式只针对 FANUC 系统

（2）开关三维造型过程

① 绘制 $\phi60$ 的圆形底部图形。按键盘上的 F8 键，切换为轴测显示。按 F9 键，切换当前绘图平面为 *XOY* 面。单击“整圆”工具，在立即菜单中选择“圆心_半径”方式，以原点为圆心，键盘输入半径值“30”，按“回车键”，单击鼠标右键，结束命令。结果如图 17-25 所示。

② 绘制 $\phi60$ 的圆柱面。单击“扫描面”工具，在出现的立即菜单中做如下设置，即起始距离：0，扫描距离：20，扫描角度：5，精度：0.01。按“空格”键，选中扫描方向为 *Z* 轴正方向。单击已绘制好的圆，点选扫描夹角方向指向圆内。生成的 $\phi60$ 的圆柱面如图 17-26 所示。

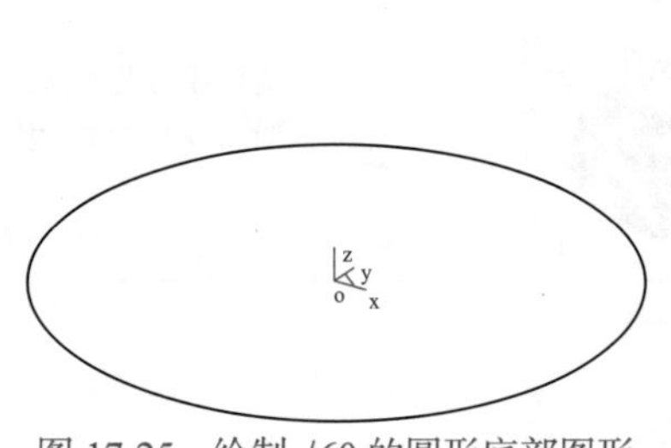
图 17-25　绘制 $\phi60$ 的圆形底部图形

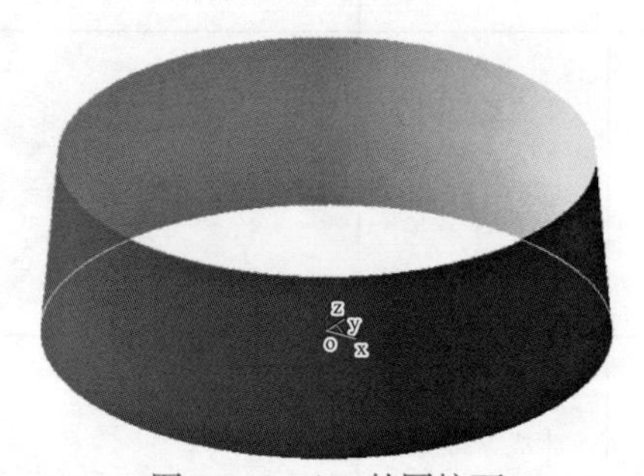
图 17-26　$\phi60$ 的圆柱面

③ 绘制 *SR*100 圆球面轴线和母线。按键盘上的 F9 键，切换当前绘图平面为 *YOZ* 面。单击“直线”工具，在立即菜单中选择“两点线”“正交”“长度方式”“长度 =13”。选取原点为第一点，长度方向向上，绘制直线为轴线。单击“圆弧”工具，在立即菜单中选择“圆心_起点_圆心角”，输入圆心坐标“0，0，-87”，选取刚绘制的轴线顶点为“起点”，用鼠标引领圆弧段超出圆柱面即可，点击鼠标左键，母线绘制完成。如图 17-27 所示。

④ 生成 *SR*100 圆球面。单击“旋转面”工具，在立即菜单中设置“起始角：0”“终止角：360”。拾取轴线和母线，完成 *SR*100 圆球面，如图 17-28 所示。

⑤ 完成两个曲面的曲面过渡。单击“曲面过渡”工具，在立即菜单中设置“两面过渡”“等半径”“半径：2”“裁剪两面”“精度：0.01”，拾取两面的位置及选择的方向，如图 17-28 所示。生成的曲面结果，如图 17-29 所示。

⑥ 绘制圆头三角形底面图形。删除多余曲线后，按 F5 键，将 *XOY* 面设为当前面并放正。使用“直线”工具，以原点为焦点，绘制辅助中心线。使用“直线”工具，立即

菜单中设为“平行线”“距离：50”，点击水平中心线，在其上方 50mm 处绘制平行线。使用“直线”工具，立即菜单中设为“角度线”“X 轴夹角”“角度：45”，以原点为起点绘制一条向下斜线；另设“角度：-45”，绘制另一条向下斜线。单击“整圆”工具，在立即菜单中选择“圆心_半径”方式，以原点为圆心，键盘输入半径值“85/2”，按“回车键”，单击鼠标右键。再次使用“整圆”工具，在已经形成的三个交点上绘制半径为 5mm 的三个整圆。结果如图 17-30 所示。

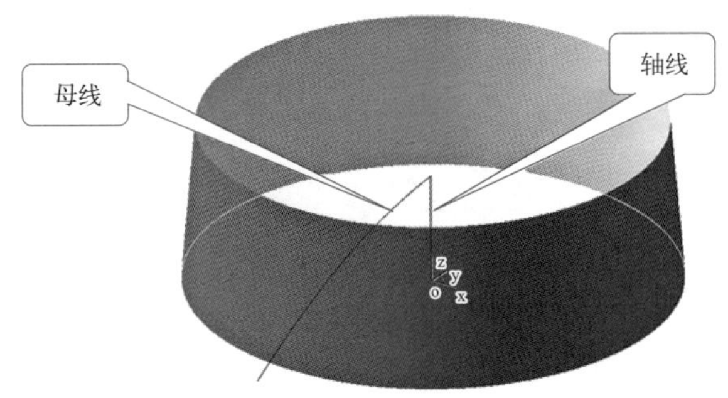

图 17-27 绘制 *SR*100 圆球面轴线和母线

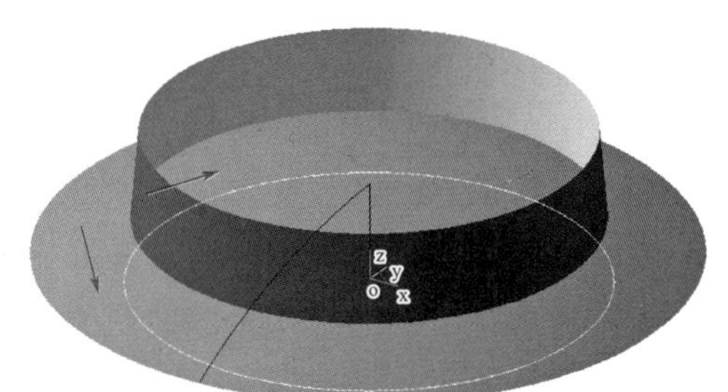
图 17-28 生成 *SR*100 圆球面

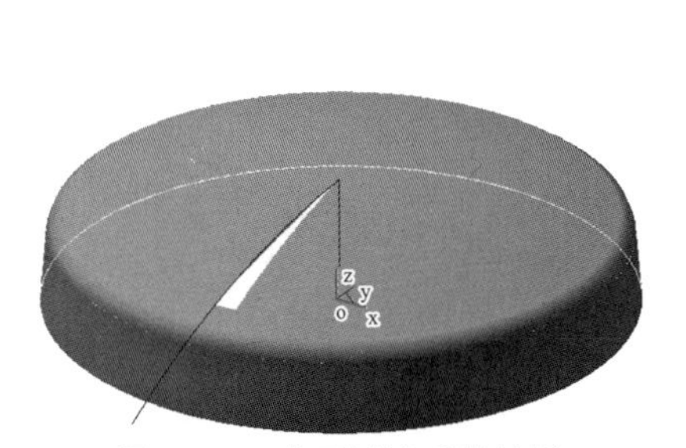
图 17-29 曲面过渡后的结果

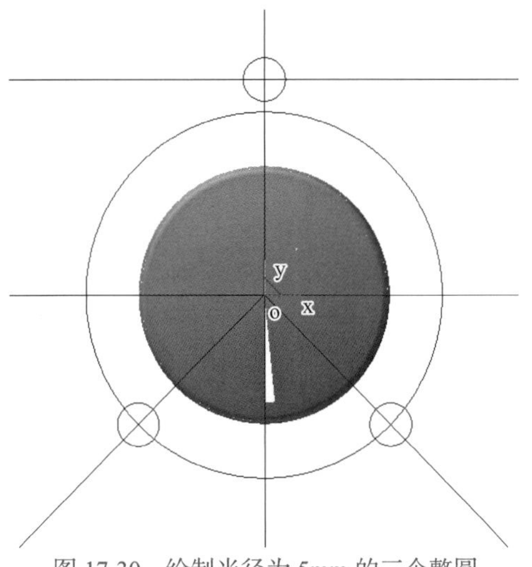
图 17-30 绘制半径为 5mm 的三个整圆

删除多余线段，只留下三个小圆。单击“圆弧”工具，在立即菜单中选择“两点_半径”方式，按“空格”键，选“切点”捕捉方式，各以两个小圆为基准，分别绘制 *R*150 两段圆弧和 *R*50 一段圆弧，共三段大圆弧。结果如图 17-31（a）所示。单击“曲线裁剪”工具，将三段小圆弧内部多余部分剪去。单击“曲线组合”工具，拾取刚绘制的圆头三角形，使其成为一条曲线，便于后边的使用。结果如图 17-31（b）所示。

⑦ 绘制圆头三角形扫描面。单击“扫描面”工具，在出现的立即菜单中做如下设置，即起始距离：0，扫描距离：25，扫描角度：5，精度：0.01。按“空格”键，选中扫描方向为 *Z* 轴正方向。单击已绘制好的圆头三角形，点选扫描夹角方向指向图形内部。生成的扫描面如图 17-32 所示。

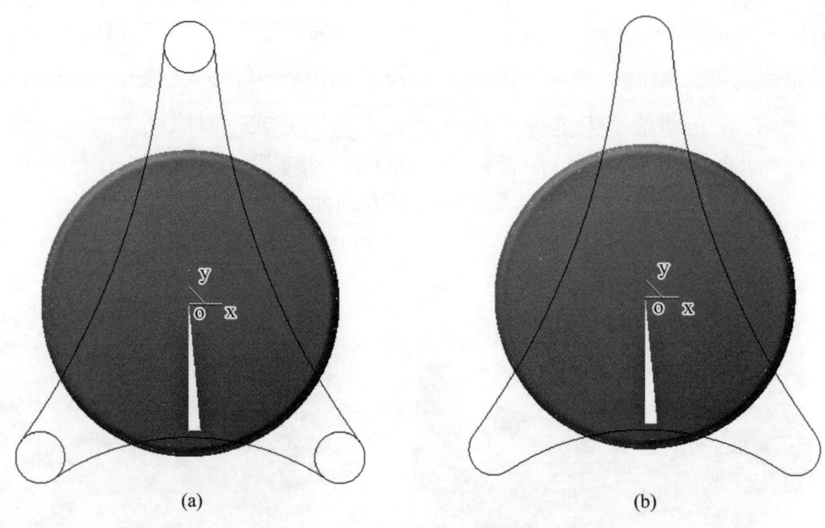

图 17-31　圆头三角形底面图形

⑧ 绘制 *SR*150 圆球面轴线和母线。按键盘上的 F9 键，切换当前绘图平面为 *YOZ* 面。单击“直线”工具，在立即菜单中选择“两点线”“正交”“长度方式”“长度=18”，选取原点为第一点，长度方向向上，绘制直线为轴线。单击“圆弧”工具，在立即菜单中选择“圆心_起点_圆心角”，输入圆心坐标“0，0，-132”，选取刚绘制的轴线顶点为“起点”，用鼠标引领圆弧段超出圆头三角形扫描面适当长度即可，点击鼠标左键，母线绘制完成，如图 17-33 所示。

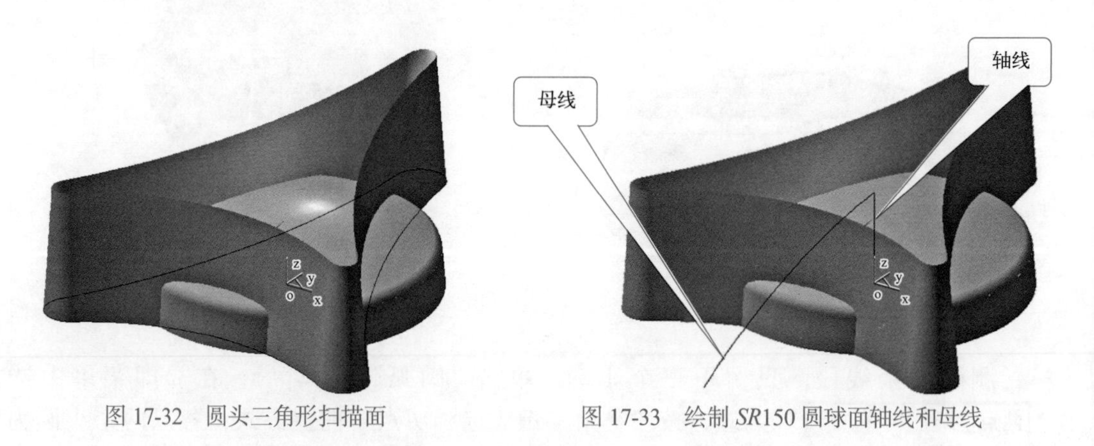

图 17-32　圆头三角形扫描面　　图 17-33　绘制 *SR*150 圆球面轴线和母线

⑨ 生成 *SR*150 圆球面。单击“旋转面”工具，在立即菜单中设置“起始角：0”“终止角：360”。拾取轴线和母线，完成 *SR*150 圆球面，如图 17-34 所示。

⑩ 完成两个曲面的过渡。单击“曲面过渡”工具，在立即菜单中设置“两面过渡”“等半径”“半径：2”“裁剪两面”“精度：0.01”，拾取两面的位置及选择的方向如图 17-34 所示。完成钻机加载开关的曲面造型，如图 17-35 所示。

17.2.4 案例自动编程实战

本案例零件的自动编程操作步骤如下。

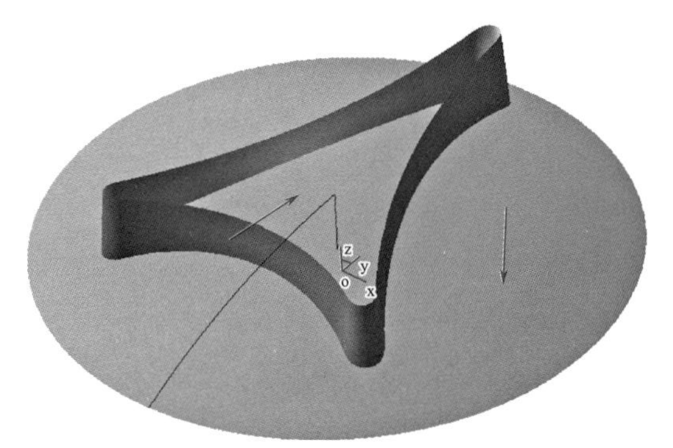

图 17-34 生成 *SR*150 圆球面

图 17-35 开关曲面造型结果

（1）设定毛坯及加工范围

在“特征树栏”的“加工管理”选项卡中（如图 17-36 所示），双击“毛坯”弹出定义毛坯对话框，使用“参照模型”单选项和按钮，可以轻松地为本例设置毛坯，但是为了能加工出完整的造型，还是要加大毛坯尺寸，并适当调整基准点，以保证曲面造型能被毛坯可靠包围。毛坯设置对话框如图 17-37 所示。生成的毛坯如图 17-38 所示。为了确定加工范围，还要使用“直线”或“矩形”绘制与毛坯截面等大的四边形，作为加工边界。

图 17-36 “加工管理”选项卡

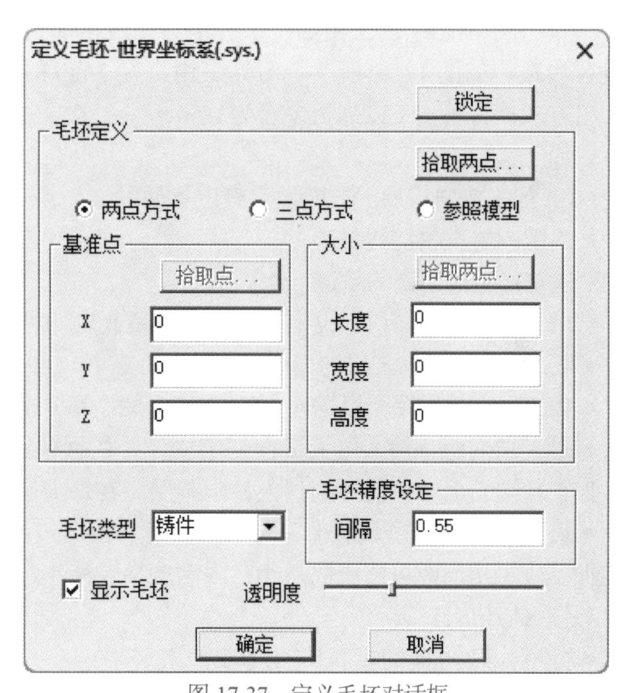

图 17-37 定义毛坯对话框

① 毛坯定义：系统提供三种毛坯定义的方式。

a. 两点方式：通过拾取毛坯的两个角点（与顺序、位置无关）来定义毛坯。

b. 三点方式：通过拾取基准点，拾取定义毛坯大小的两个角点（与顺序、位置无关）来定义毛坯。

c. 参照模型：系统自动计算模型的包围盒，以此作为毛坯。

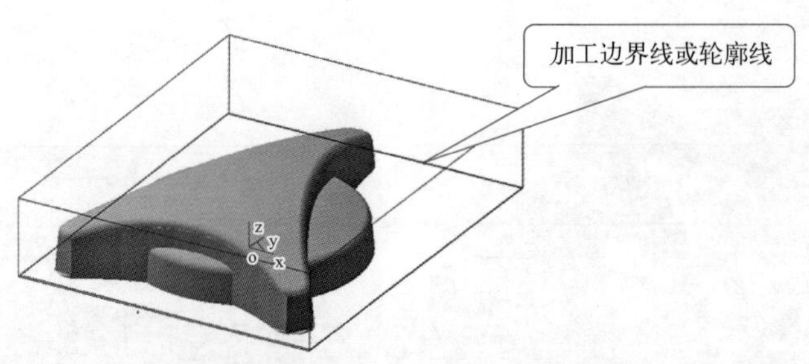

图 17-38　毛坯及加工范围的设定

② 基准点：毛坯在世界坐标系中的左下角点。

③ 大小：长度、宽度、高度分别是毛坯在 *X* 方向、*Y* 方向、*Z* 方向的尺寸。

④ 毛坯类型：系统提供铸件、精铸件、锻件、精锻件、棒料、冷作件、冲压件、标准件、外购件、外协件、其他等毛坯的类型，主要是写工艺清单时需要。

⑤ 毛坯精度设定：设定毛坯的网格间距，主要是仿真时需要。

⑥ 毛坯显示：

a. 显示毛坯：设定是否在工作区中显示毛坯。

b. 透明度：设定毛坯显示时的透明度。

（2）等高线粗加工方法及生成刀具轨迹

① 单击【加工】—【粗加工】—【等高线粗加工】，在弹出的“等高线粗加工”对话框中设置参数，如图 17-39 所示。刀具采用直径 5mm 的球头铣刀 *R*5；暂不设稀疏化加工和切入切出方式；为精加工设加工余量为 0.5mm。

a. 加工参数 1 标签页。

（a）加工方向：加工方向设定有以下两种选择。

- 顺铣：生成顺铣的轨迹。
- 逆铣：生成逆铣的轨迹。

（b）Z 切入：*Z* 向切削设定有层高和残留高度两种定义方式。

- 层高：*Z* 向每加工层的切削深度。
- 残留高度：系统会根据输入的残留高度的大小计算 *Z* 向层高。
- 最大层间距：输入最大 *Z* 向切削深度。根据残留高度值，在求得 *Z* 向的层高时，为防止在加工较陡斜面时可能层高过大，限制层高在最大层间距的设定值之下。
- 最小层间距：输入最小 *Z* 向切削深度。根据残留高度值，在求得 *Z* 向的层高时，为防止在加工较平坦面时可能层高过小，限制层高在最小层间距的设定值之上。

（c）XY 切入：

- 行距：*XY* 方向的相邻扫描行的距离。
- 残留高度：由球刀铣削时，输入铣削通过时的残余量（残留高度）。当指定残留高度时，会提示 XY 切削量。
- 前进角度：当“XY 切入”的“切削模式”为“环切”以外时进行设定，为输入扫描线切削轨迹的进行角度。输入 0°，生成与 *X* 轴平行的扫描线轨迹。输入 90°，生成与 *Y* 轴平行的扫描线轨迹。输入值范围是 0°～ 360°。
- 切削模式。XY 切削模式设定有以下三种选择。

环切：生成环切粗加工轨迹。

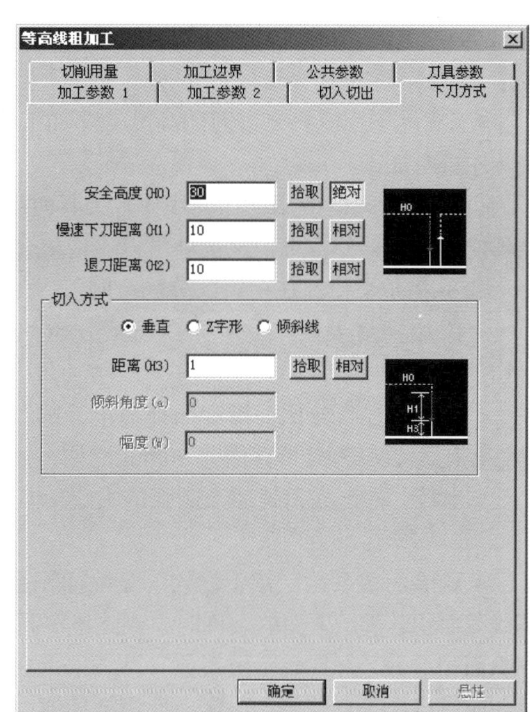

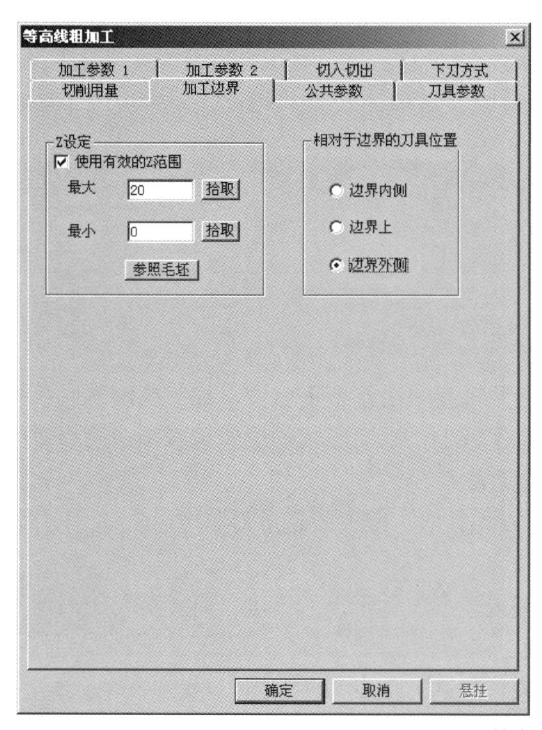

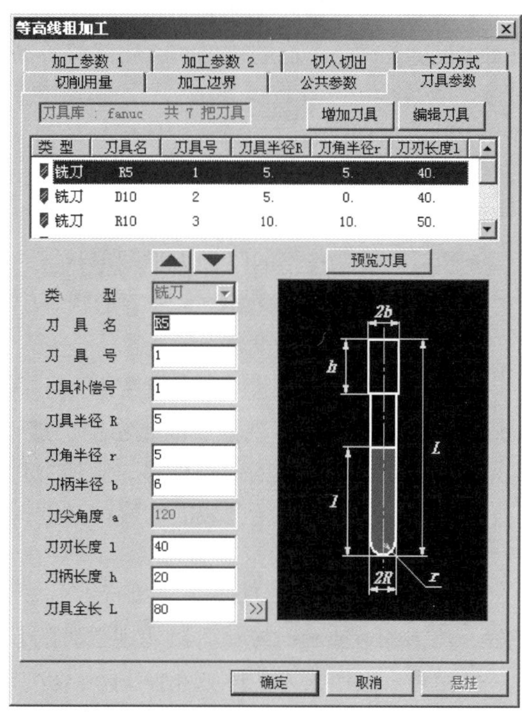

图 17-39　等高线粗加工对话框

单向（平行）：只生成单方向的加工轨迹。快速进刀后，进行一次切削方向加工。

往复（平行）：即使到达加工边界也不进行快速进刀，继续往复地加工。

（d）加工顺序：

- Z 优先：以被识别的山或谷为单位进行加工。自动区分出山和谷，逐个进行由高到低的加工（若加工开始结束是按 Z 向上的情况则是由低到高）。若断面为不封闭形状时，有时会变成 XY 方向优先。

● XY 优先：按照 Z 进刀的高度顺序加工。即仅仅在 XY 方向上由系统自动区分的山或谷按顺序进行加工。

（e）镶片刀的使用：在使用镶片刀具时生成最优化路径。因为考虑到镶片刀具的底部存在不能切割的部分，选中该选项可以生成最合适加工路径。

（f）拐角半径：在拐角部分加上圆弧。

● 添加拐角半径：设定在拐角部分插补圆角 R。高速切削时减速转向，防止拐角处的过切。

● 刀具直径百分比：指定插补圆角 R 的圆弧半径相对于刀具直径的比率（%）。例如，刀具直径比为 20%，刀具直径为 50mm 的话，插补的圆角半径为 10mm。

● 半径：指定拐角处插入圆弧的大小（半径）。

（g）选项：

● 删除面积系数：基于输入的删除面积系数，设定是否生成微小轨迹。刀具截面积和等高线截面积若满足下面的条件时，删除该等高线截面的轨迹，即等高线截面积＜刀具截面积×删除面积系数（刀具截面积系数）。要删除微小轨迹时，该值比较大。相反，要生成微小轨迹时，应设定小一点的值。通常应使用初始值。

● 删除长度系数：基于输入的删除长度系数，设定是否做成微小轨迹。刀具直径和等高截面线长度若满足下面的条件时，删除该等高线截面的轨迹，即等高截面线长度＜刀具直径×删除长度系数（刀具直径系数）。要删除微小轨迹时，该值比较大。相反，要生成微小轨迹时，应设定小一点的值。通常应使用初始值。

（h）行间连接方式。行间连接方式有以下 3 种类型：

● 直线：行间连接的路径为直线形状。

● 圆弧：行间连接的路径为半圆形状。

● S 形：行间连接的路径为 S 字形状。

（i）参数：

● 加工精度：输入模型的加工精度。计算模型轨迹的误差小于此值。加工精度越大，模型形状的误差也增大，模型表面越粗糙。加工精度越小，模型形状的误差也减小，模型表面越光滑。但是，轨迹段的数目增多，轨迹数据量变大。

● 加工余量：相对模型表面的残留高度，可以为负值，但不应超过刀角半径。

b. 下刀方式标签页。

（a）安全高度：刀具快速移动而不会与毛坯或模型发生干涉的高度，有相对与绝对两种模式，单击相对或绝对按钮可以实现二者的互换。

● 相对。以切入 / 切出或切削开始 / 切削结束位置的刀位点为参考点。

● 绝对：以当前加工坐标系的 XOY 平面为参考平面。

● 拾取：单击后可以从工作区选择安全高度的绝对位置高度点。

（b）慢速下刀距离：在切入或切削开始前的一段刀位轨迹的位置长度，这段轨迹以慢速下刀速度垂直向下进给。有相对与绝对两种模式，单击相对或绝对按钮可以实现二者的互换。

● 相对：以切入或切削开始位置的刀位点为参考点。

● 绝对：以当前加工坐标系的 *XOY* 平面为参考平面。

● 拾取：单击后可以从工作区选择慢速下刀距离的绝对位置高度点。

（c）退刀距离：在切出或切削结束后的一段刀位轨迹的位置长度，这段轨迹以退刀速度垂直向上进给。有相对与绝对两种模式，单击相对或绝对按钮可以实现二者的互换。

● 相对：以切出或切削结束位置的刀位点为参考点。

● 绝对：以当前加工坐标系的 *XOY* 平面为参考平面。

● 拾取：单击后可以从工作区选择退刀距离的绝对位置高度点。

（d）切入方式：此处提供三种通用的切入方式，几乎适用于所有的铣削加工策略，其中的一些切削加工策略有其特殊的切入切出方式（切入切出属性页面中可以设定）。如果在切入切出属性页面里设定了特殊的切入切出方式后，此处通用的切入方式将不会起作用。

● 垂直：刀具沿垂直方向切入。

● Z 字形：刀具以 Z 字形方式切入。

● 倾斜线：刀具以与切削方向相反的倾斜线方向切入。

● 距离：切入轨迹段的高度，有相对与绝对两种模式，单击相对或绝对按钮可以实现二者的互换。相对指以切削开始位置的刀位点为参考点，绝对指以 *XOY* 平面为参考平面。单击拾取后可以从工作区选择距离的绝对位置高度点。

● 幅度：Z 字形切入时走刀的宽度。

● 倾斜角度：Z 字形或倾斜线走刀方向与 *XOY* 平面的夹角。

c. 加工边界标签页。

（a）*Z* 设定：设定毛坯的有效 *Z* 范围。

● 使用有效的 *Z* 范围：设定是否使用有效的 *Z* 范围，是指使用指定的最大最小 *Z* 值所限定的毛坯范围进行计算，不是指使用定义的毛坯高度范围进行计算。

● 最大：指定 *Z* 范围最大的 *Z* 值，可以采用输入数值和拾取点两种方式。

● 最小：指定 *Z* 范围最小的 *Z* 值，可以采用输入数值和拾取点两种方式。

● 参照毛坯：通过毛坯的高度范围来定义 *Z* 范围最大的 *Z* 值和指定 *Z* 范围最小的 *Z* 值。

（b）相对于边界的刀具位置：设定刀具相对于边界的位置。

● 边界内侧：刀具位于边界的内侧。

● 边界上：刀具位于边界上。

● 边界外侧：刀具位于边界的外侧。

d. 刀具参数标签页

（a）刀具库参数：刀具库中能存放用户定义的不同刀具，包括钻头、铣刀（球刀、牛鼻刀、端刀）等，使用中用户可以很方便地从刀具库中取出所需的刀具。

● 增加刀具：用户可以向刀具库中增加新定义的刀具。

● 编辑刀具：选中某把刀具后，用户可以对这把刀具的参数进行编辑。

● 刀具类型：刀具库中会显示刀具名、刀具号、刀具半径 *R*、刀角半径 *r*（圆角半径）、刀刃长度 *l*（切削刃长）等主要参数的值。

（b）选中刀具按钮：将刀具从库中选中为当前的刀具。

（c）加入刀具按钮：将当前刀具加入刀具库中。

（d）预览刀具按钮：预览刀具的几何形状。

- 类型：铣刀或钻头。
- 刀具名：刀具的名称。
- 刀具号：刀具在加工中心里的位置编号，便于加工过程中换刀。
- 刀具补偿号：刀具半径补偿值对应的编号。
- 刀具半径 *R*：刀刃部分最大截面圆的半径大小。
- 刀角半径 *r*：刀刃部分球形轮廓区域半径的大小，只对铣刀有效。
- 刀柄半径 *b*：刀柄部分截面圆半径的大小。
- 刀尖角度 *a*：只对钻头有效，钻尖的圆锥角。
- 刀刃长度 *l*：刀刃部分的长度。
- 刀柄长度 *h*：刀柄部分的长度。
- 刀具全长 *L*：刀杆与刀柄长度的总和。

② 单击确定按钮。系统提示拾取加工对象，利用鼠标从右向左框选钻机加载开关所有曲面，单击鼠标右键。系统提示拾取加工边界，点击如图 17-40 所示的四边形边界线，方向任意。单击鼠标右键，系统计算并显示加工轨迹，如图 17-40 所示。该刀具轨迹的 CAXA 轨迹仿真结果，如图 17-41 所示。

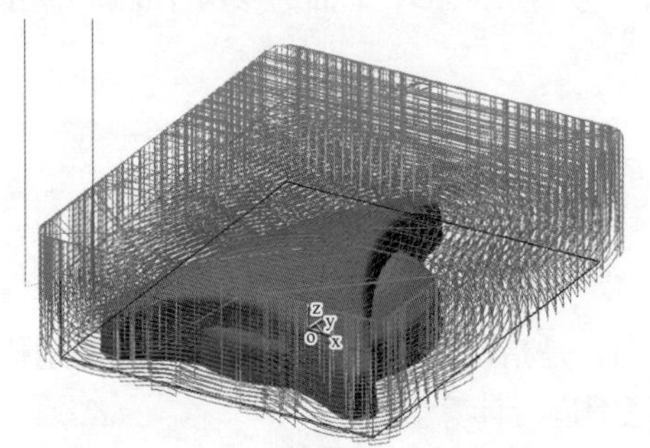

图 17-40　等高线粗加工刀具轨迹

图 17-41　等高线粗加工仿真结果

（3）曲面区域式精加工方法及生成刀具轨迹

① 单击【加工】—【精加工】—【曲面区域式精加工】，在弹出的“曲面区域式加工”对话框中设置参数，如图 17-42 所示。增加刀具直径 5mm 的球头铣刀 *R*2.5；走刀方式采用环切加工，加工余量为 0。暂不设置接近返回方式。

② 单击确定按钮。利用鼠标从右向左框选钻机加载开关所有曲面，单击鼠标右键。系统提示拾取加工边界，点击如图 17-43 所示的四边形边界线，方向任意。单击鼠标右键，系统提示拾取岛屿，直接点击右键跳过；系统提示拾取干涉曲面，同样直接点击右键跳过。系统开始计算并给出刀具轨迹，如图 17-43 所示。粗精加工全部 CAXA 轨迹仿真结果，如图 17-44 所示。

（4）数控加工程序代码的生成

① 单击【加工】—【后置处理】—【生成 G 代码】，在弹出的“选择后置文件”对话框中给定要生成的 NC 代码文件名（如：钻机加载开关 .cut）及其存储路径，按“保存”后退出，如图 17-45（a）所示。

② 分别拾取粗加工轨迹与精加工轨迹，按右键确定，自动生成数控加工代码，如图 17-45（b）所示。

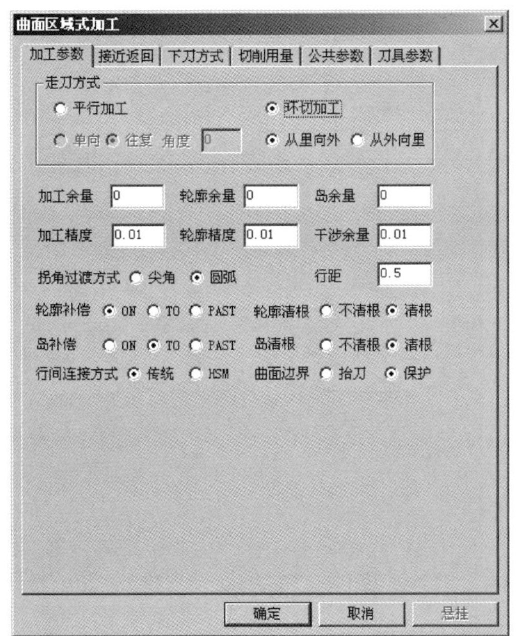

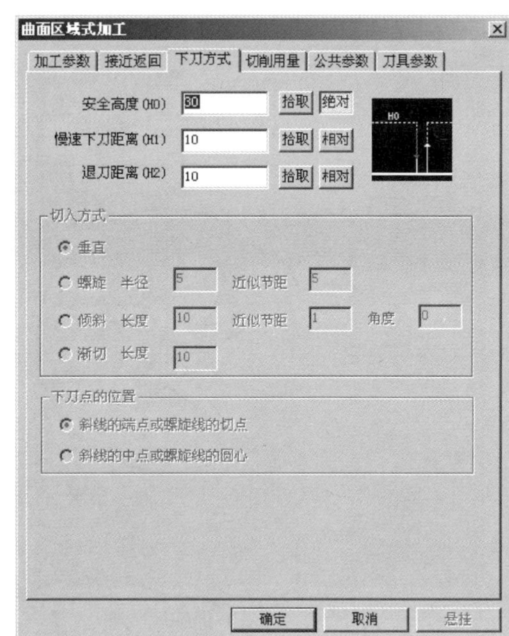

图 17-42　曲面区域式精加工对话框

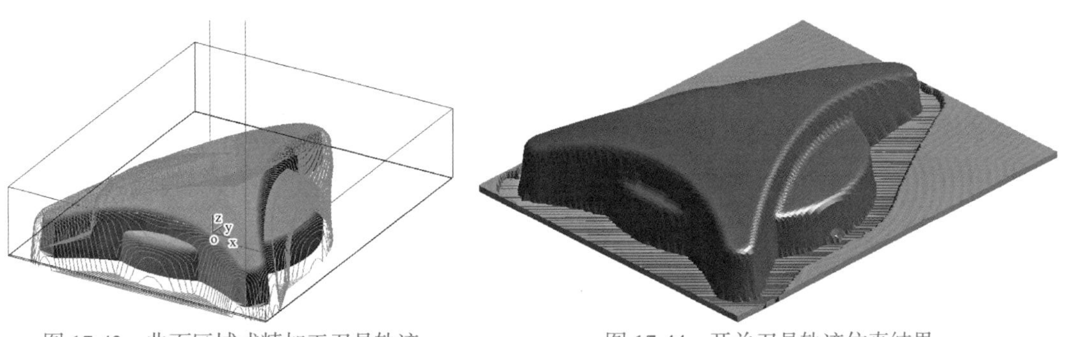

图 17-43　曲面区域式精加工刀具轨迹

图 17-44　开关刀具轨迹仿真结果

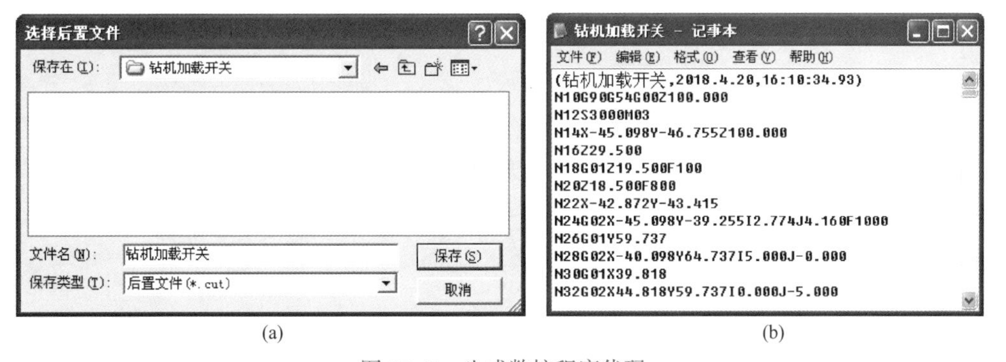

(a)　　　　(b)

图 17-45　生成数控程序代码

读者可以按照上述数控铣削加工自动编程方法，对如图 17-46 所示的零件进行自动编程练习。

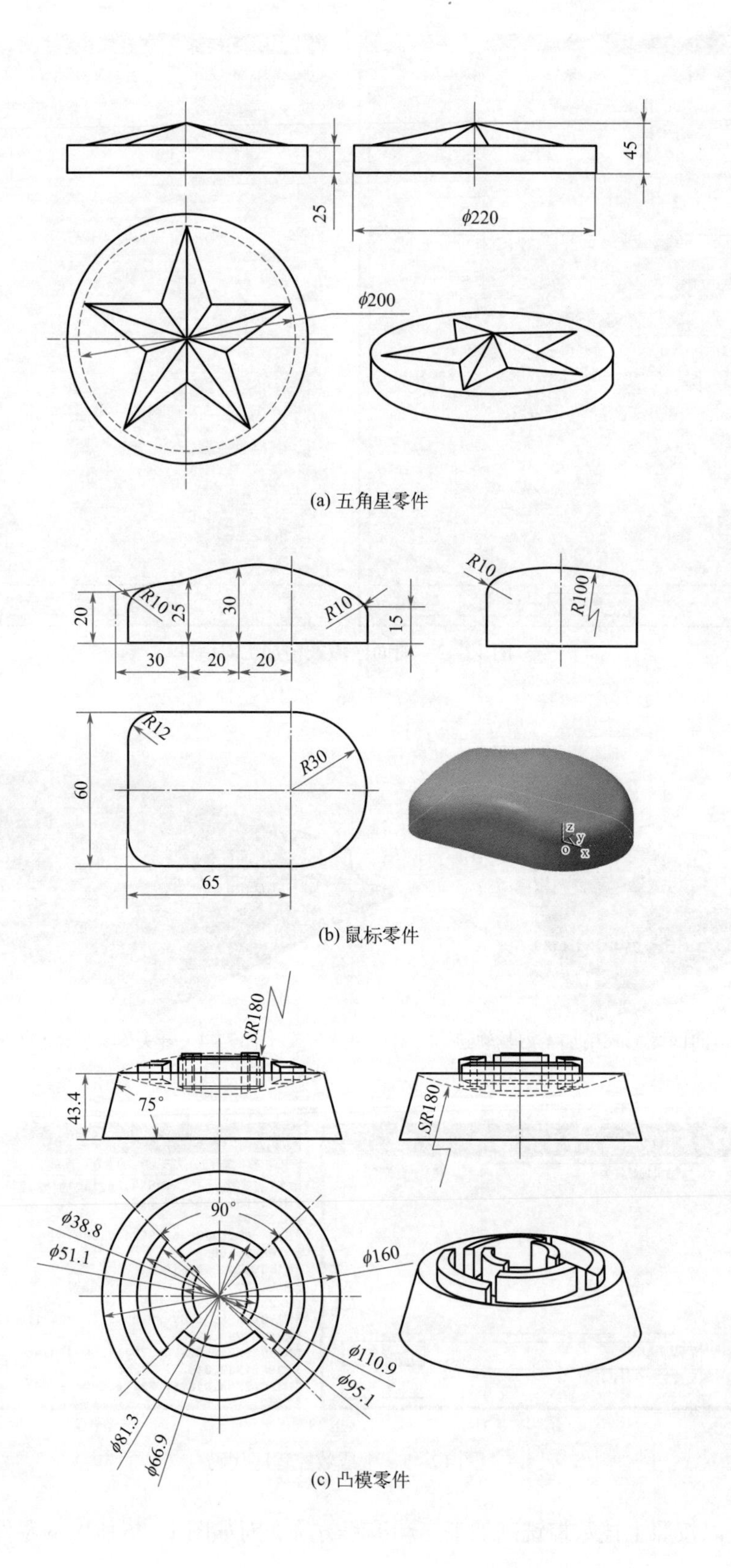

(a) 五角星零件

(b) 鼠标零件

(c) 凸模零件

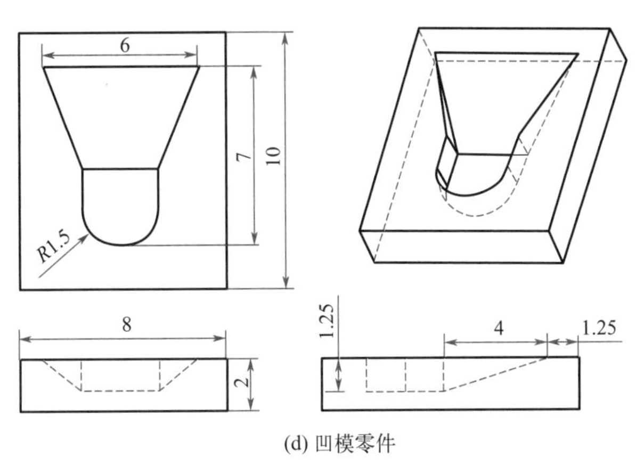

(d) 凹模零件

图 17-46　数控铣削加工自动编程练习题目

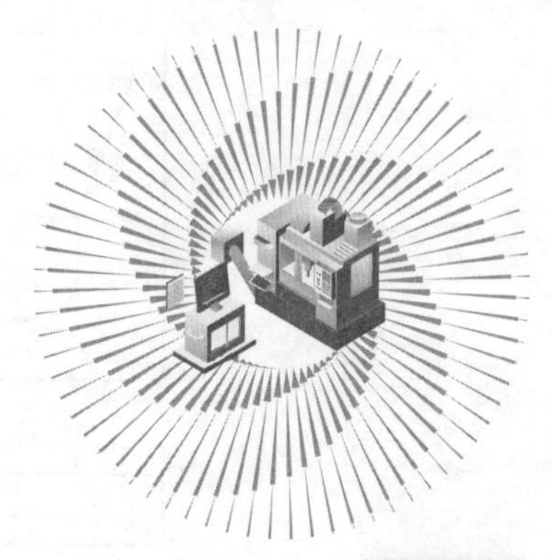

第 18 章 数控仿真加工案例分析与实战

扫码看视频

18.1 数控车削的仿真加工案例

18.1.1 案例题目

计算机数控仿真是应用计算机技术对数控加工操作过程进行模拟仿真的一门新技术。该技术面向实际生产过程的机床仿真操作，加工过程三维动态的逼真再现，能使每一个学习者对数控加工建立感性认识，可以反复动手进行数控加工操作，能有效解决数控设备昂贵和实际操作危险性较大的问题。数控仿真加工是以计算机为平台，在数控仿真加工软件的支持下进行的，本章的各个案例均使用宇龙数控仿真软件进行操作。

现用宇龙数控加工仿真软件对如图 18-1 所示的支座垫铁零件进行车削仿真加工。

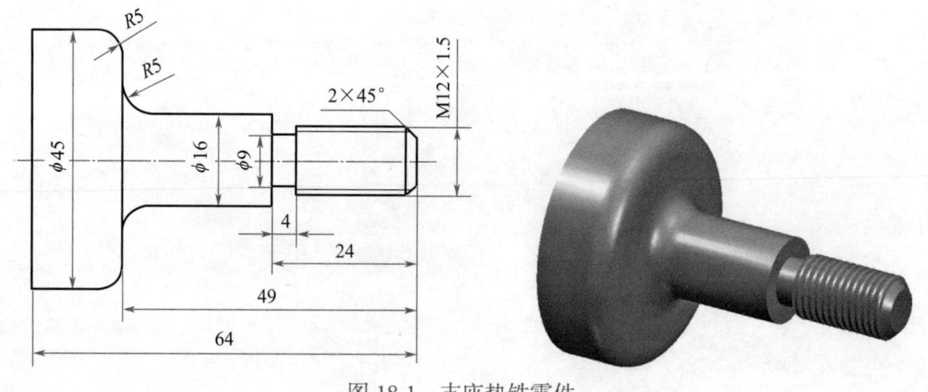

图 18-1 支座垫铁零件

18.1.2 工艺分析

该支座垫铁零件是典型的数控车削加工零件。加工时，主要工作内容包括外圆粗车、外圆精车、切退刀槽和螺纹车削等工步。加工工序卡见表 18-1。

表 18-1　支座垫铁零件加工工序卡

零件名称	支座垫铁	工序号	01	工序名称	数控车削
加工设备	数控车床	夹具名称	自定心卡盘		
零件材料	45 钢	毛坯规格	ϕ50mm 棒料		

工步号	工步内容	刀具编号	刀具类型参数	主轴转速 /（r/min）	进给量 /（mm/r）
1	粗车外轮廓表面	T1	C 型刀片机夹外圆车刀 80°刀尖角	600	0.2
2	精车外轮廓表面	T1	C 型刀片机夹外圆车刀 80°刀尖角	1000	0.05
3	车退刀槽	T2	刃宽 4mm 切槽车刀	500	0.05
4	车外螺纹	T3	60°外螺纹车刀	300	—

18.1.3　数控程序编制

根据表 18-1 的工艺要求，选取零件右端面中心点为编程坐标系原点，对该支座零件编制数控加工程序如下（采用 FANUC 0i MATE C 数控系统）：

```
%
O5555;                          程序名
M03S600;                        主轴正转，转速 600r/min
T0101;                          选 1 号外圆车刀
G00X50Z2;                       快速进刀至起刀点
G71U2R1;                        外圆粗车固定循环
G71P10Q20U0.3W0.15F0.2;
N10G01X4;                       外圆精加工轨迹开始
X12Z-2;
Z-24;
X16;
Z-44;
G02X26W-5R5;
G01X35;
G03X45W-5R5;
N20G01Z-64;                     外圆精加工轨迹结束
M05;                            主轴停转
M03S1000;                       外圆精加工时主轴提速
G70P10Q20F0.05;                 精加工固定循环
G00X100Z100;                    退刀
T0202;                          选择 2 号切槽刀
G00X18Z-24;                     快速定位至退刀槽
G01X9F0.05;                     切槽
G04X3;                          槽底暂停
G01X18;                         退出刀具
```

```
G00X100Z100;        快退至换刀点
M05;                主轴停转
M03S300;            螺纹加工主轴转速不宜太快
T0303;              选择 3 号螺纹车刀
G00X20Z3;           快速定位至螺纹加工起点
G92X11.2Z-21F1.5;   螺纹加工固定循环，第一刀次
X10.6;              第二刀次
X10.2;              第三刀次
X10.04;             第四刀次
G00X100Z100;        退刀
M05;                主轴停转
M30;                程序结束
```

程序编制完毕，使用计算机自带的记事本工具将该程序录入后，存储为 *.txt 文件，如本例将程序存储为 6789.txt 文件在 D 盘根目录。不要把程序文件放在电脑桌面上，因为数控仿真软件调用路径上含有汉字字符的文件时，往往会出现错误。

18.1.4 案例数控车削加工仿真实战

（1）运行数控加工仿真软件，并选择合适的数控车床

单击主菜单【机床】—【选择机床】，在随后出现的选择机床对话框中，做如图 18-2 所示的选择并确定。

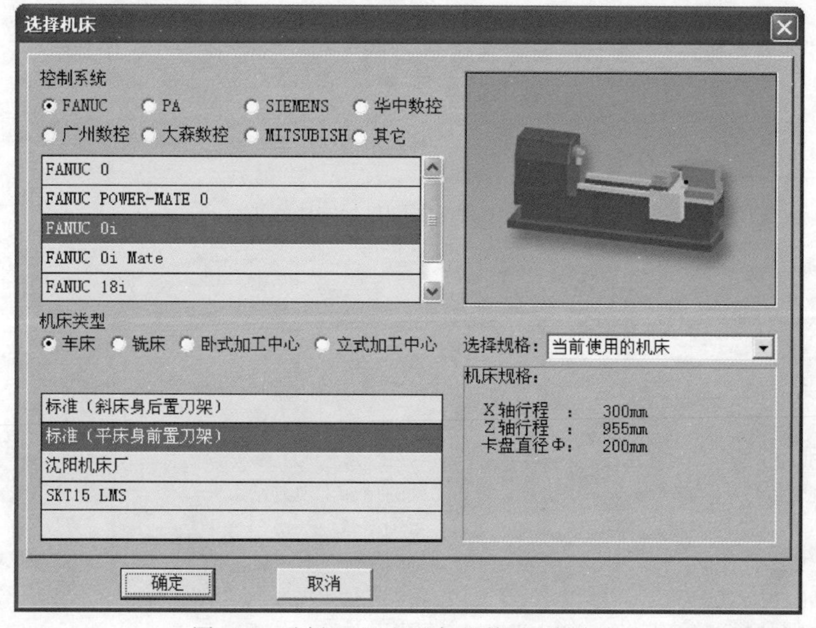

图 18-2　选择 FANUC 0i 标准前置刀架车床

（2）机床通电、回零并设置工作状态

在机床控制面板上，分别按下红色急停按钮和绿色启动按钮，使机床通电工作，如图 18-3 所示。机床控制面板上的每个按钮，当鼠标经过时会自动出现该按钮的功能字样，方便用户使用和熟悉机床。

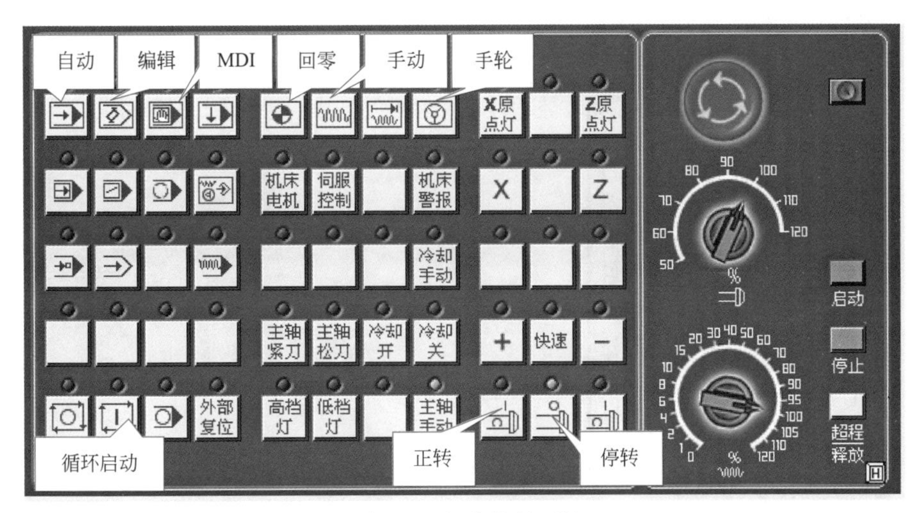

图 18-3　机床控制面板

在机床显示区，单击鼠标右键，将视图方向修改为俯视图，方便之后的观察和操作，如图 18-4 所示。

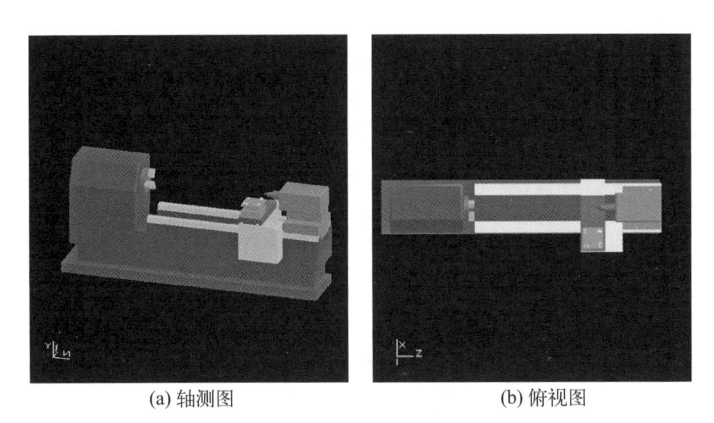

(a) 轴测图　　(b) 俯视图

图 18-4　机床视图修改为俯视图

机床回零：分别按下按钮【回零】—【X】—【+】，完成 X 轴回零；分别按下按钮【回零】—【Z】—【+】，完成 Z 轴回零。

（3）安装毛坯及车刀

毛坯安装：单击主菜单【零件】—【定义毛坯】，在定义毛坯对话框中，做如图 18-5 所示的修改和填写并确定。

单击主菜单【零件】—【放置零件】，在出现的选择零件对话框里，单击选中刚才定义的毛坯，按下【安装零件】按钮，此时出现图 18-6 所示的对话框用来调整毛坯的伸出长度，按下【退出】按钮，则毛坯安装完毕。

刀具安装：单击主菜单【机床】—【选择刀具】，在出现的刀具选择对话框里，依次设置加工需要的三把刀具。

1 号刀（外圆车刀）：在“选择刀片”处选中“标准 C 型”，在下方列表中单击序号“1”一行；在“选择刀柄”处，选中“外圆（右偏刀）”，即左侧第一个，并在下方列表中单击序号“1”一行。此时 1 号刀安装完毕，刀具选择对话框各项设置如图 18-7 所示。

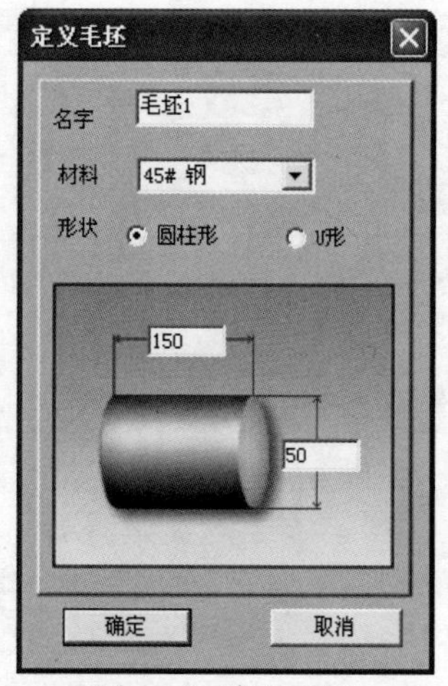

图 18-5　定义毛坯

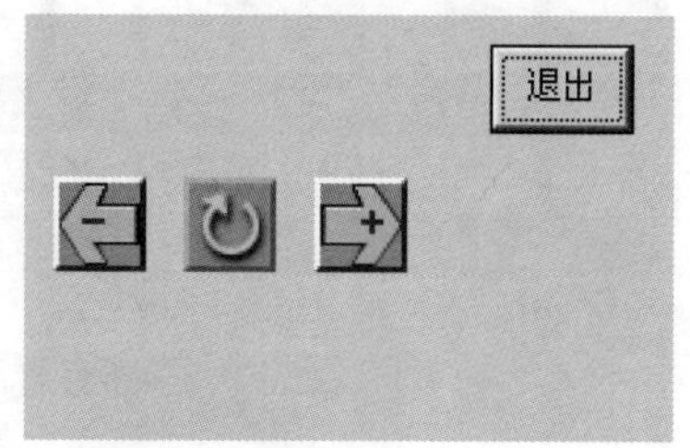

图 18-6　设置毛坯外伸长度

2 号刀（切槽车刀），单击 2 号刀位，按照图 18-8，选择刃宽 4mm 刀片，设置安装。

3 号刀（螺纹车刀），单击 3 号刀位，按照图 18-9 设置安装。

全部刀具安装后，单击【确定】按钮。

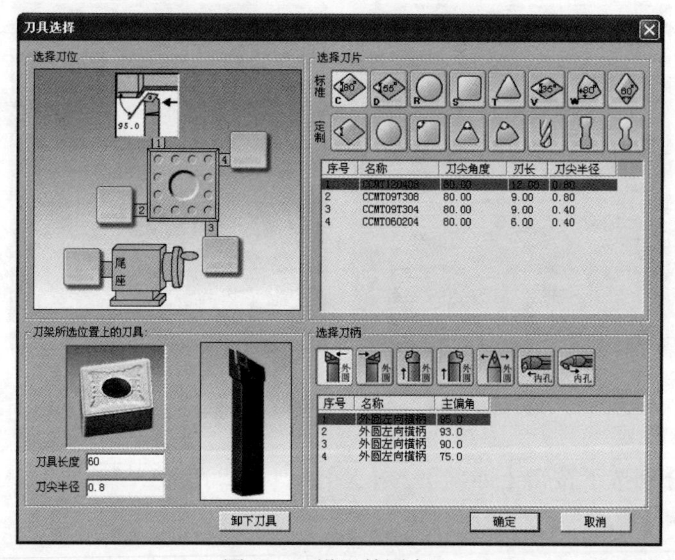

图 18-7　设置外圆车刀

（4）对刀操作

本例的编程原点设置在工件毛坯的右端面与中心线的交点上，因此可以采用刀具偏置的方法来设置工件坐标系。

1 号刀（外圆车刀）对刀：在机床控制面板上，按下【手动】—【正转】按钮，使毛坯旋转；用鼠标配合点击【X】【Z】【+】【-】以及【快速】按钮或者手轮控制，使车刀对毛坯右端面刚好发生接触时，刀具停止移动，如图 18-10（a）所示。

按下如图 18-11 所示的数控系统按钮【OFFSET SETING】按钮，显示器出现如图 18-12 的刀具表，在屏幕下方的软键上按下【形状】，确保光标在番号为“01”的情况下，通过键盘输入“Z0”，按下软键【测量】，完成 *Z* 轴对刀，如图 18-12（a）所示。

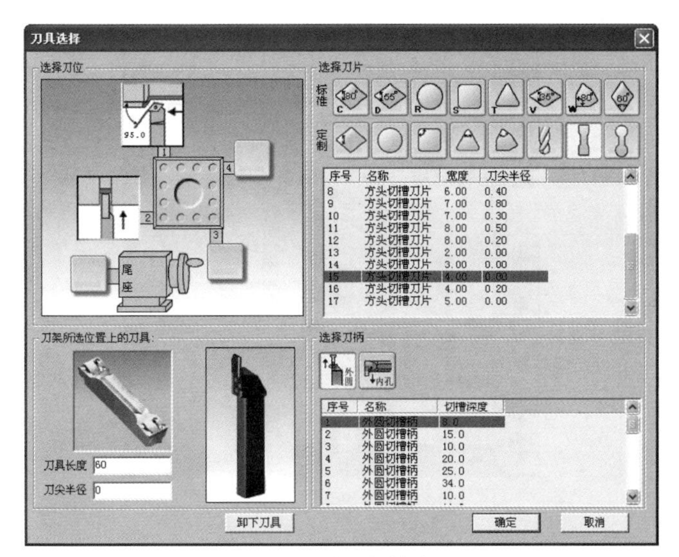

图 18-8 设置切槽车刀

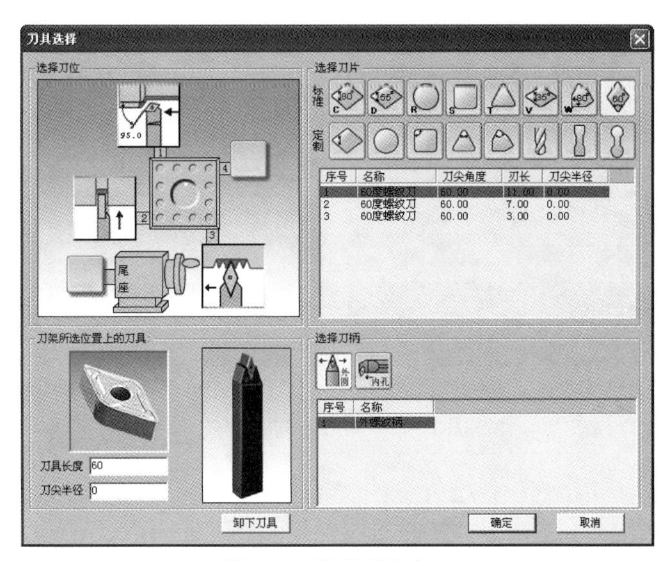

图 18-9 设置螺纹车刀

(a) Z 向对刀操作，刀具毛坯恰好接触

(b) X 向对刀操作，切外圆并原路退出

图 18-10 车刀对刀时的刀具与毛坯的位置关系

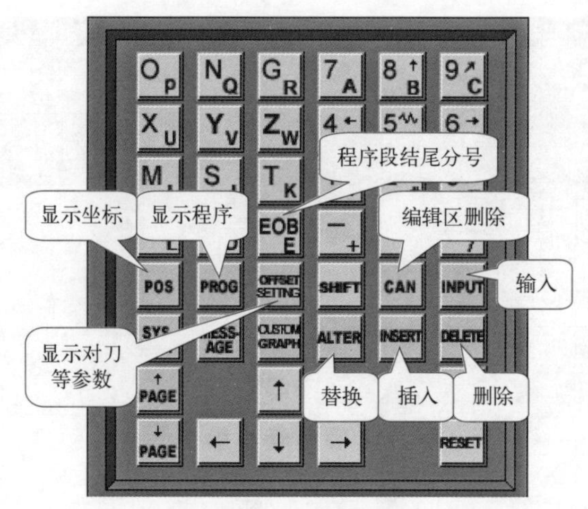

图 18-11　数控系统按钮

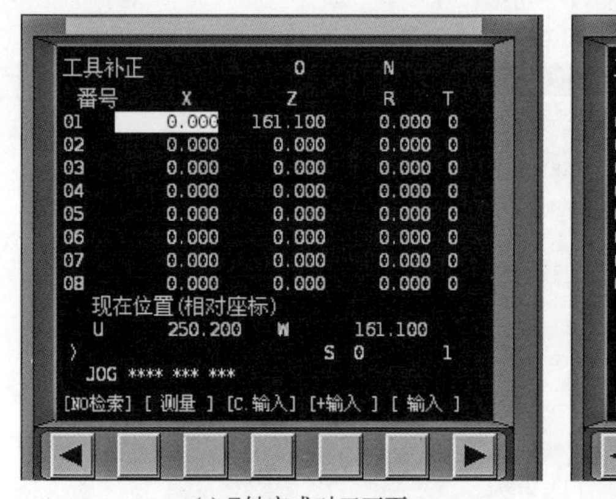

(a) *Z* 轴完成对刀画面

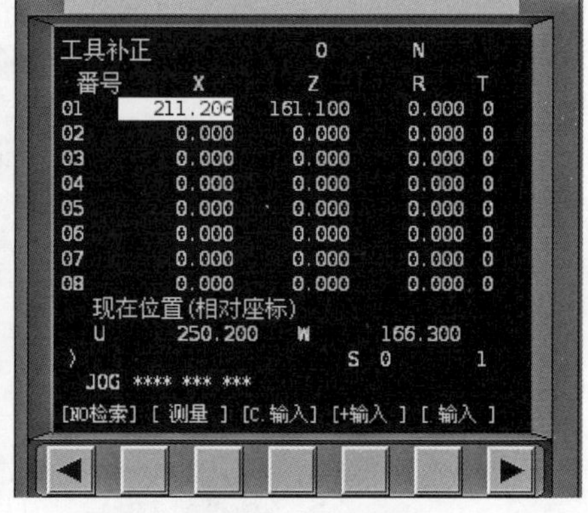

(b) *X* 轴完成对刀画面

图 18-12　对刀时的刀具表

接着用鼠标配合点击【X】、【Z】、【+】、【-】以及【快速】按钮或者手轮控制，使车刀对毛坯外圆少余量切出一段新的外圆面，并保持刀具 *X* 向不动，原路退离毛坯，刀具停止移动，毛坯停转，如图 18-10（b）所示。单击主菜单【测量】—【剖面图测量】，单击【是】按钮，出现车床工件测量对话框，如图 18-13 所示。单击剖面图上右侧刚车出的外圆轮廓线，在下方会自动提示该段直径，如本例为 ϕ38.994mm。

此时，在确保光标所在番号仍为“01”的情况下，通过键盘输入“X38.994”，按下软键【测量】，完成 *X* 轴对刀，如图 18-12（b）所示。

将刀具退离毛坯到较远的换刀点位置，按下图 18-3 所示的【MDI】按钮，再按下图 18-11 所示的【显示程序】按钮，通过数控系统键盘输入“T0202”，按下【EOB】—【INSERT】按钮，“T0202；”（换 2 号刀）程序段便由编辑区进入程序区，如图 18-14（a）所示；此时按下机床控制面板上的【循环启动】按钮，完成换刀操作，如图 18-14（b）所示。

重复 1 号刀的对刀方法，分别完成另外两把刀具的对刀操作。值得注意的是，对于螺纹车刀的 *Z* 方向试切不必十分严格进行，只需用肉眼观察刀尖与毛坯端面基本对齐即可。

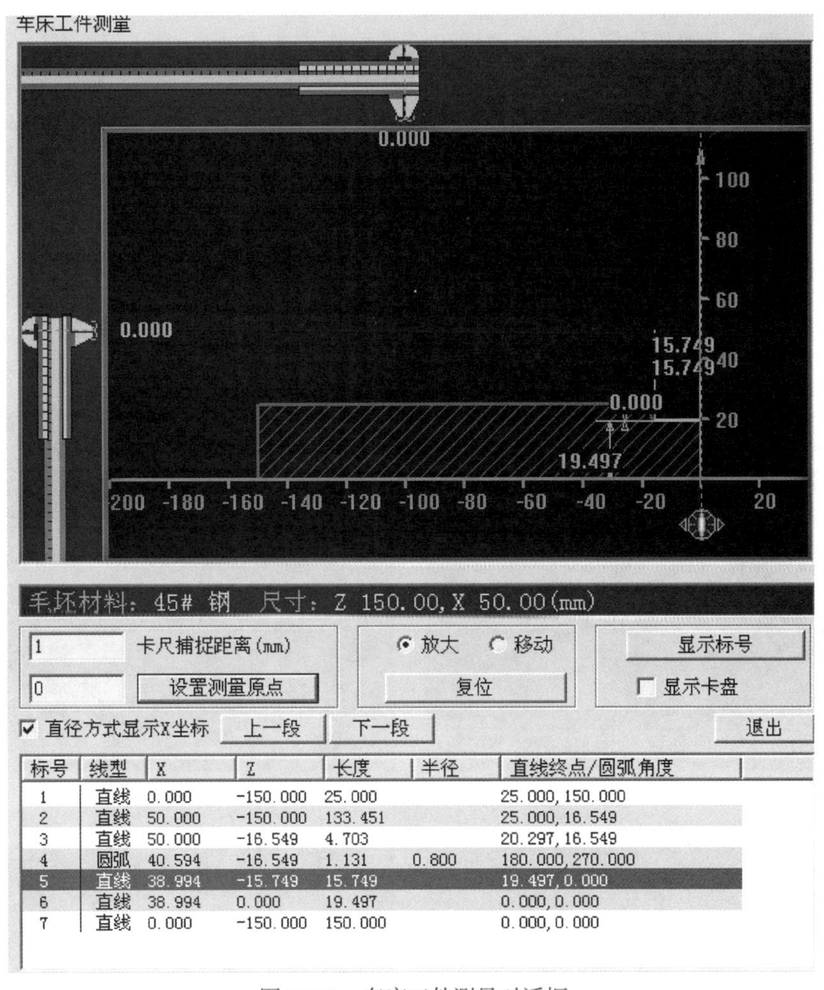

图 18-13　车床工件测量对话框

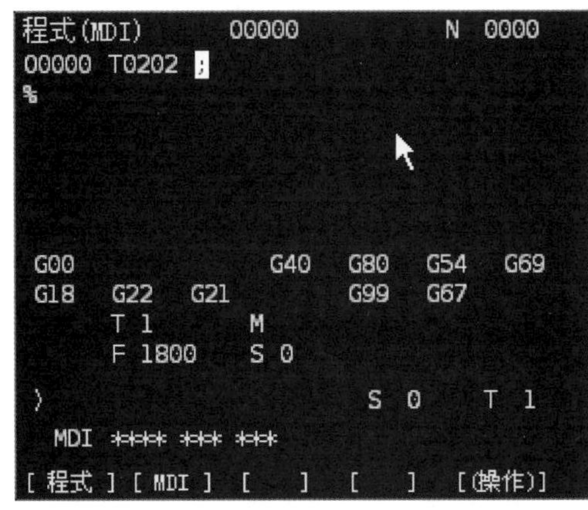

(a) MDI方式输入换刀程序

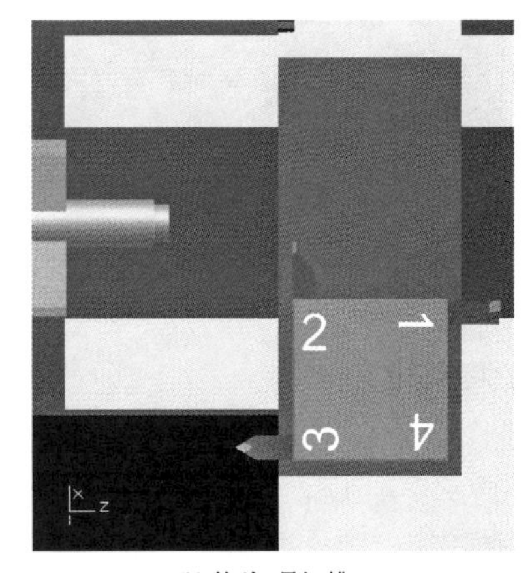

(b) 换为2号切槽刀

图 18-14　换刀操作

(5) 程序录入

数控仿真软件的程序录入可以有两种方式：一种是模拟在机床数控系统键盘上逐个字符输入；另一种则是模拟机床通过计算机联网，把自动编程产生的数控程序传入机床存储器。接下来，采取第二种方法进行程序录入。

按下图 18-3 所示的【编辑】按钮，再按下图 18-11 所示的【显示程序】按钮，在显示屏下方对应的软键上，按下【操作】，如图 18-15（a）所示；按下向右的箭头软键，再按下【READ】软键，如图 18-15（b）所示；输入程序名“O6789”，如图 18-15（c）所示；按下【EXEC】软键，显示画面如图 18-15（d）所示。然后，单击主菜单【机床】—【DNC 传送】，在弹出的对话框中查找并打开事先存储在 D 盘根目录上的 6789.txt 文件，如图 18-16（a）所示，此时该程序便显示在屏幕中，如图 18-16（b）所示。

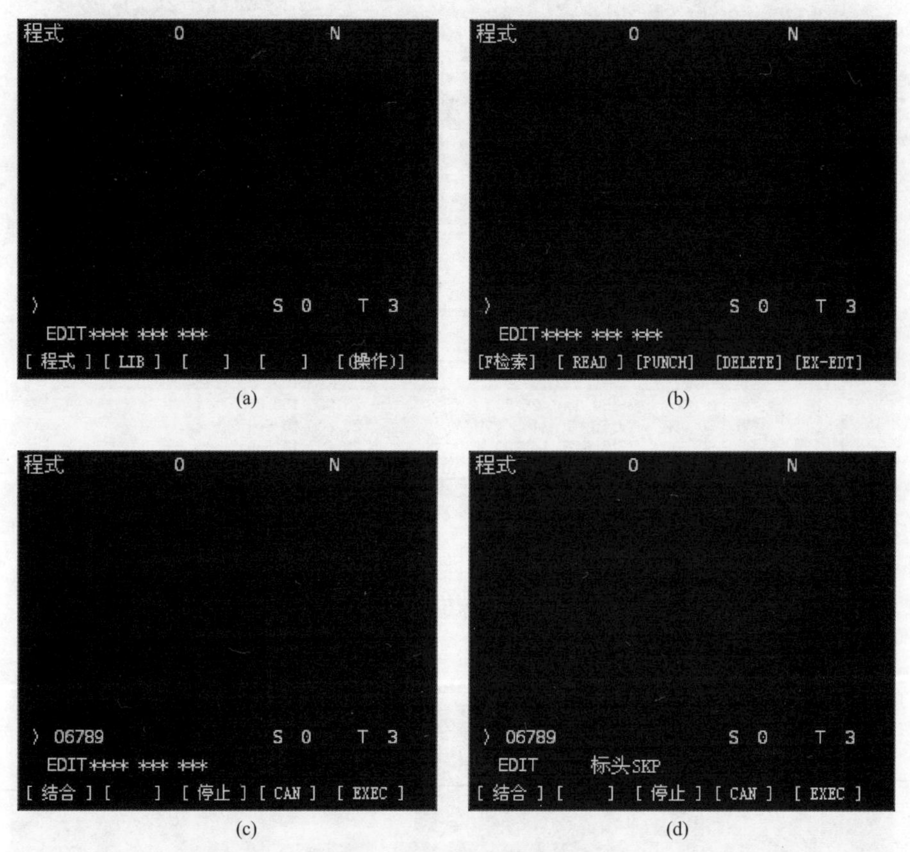

图 18-15 程序录入过程

(6) 模拟加工

按下图 18-3 所示的【自动】—【循环启动】按钮，就可以进行仿真加工，加工过程如图 18-17 所示。加工完毕后，还可以调出工件测量对话框核对工件尺寸，以便发现问题及时调整数控程序。

读者可以参照上述步骤，使用数控仿真软件，对如图 18-18 ～图 18-21 所示的零件进行数控车削仿真加工练习。

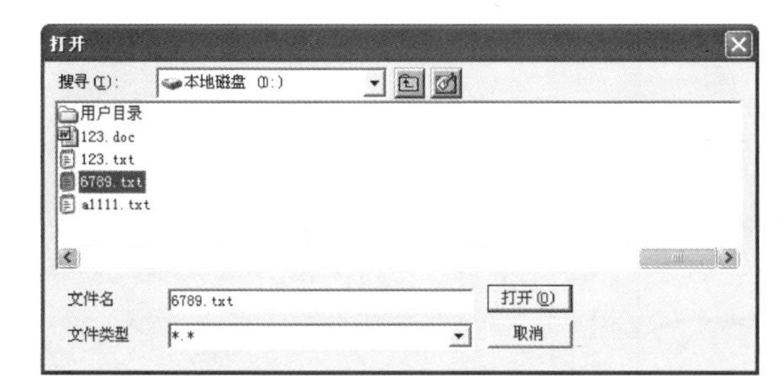

(a)

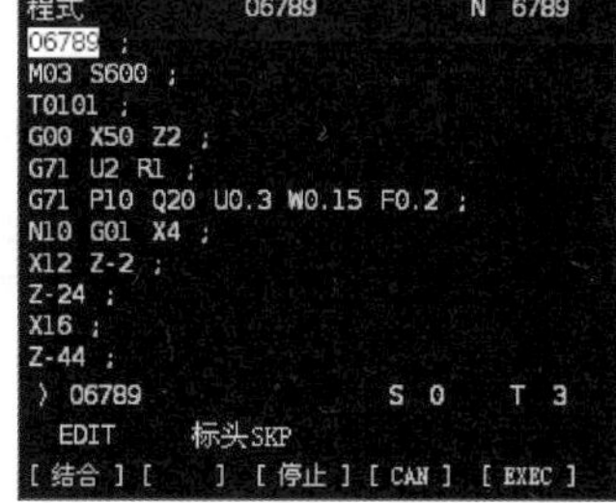

(b)

图 18-16　选中程序文件并传入数控系统

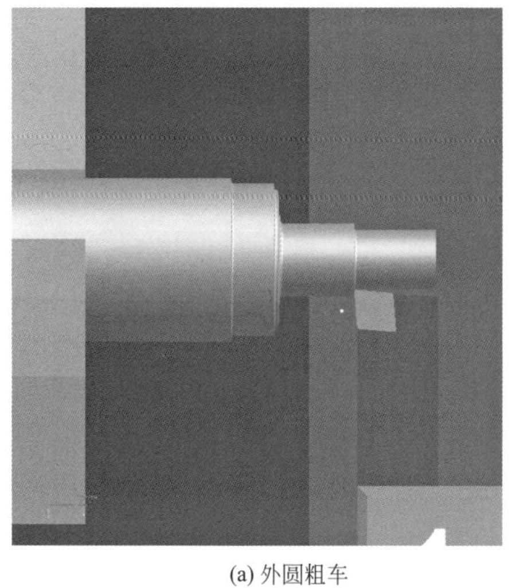

(a) 外圆粗车

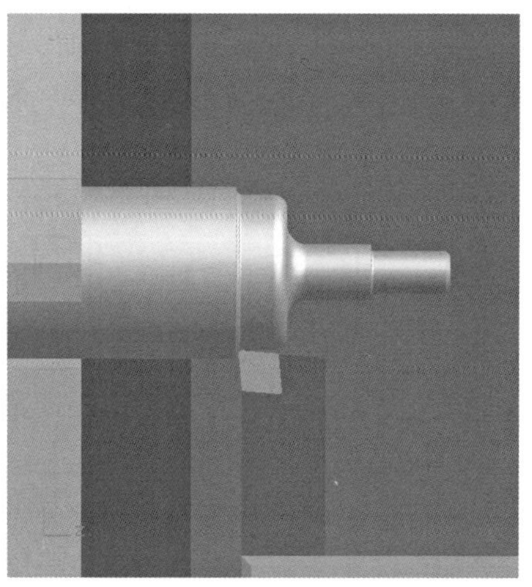

(b) 外圆精车

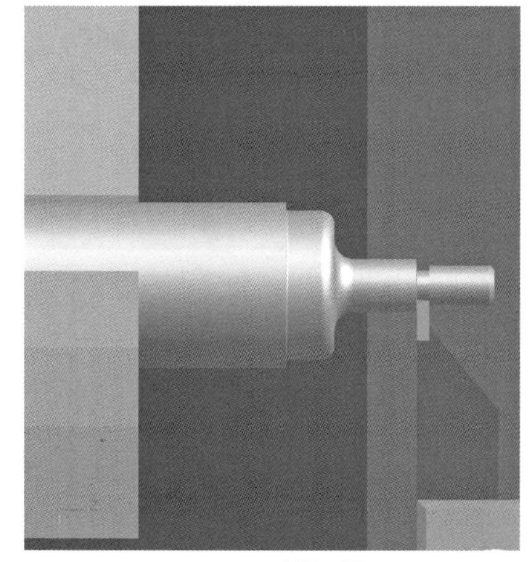

(c) 车退刀槽

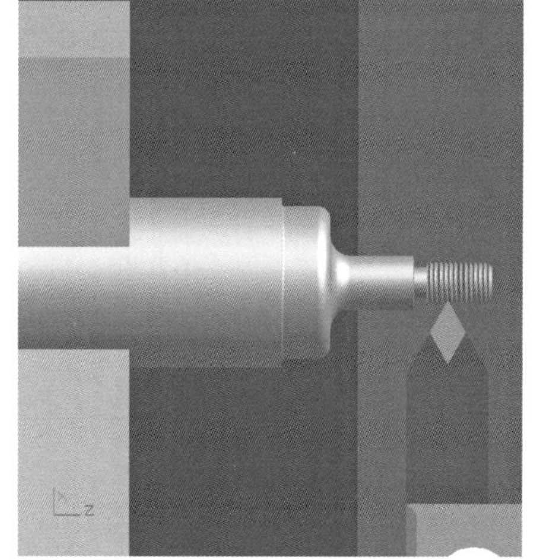

(d) 车外螺纹

图 18-17　数控车床仿真加工过程

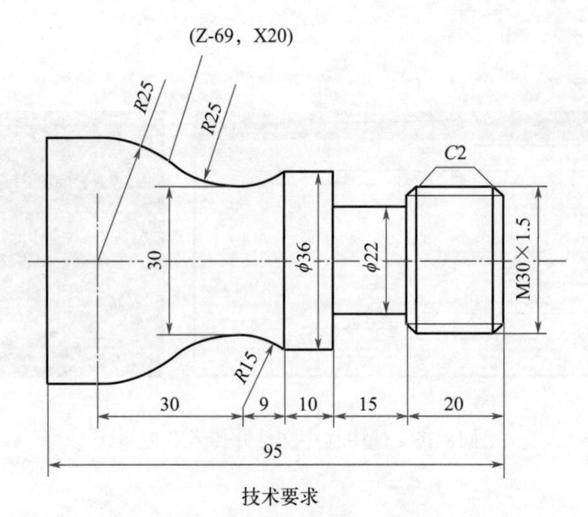

技术要求

1. 未注长度尺寸允许偏差±0.3mm。
2. 毛坯材料45钢，ϕ50×120。

图 18-18　数控车削仿真加工练习题 1

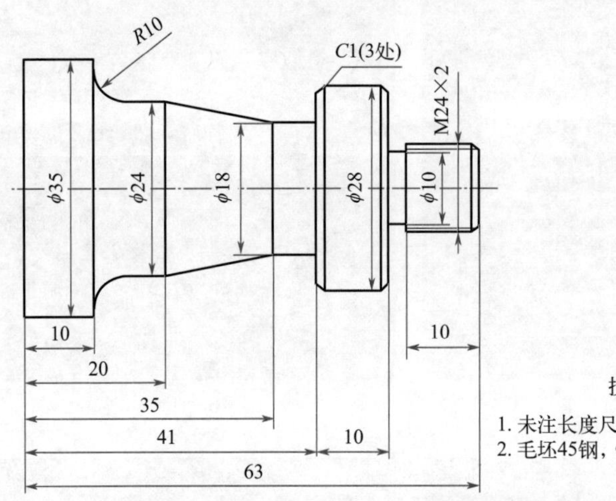

技术要求

1. 未注长度尺寸允许偏差±0.4mm。
2. 毛坯45钢，ϕ40×100。

图 18-19　数控车削仿真加工练习题 2

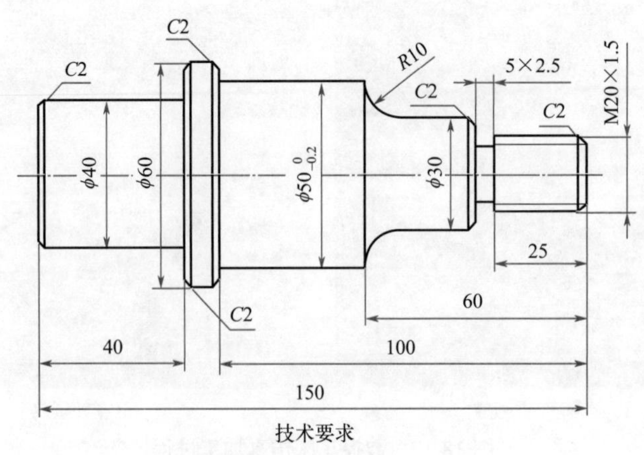

技术要求

1. 未注长度尺寸允许偏差±0.5mm。
2. 毛坯尺寸ϕ65×160，材料45钢。

图 18-20　数控车削仿真加工练习题 3

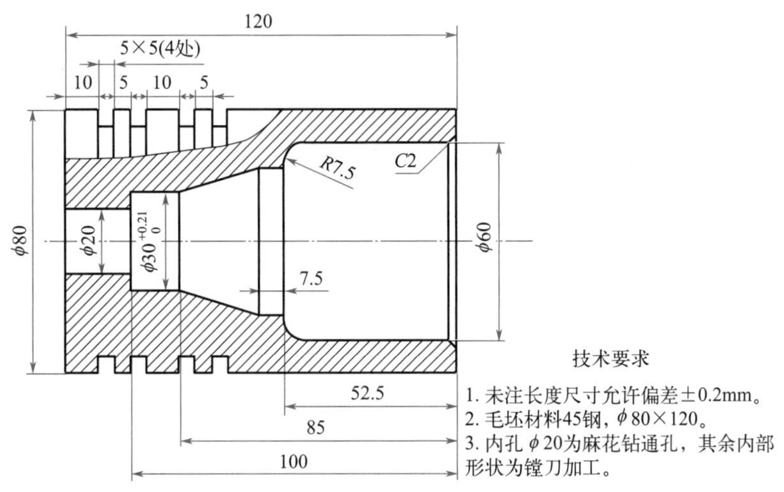

图 18-21　数控车削仿真加工练习题 4

18.2　数控铣削的仿真加工案例

18.2.1　案例题目

现用宇龙数控加工仿真软件对如图 18-22 所示的测温计端盖模具零件（材料 45 钢）进行铣削仿真加工。

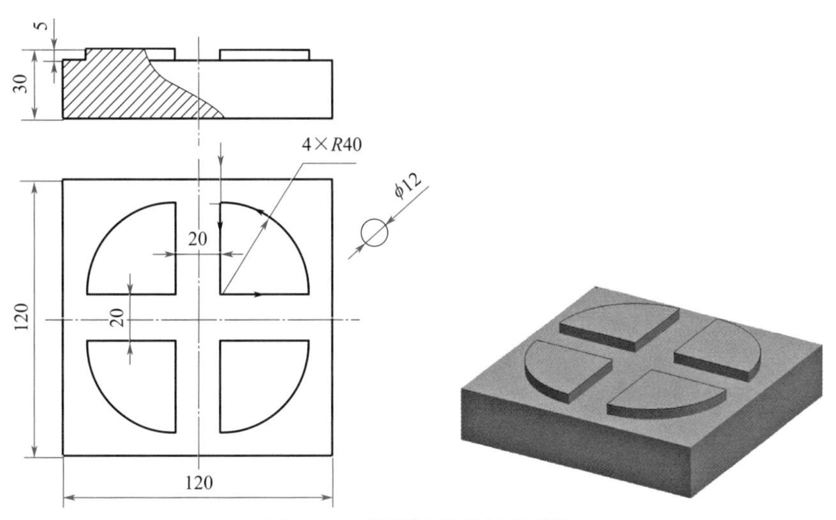

图 18-22　测温计端盖模具零件

18.2.2　工艺分析

该零件结构简单，尺寸精度要求不高，图形对称，适合采用镜像加工模式以便简化编程。由于四个图形的间距均为 20mm，因此可以采用 ϕ12mm 立铣刀一次走刀把图形间通道加工完成，四周边剩余材料手动切除。该零件的加工工序卡，见表 18-2。

表 18-2 加工工序卡

加工内容	刀具与切削参数						
	刀具规格			主轴转速 /（r/min）	进给速度 /（mm/min）	刀具补偿	
	刀号	刀具名称	材料			半径 /mm	长度
工步 1：铣右上角图形	T1	ϕ12mm 立铣刀	高速钢	800	120	D01=6	—
工步 2：对称铣其余图形	T1	ϕ12mm 立铣刀	高速钢	800	120	D01=6	—

18.2.3 数控程序编制

根据表 18-2 的工艺要求，选取零件上表面中心点为编程坐标系原点，对该测温计端盖模具零件编制数控加工程序如下（采用华中世纪星数控系统）：

```
%5678                     主程序名
G90G40G49G17G80G54        机床状态初始化
G00Z50
X0Y0                      快速定位至起刀点
M03S800                   主轴正转，转速 800r/min
M98P1003                  调用子程序，加工右上角图形
G24X0                     建立 Y 轴镜像
M98P1003                  调用子程序，加工左上角图形
G24Y0                     建立 X 轴镜像，此时 Y 轴镜像仍有效，即原点镜像
M98P1003                  调用子程序，加工左下角图形
G25X0                     取消 Y 轴镜像，此时即为 X 轴镜像
M98P1003                  调用子程序，加工右下角图形
G25Y0                     取消 X 轴镜像
G00X150Y150               退刀
M05                       主轴停转
M30                       程序结束

%1003                     子程序名
G00Y100
G42X10Y70D01              建立刀具半径右补偿
Z5
G01Z-5F120                下刀
Y10F80                    加工垂直边
X50                       加工水平边
G03X10Y50R40              加工圆弧
G01X8                     沿圆弧切向切出
G00Z5                     抬刀
G40X0                     取消刀具半径补偿
Y0
M99                       子程序返回
```

该程序使用计算机记事本工具录入后，存储在 D 盘根目录，名为 5678.txt 文本文件。

18.2.4 案例数控铣削加工仿真实战

（1）运行数控加工仿真软件，并选择合适的数控铣床

单击主菜单【机床】—【选择机床】，在随后出现的选择机床对话框中，做如图 18-23 的选择并确定。在机床显示区单击右键，选择【选项】，去除机床罩壳，以便能够观察清楚。

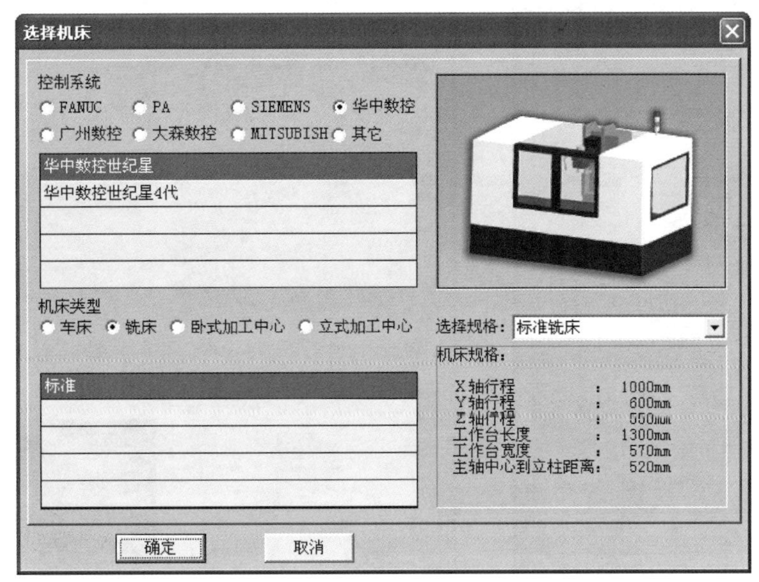

图 18-23 选择华中数控世纪星标准铣床

（2）机床通电并回零

点击数控铣床控制面板上的【急停】按钮，使之呈弹起状态，机床即进入可以工作的状态。

按下数控铣床控制面板上的【回零】按钮，使按钮左上角显示灯呈亮起状态。分别按下【+Z】、【+X】和【+Y】按钮，此时机床即可自动完成回零工作。数控铣床控制面板如图 18-24 所示。

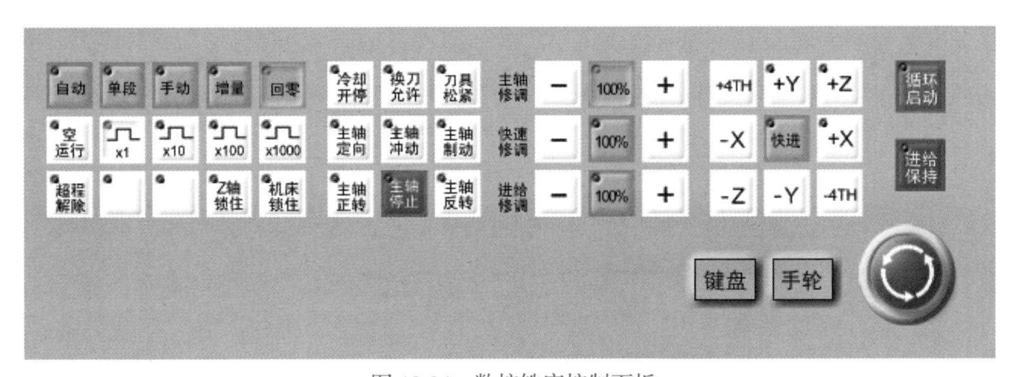

图 18-24 数控铣床控制面板

（3）安装毛坯

根据训练题目要求，设计本例所使用的毛坯为 120mm×120mm×30mm 的立方体，材料为

45 钢。单击主菜单【零件】—【定义毛坯】，在出现的定义毛坯对话框里进行如图 18-25 所示的设置，并单击【确定】。

单击主菜单【零件】—【安装夹具】，在出现的选择夹具对话框里进行如图 18-26 所示的设置，并单击【确定】按钮。注意，要点击【向上】按钮，使毛坯上表面突出钳口一定高度，以防止加工时造成刀具与平口钳的干涉。

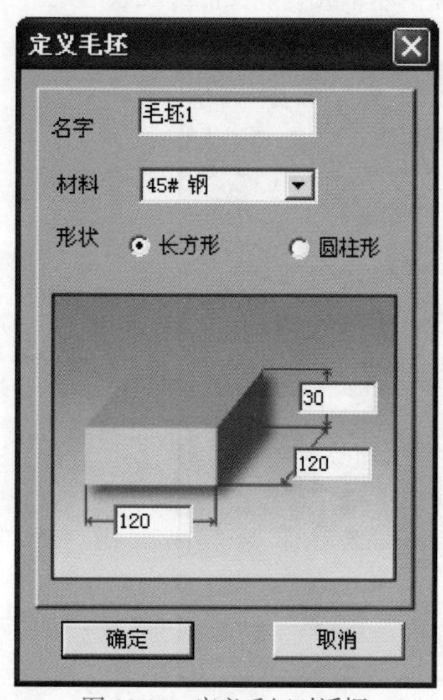

图 18-25　定义毛坯对话框

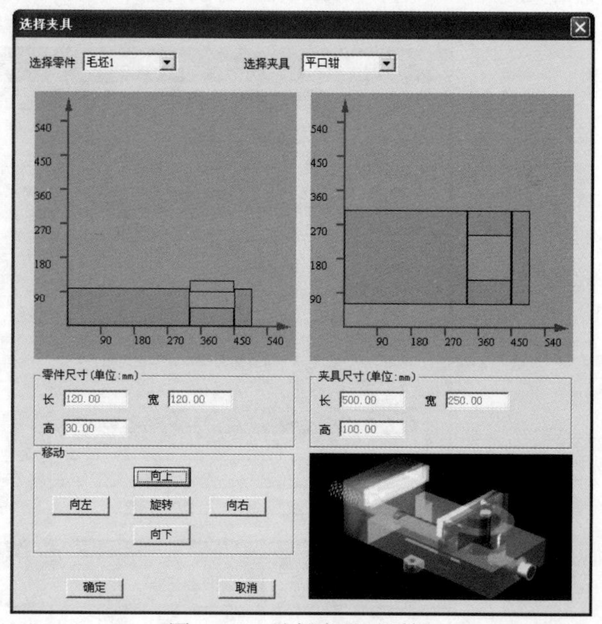

图 18-26　选择夹具对话框

单击主菜单【零件】—【放置零件】，在出现的选择零件对话框里，点击“毛坯 1”，并单击【安装零件】按钮，如图 18-27 所示。在随之出现的移动毛坯对话框中，直接点击【退出】按钮，完成毛坯的安装。

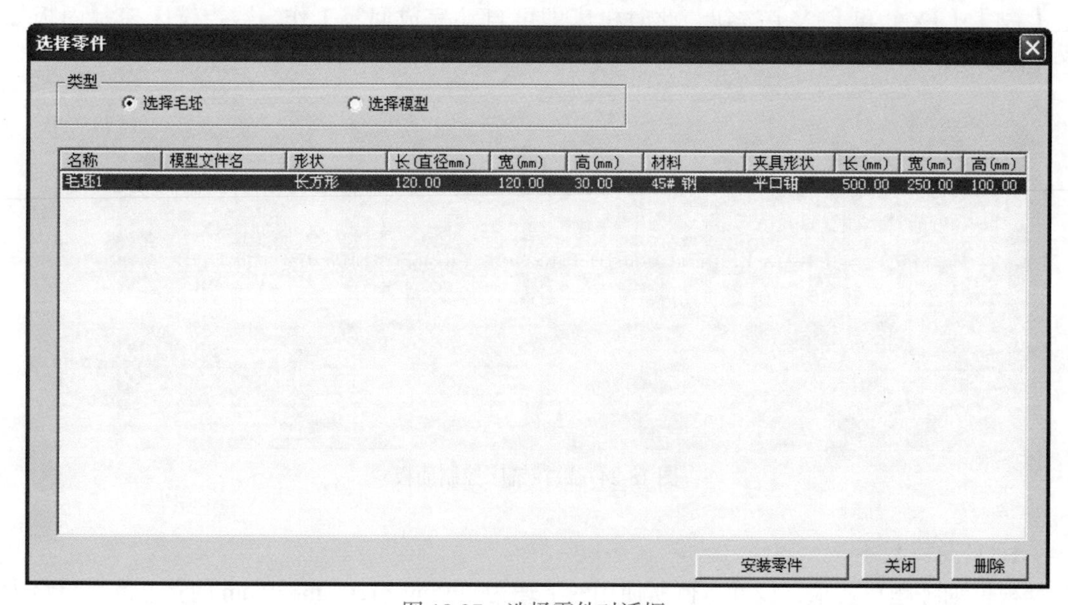

名称	模型文件名	形状	长(直径mm)	宽(mm)	高(mm)	材料	夹具形状	长(mm)	宽(mm)	高(mm)
毛坯1		长方形	120.00	120.00	30.00	45# 钢	平口钳	500.00	250.00	100.00

图 18-27　选择零件对话框

（4）安装刀具

单击主菜单【机床】—【选择刀具】，出现选择铣刀对话框，如图 18-28 所示。在“所需刀具直径：”栏内输入 12；“所需刀具类型：”栏内选择“平底刀”，单击【确定】按钮。在下方“可选刀具：”栏内，选中“序号 2”刀具并单击【确认】按钮完成刀具的安装。

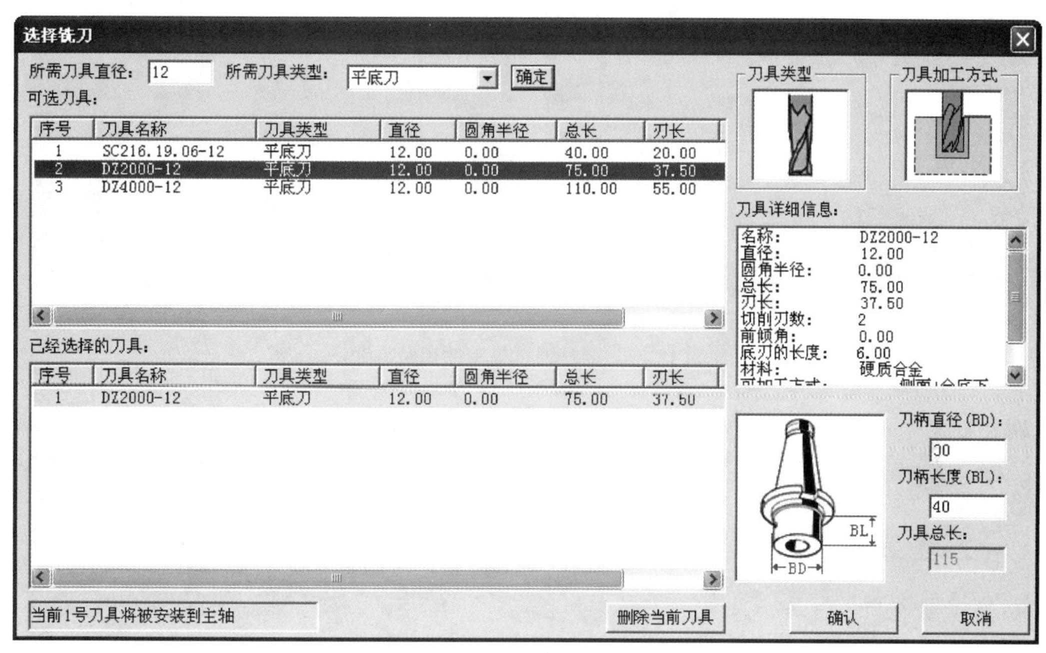

图 18-28 选择铣刀对话框

（5）对刀及刀具半径补偿的设置操作

数控铣床因为有三个轴的运动，因此在对刀操作时，一定要综合考虑刀具当前位置，不断改换视角，才能准确地掌握刀具与毛坯之间的关系。

Z 轴对刀：在机床显示区，单击鼠标右键，选择俯视图，在选项里设置机床为“透明”，此时视角如图 18-29（a）所示。在如图 18-24 所示的控制面板上，按下【手动】按钮，通过点击【+X】、【-X】、【+Y】、【-Y】以及【快进】按钮，不断调整刀具与工件之间的位置，使刀具中心基本处于毛坯中心部位，如图 18-29（b）所示。

转换为前视图状态，点击【-Z】、【快进】按钮，使刀具下降，快与毛坯接触前，单击主菜单【塞尺检查】—【1mm】，再配合使用手轮功能（此时控制面板上应按下【增量】按钮），使塞尺检查结果直至显示“合适”为止，如图 18-30 所示。记录下此时在机床显示屏上，机床实际位置的 *Z* 坐标显示数值，本例为 *Z*=-332-1=-333（考虑塞尺厚度 1mm），如图 18-31 所示。

X 向对刀：由于本例是把编程坐标系原点设置在毛坯的中心点，因此 *X* 方向和 *Y* 方向对刀，采用刀具分别与两侧边接触，并计算中点坐标值的方法。首先 *Z* 向向上抬起刀具，点击【-X】和【+X】按钮，必要时使用塞尺和手轮，直至塞尺检查结果为“合适”，记下毛坯左边 *X* 坐标值（本例为 -567），如图 18-32（a）所示；重复上述方法，测量毛坯右边的 *X* 坐标值（本例为 -433），如图 18-32（b）所示。

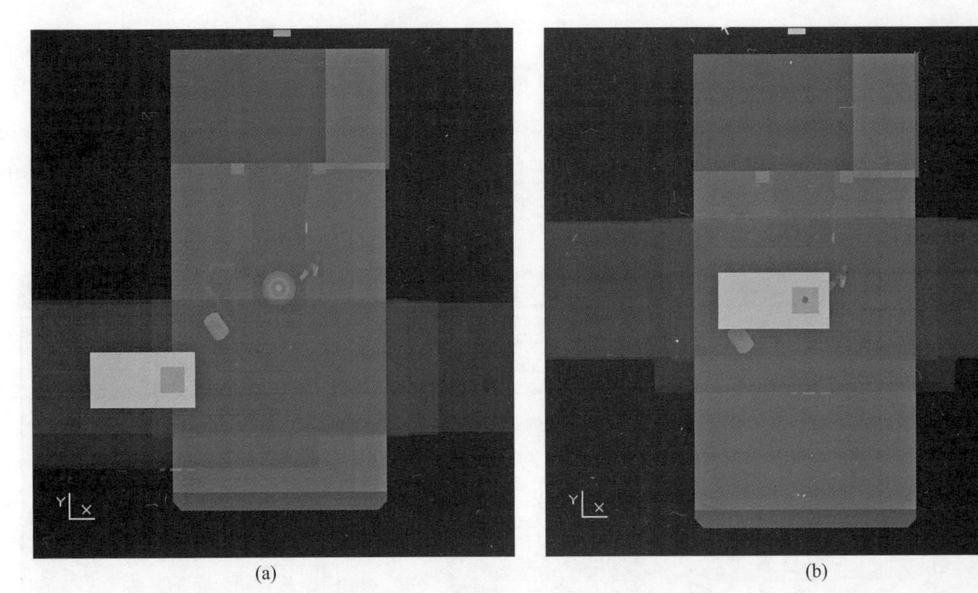

(a)　　(b)

图 18-29　调整刀具与工件相对位置

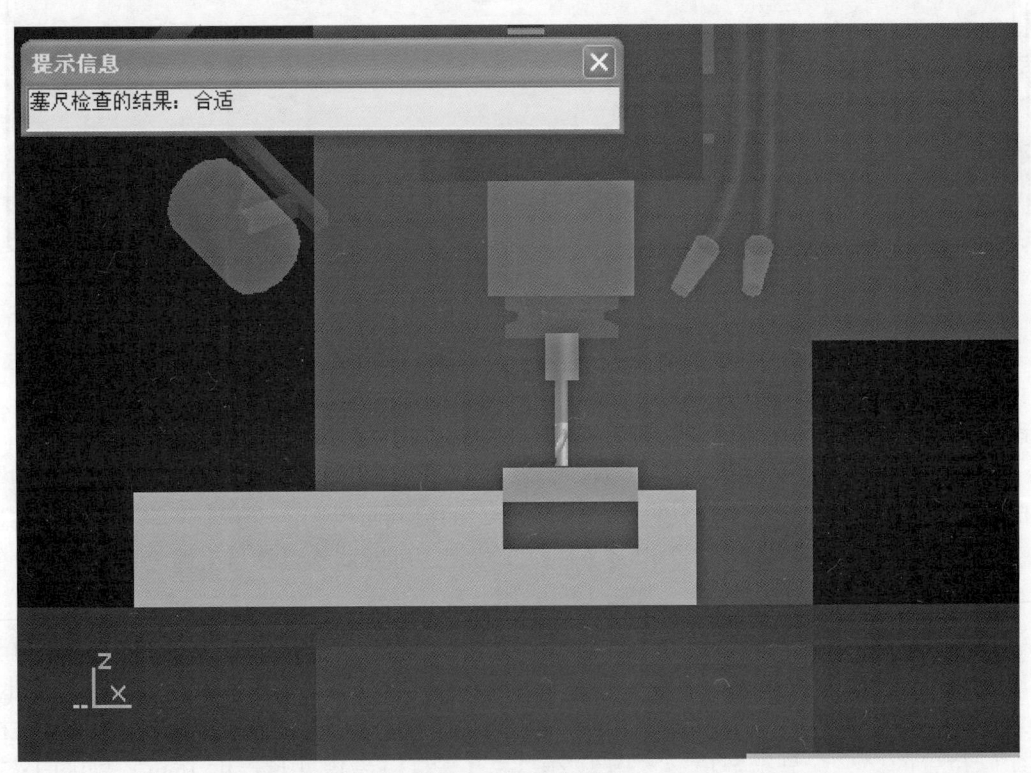

图 18-30　*Z* 方向对刀

通过［（−567）+（−433）］÷2=−500，计算得到本例中 *X* 向中点的对刀值为 *X*−500。

Y 向对刀：仿照 *X* 向对刀的原理，得到本例中 *Y* 向中点的对刀值为 −415。

按下图 18-31 所示下方一行的【MDI F4】按钮，该行改变为如图 18-33 所示。按下【坐标系 F3】按钮，在 MDI 一栏内输入得到的 *X*、*Y*、*Z* 三个对刀值，按回车键，完成 G54 坐标系的坐标值设定，如图 18-34 所示。

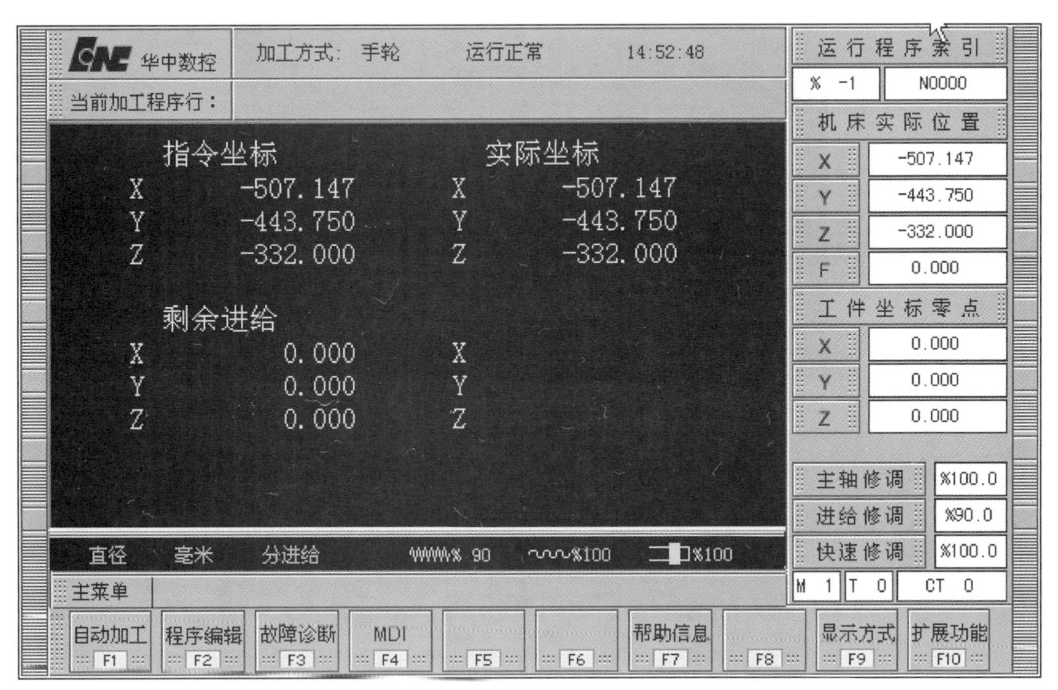

图 18-31 读取机床实际位置 *Z* 方向对刀数值

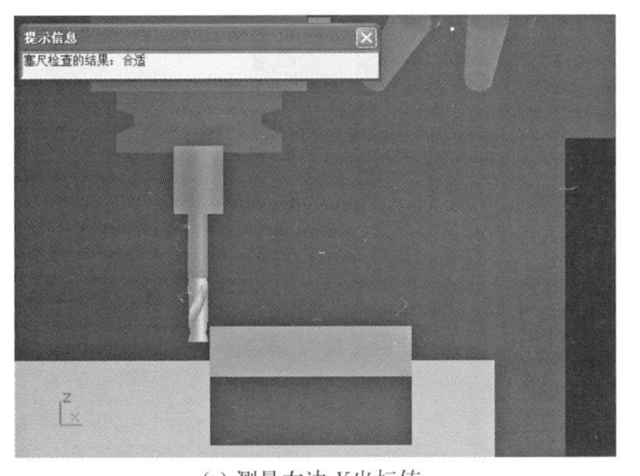

(a) 测量左边 *X* 坐标值

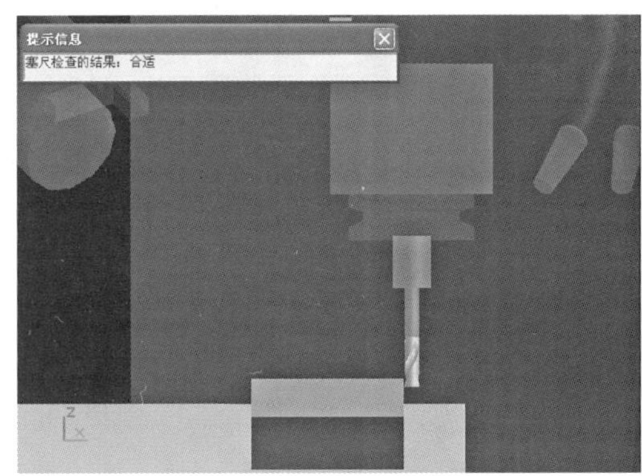

(b) 测量右边 *X* 坐标值

图 18-32 *X* 方向对刀

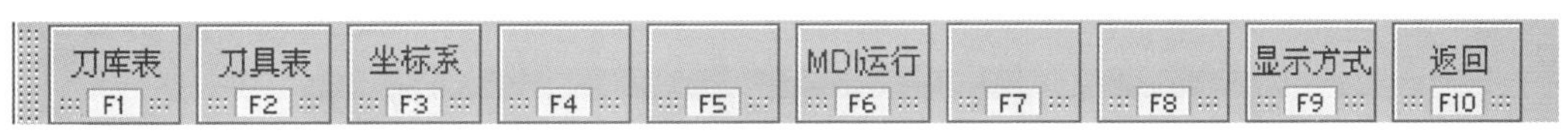

图 18-33 MDI 软键

按图 18-33 中【返回 F10】按钮，再按【刀具表 F2】按钮，此时屏幕出现刀具表，将光标移至 #0001 行，半径列，点击后按回车键，通过键盘输入刀具半径 6mm，如图 18-35 所示。

(6) 导入数控加工程序

在图 18-31 界面，按下【程序编辑 F2】按钮，在出现的程序编辑软键中按下【选择编辑程序 F2】按钮，如图 18-36 所示。

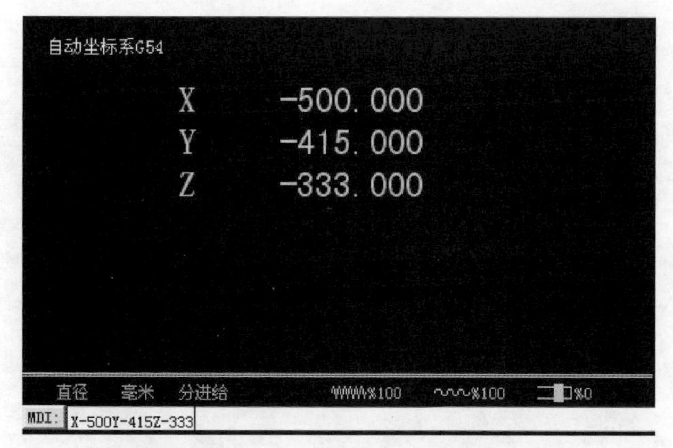

图 18-34 输入三个对刀值，完成坐标系设定

刀具表：

刀号	组号	长度	半径	寿命	位置
#0000	-1	0.000	0.000	0	-1
#0001	-1	0.000	6.000	0	-1
#0002	-1	0.000	0.000	0	-1
#0003	-1	0.000	0.000	0	-1
#0004	-1	0.000	0.000	0	-1
#0005	-1	0.000	0.000	0	-1
#0006	-1	0.000	0.000	0	-1
#0007	-1	0.000	0.000	0	-1
#0008	-1	0.000	0.000	0	-1
#0009	-1	0.000	0.000	0	-1
#0010	-1	0.000	0.000	0	-1
#0011	-1	0.000	0.000	0	-1
#0012	-1	0.000	0.000	0	-1

直径 毫米 分进给 %100 %100 %0

命令行：

图 18-35 设置刀具半径补偿值

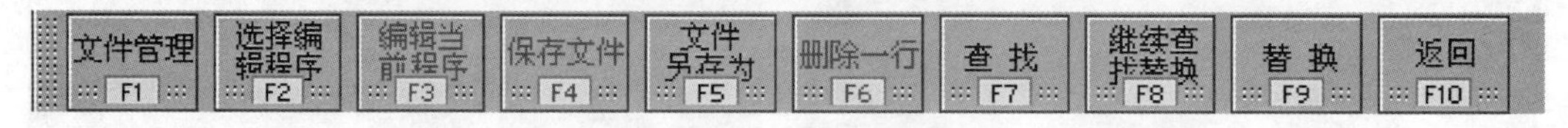

图 18-36 程序编辑软键

接下来选择【磁盘程序 F1】，屏幕上出现“请选择要编辑的 G 代码文件”对话框，使用物理键盘上的“Tab”键切换对话框中交点所在位置，选择文件类型为“*.txt”，文件位置为“d：\”，文件名为“5678.txt”，回车选中，如图 18-37 所示。

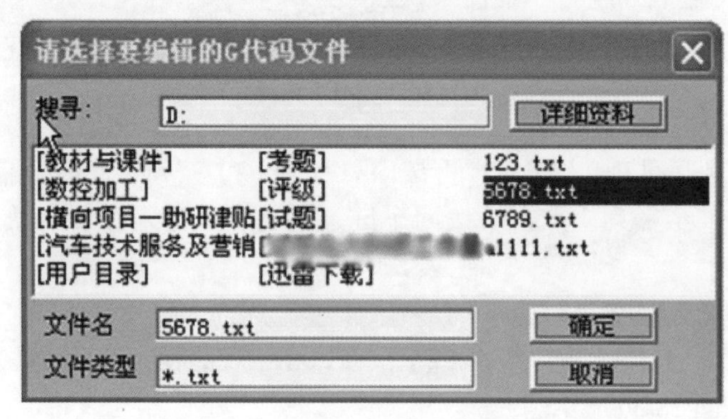

图 18-37 选择要编辑的数控程序

此时，在屏幕上显示的就是事先编制好的测温计端盖模具零件数控加工程序，如图 18-38 所示。

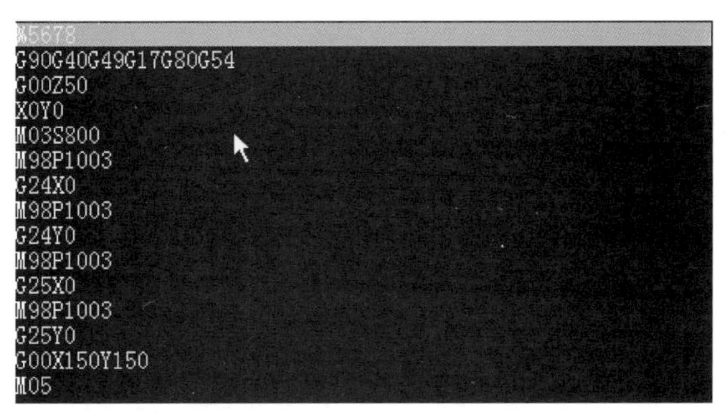

图 18-38　导入的数控加工程序

此时也可以对该程序进行编辑和修改，但要注意每次修改后应按下【保存文件 F4】按钮进行保存。

（7）自动仿真加工

在图 18-31 界面，按下【自动加工 F1】按钮，再按【程序选择 F1】按钮，选【正在编辑的程序 F2】并回车。按下图 18-24 所示控制面板中的【自动】按钮—【循环启动】按钮，机床就会开始自动按程序加工零件，仿真加工过程如图 18-39 所示。

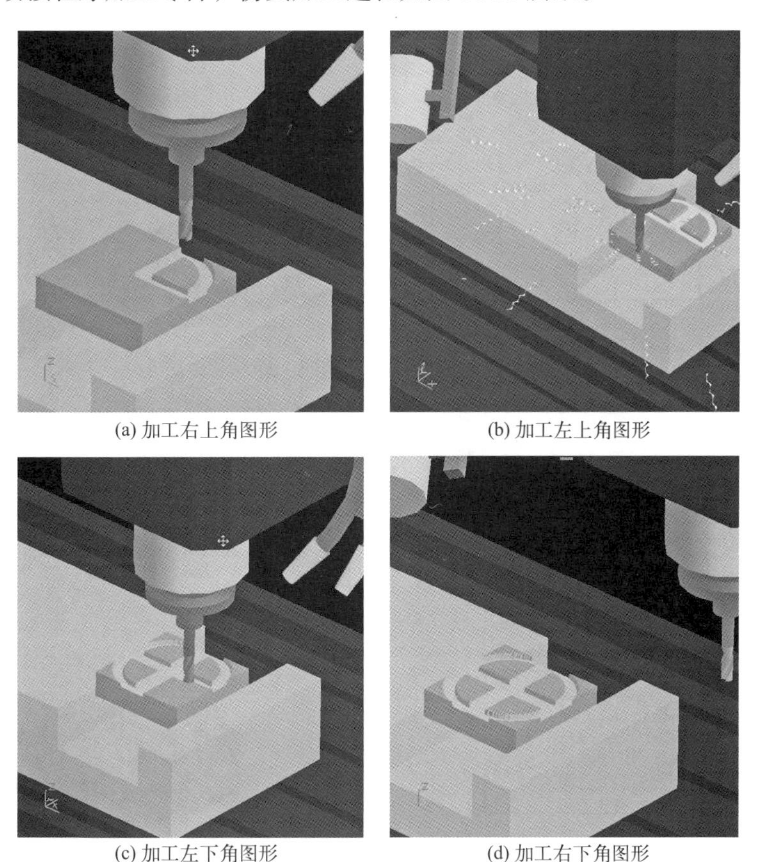

(a) 加工右上角图形　(b) 加工左上角图形

(c) 加工左下角图形　(d) 加工右下角图形

图 18-39　测温计端盖模具零件数控仿真加工过程

读者可以参照上述步骤，使用数控仿真软件，对如图 18-40 ～图 18-43 所示的零件进行数控铣削仿真加工练习。

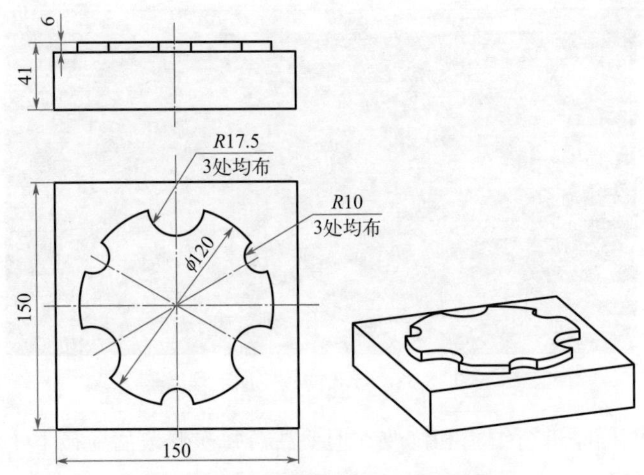

图 18-40　数控铣削仿真加工练习题 1

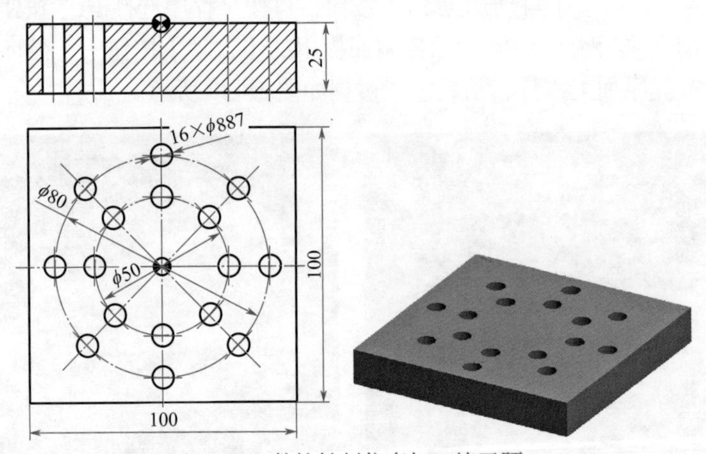

图 18-41　数控铣削仿真加工练习题 2

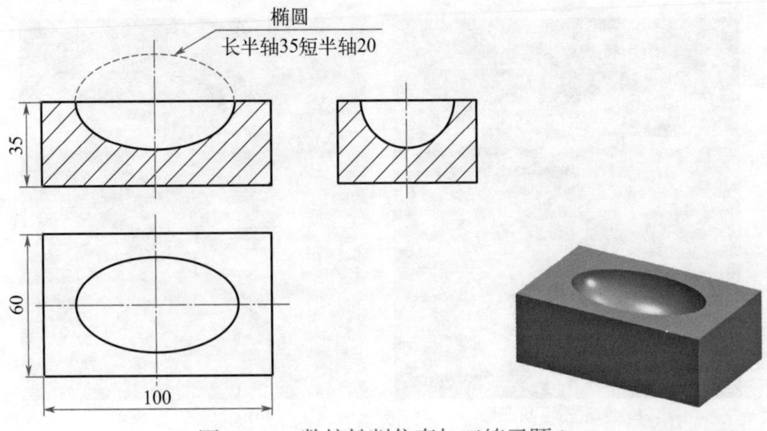

图 18-42　数控铣削仿真加工练习题 3

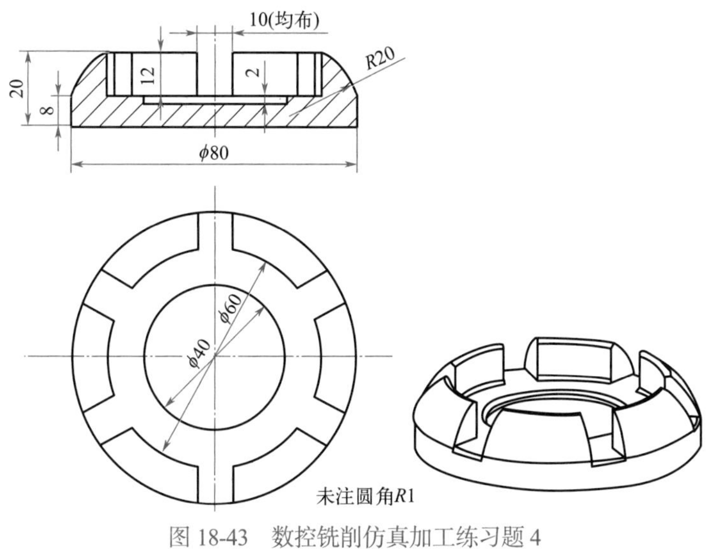

图 18-43　数控铣削仿真加工练习题 4

18.3　数控加工中心的仿真加工案例

18.3.1　案例题目

现用宇龙数控加工仿真软件对如图 18-44 所示的模板零件（材料：低碳钢）进行数控立式加工中心仿真加工。

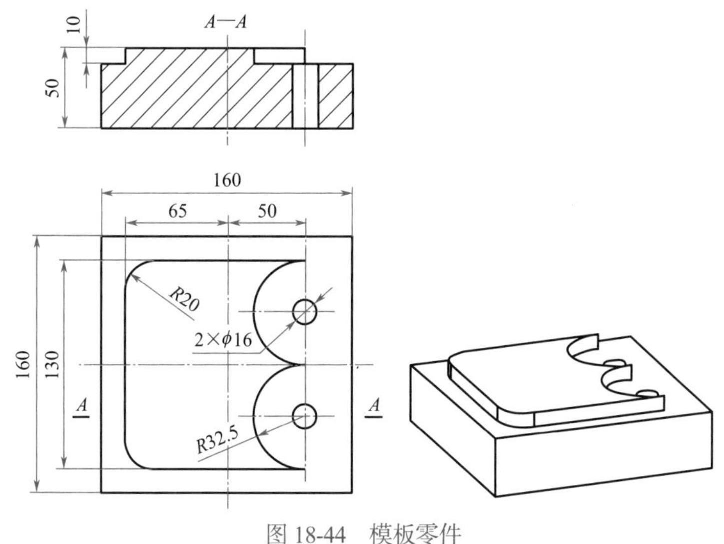

图 18-44　模板零件

18.3.2　工艺分析

该零件需要在四方形毛坯的上部加工出一个凸台以及两个同样尺寸大小的通孔。凸台部分要用立铣刀进行轮廓铣削；通孔部分需要用麻花钻头钻削加工。因为需要使用的刀具多于

1 把，所以使用加工中心加工该零件，利用加工中心的自动换刀功能，可以提高工作效率和加工精度。

（1）凸台的加工工艺

凸台的轮廓除了直线以外，还有 $R20$ 的凸圆弧以及 $R32.5$ 的凹圆弧，因此选用的立铣刀直径不能大于 65mm（32.5×2）。因为右侧凹圆弧处需要切除的余量很大，且需保持一定的加工效率，该立铣刀直径又不宜过小。综合考虑后，选用 ϕ40mm 立铣刀。

凸台轮廓的加工分为三个工步进行。第一个工步是沿毛坯四周去除 10mm 余量，完成凸台轮廓的粗加工，刀具半径采取右补偿（G42 指令），如图 18-45 所示。

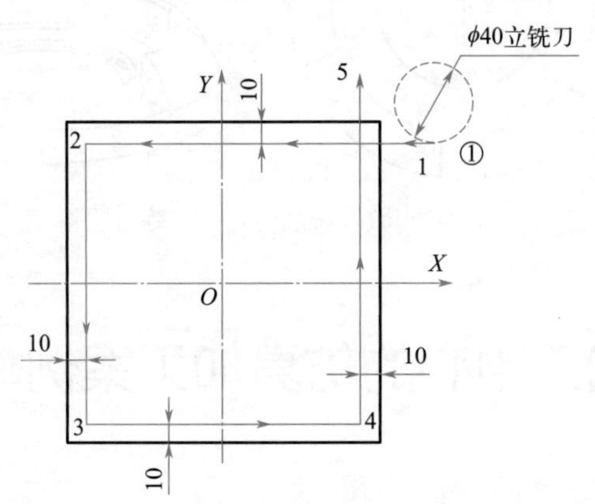

图 18-45　粗铣外轮廓

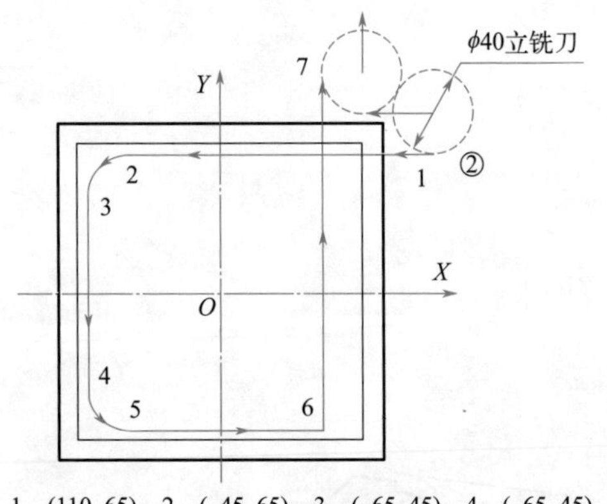

图 18-46　精铣外轮廓

第二个工步是精铣出左半部轮廓及 $R20$ 凸圆弧；通过铣削 6-7 直线，为 $R32.5$ 凹圆弧的加工清理出右侧较多的余量，为第三个工步创造条件，如图 18-46 所示。刀具半径采取右补偿（G42 指令）。

第三个工步是精铣出 $R32.5$ 凹圆弧，如图 18-47 所示。从 1 点出发沿圆弧切线 1-2 直线切入；圆弧加工完毕，刀具沿圆弧切线 4-5 直线切出。刀具半径采取左补偿（G41 指令）。

（2）通孔的加工工艺

该零件右侧的两个通孔直径较大（ϕ16mm），考虑到机床的加工能力以及刀具的耐受度，不宜采用 ϕ16mm 钻头直接钻出，而是应该分成两个工步（如图 18-48 所示）：第一工步采用 ϕ8mm 小直径钻头高转速钻削底孔；第二工步采用 ϕ16mm 大直径钻头进行扩孔加工。

（3）加工工序卡

该模板零件的加工工序卡见表 18-3。以 1 号刀为基准刀具进行对刀，其长度为 120mm；2 号刀长度为 100mm，其刀具长度补偿值 H2=100mm−120mm=−20mm；3 号刀长度为 160mm，其刀具长度补偿值 H3=160mm−120mm=40mm。

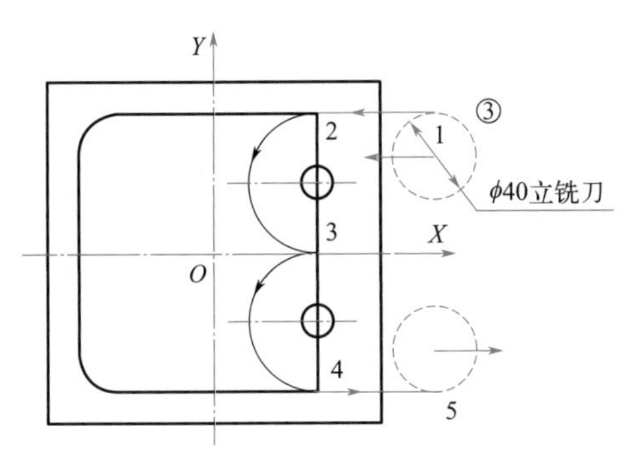

1：(110,65)；2：(50,65)；3：(50,0)；4：(50,−65)；5：(110,−65)

图 18-47 铣削凹圆弧

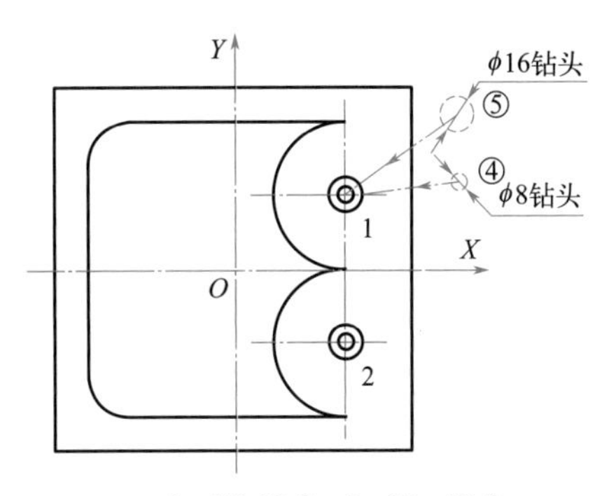

1：(50,32.5)；2：(50,−32.5)

图 18-48 钻孔加工

表 18-3 加工工序卡

零件名称：模板零件		刀具与切削参数						
加工内容		刀具规格			主轴转速 /（r/min）	进给速度 /（mm/min）	刀具补偿	
工序	工步	刀号	刀具名称	材料			半径 /mm	长度 /mm
铣削凸台	①粗铣外轮廓	T1	ϕ40mm 立铣刀	高速钢	600	160	D1=20	H1=0
	②精铣外轮廓	T1	ϕ40mm 立铣刀	高速钢	800	100	D1=20	H1=0
	③铣削凹圆弧	T1	ϕ40mm 立铣刀	高速钢	800	100	D1=20	H1=0
钻孔	④钻孔	T2	ϕ8mm 钻头	硬质合金	1500	50	D2=0	H2=−20
	⑤扩孔	T3	ϕ16mm 钻头	硬质合金	1000	50	D3=0	H3=40

18.3.3 数控程序编制

依据前述加工工艺分析以及刀具轨迹的设计，编制该模板零件在立式加工中心上的数控加工程序如下（采用 FANUC 0i 数控系统）：

```
O1236;                          程序名
G90G54G80G40G49G17;             机床状态初始化
G28Z0;                          回参考点
M06T01;                         换 1 号刀，ϕ40mm 立铣刀
M03S600;                        主轴正转，600r/min
M08;                            切削液开
G00X200Y100Z50;
Z5;                             快速定位至起刀点
G42X110Y70D01;                  建立刀具半径右补偿
G01Z-10F50;                     下刀
X-70F160;                       开始加工四周边
Y-70;
X70;
Y110;                           四周边加工完毕
G00Z5;                          抬刀
```

```
M03S800;                  主轴提速，开始轮廓精加工
X110Y65;                  快速定位至起刀点
G01Z-10F50;               下刀
X-45F100;                 精加工轮廓开始
G03X-65Y45R20;
G01Y-45;
G03X-45Y-65R20;
G01X50;
Y110;                     精加工轮廓结束
G00Z5;                    抬刀
G40X200;                  取消刀具半径右补偿
G41X110Y65D01;            建立刀具半径左补偿
G01Z-10F50                下刀
X50F100;                  切向切入
G03Y0R32.5;               加工凹圆弧
Y-65R32.5;
G01X110;                  切向切出
G00Z50;                   抬刀
G40X200Y100;              退刀
M05;                      主轴停转
G28Z0;                    回参考点
M06T02;                   换2号刀,φ8mm钻头
G43H02;                   建立2号刀具长度补偿
M03S1500;                 主轴正转,1500r/min
G00X50Y32.5Z50;           快速孔定位
Z5;
G01Z-55F50;               钻底孔
G00Z5;                    抬刀
Y-32.5;
G01Z-55;
G00Z50;
G00X200Y100;              退刀
M05;                      主轴停转
G28Z0;                    回参考点
M06T03;                   换3号刀,φ16mm钻头
G43H03;                   建立3号刀具长度补偿
M03S1000;                 主轴正转,1000r/min
G00X50Y32.5Z50;           快速孔定位
Z5;                       下刀
G01Z-55F50;               扩孔
G00Z5;                    抬刀
Y-32.5;
G01Z-55;
G00Z50;                   退刀
G00X200Y100;
M05;                      主轴停转
M09;                      切削液关
M30;                      程序结束
```

18.3.4 案例数控加工中心加工仿真实战

（1）运行数控加工仿真软件，并选择合适的加工中心

单击主菜单【机床】—【选择机床】，在随后出现的选择机床对话框中，控制系统选择FANUC 0i，机床类型选择立式加工中心（沈阳机床厂），并确定。在机床显示区单击右键，选择【选项】，去除机床罩壳，以便能够观察清楚，如图 18-49 所示。

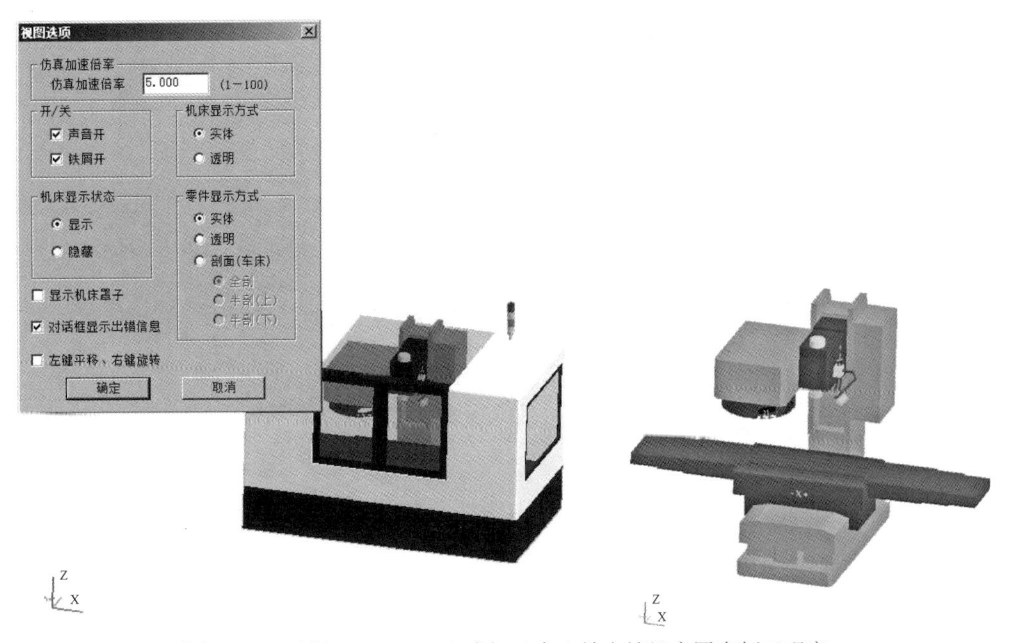

图 18-49 选择 FANUC 0i 立式加工中心并去掉机床罩壳便于观察

（2）机床通电并回零

点击加工中心控制面板上右侧的电源绿色按钮使机床通电，显示屏点亮；按左下红色【急停】按钮，使之呈弹起状态，机床即进入可以工作的状态。

按下加工中心控制面板上左侧的【刀库回零】按钮，机床即可自动完成回零工作。该加工中心的控制面板如图 18-50 所示。

（3）安装毛坯

根据训练题目要求，设计本例所使用的毛坯尺寸为 160mm×160mm×50mm 的立方体，材料为低碳钢。单击主菜单【零件】—【定义毛坯】，在出现的定义毛坯对话框里进行如图 18-51 所示的设置，并单击【确定】。

单击主菜单【零件】—【安装夹具】，在出现的选择夹具对话框里进行如图 18-52 所示的设置，并单击【确定】按钮。注意，要点击【向上】按钮，使毛坯上表面突出钳口一定高度，以防止加工时造成刀具与平口钳的干涉。

单击主菜单【零件】—【放置零件】，在出现的选择零件对话框里点击“毛坯 1”，并单击【安装零件】按钮，如图 18-53 所示。在随之出现的移动毛坯对话框中，直接点击【退出】按钮，完成毛坯的安装。

此时，在机床工作台上出现机用平口钳以及四方毛坯。与此同时，在右侧出现用来移动毛坯放置位置的小窗口，可以对毛坯所在位置进行微调，如图 18-54 所示。点击【退出】按钮，完成毛坯的安装。

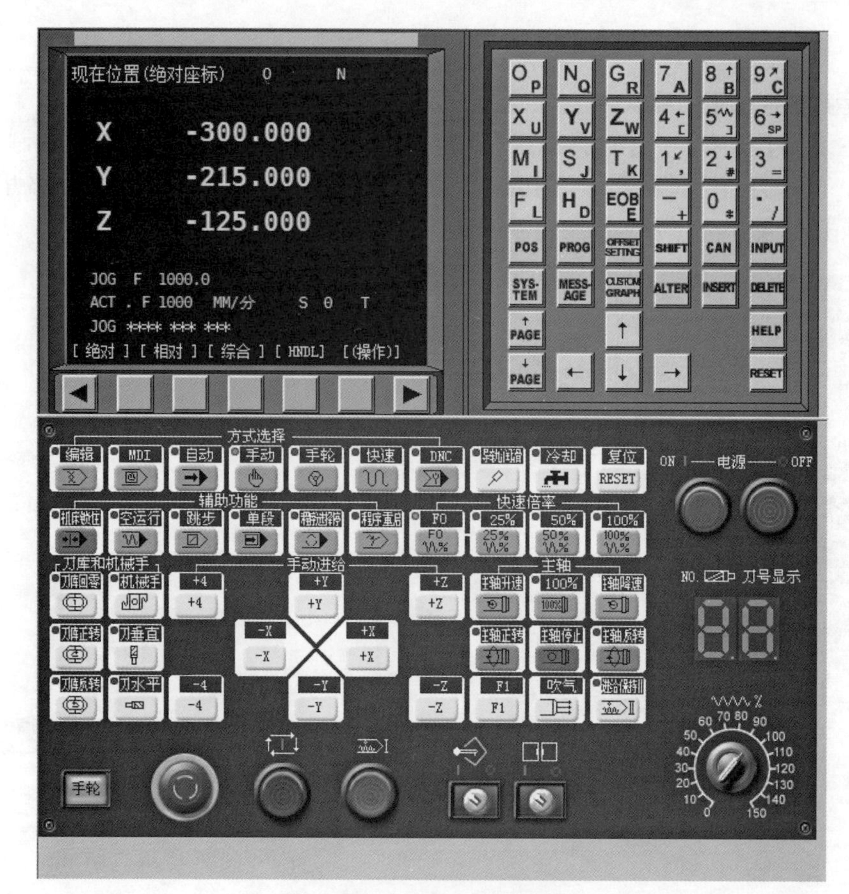

图 18-50　加工中心控制面板

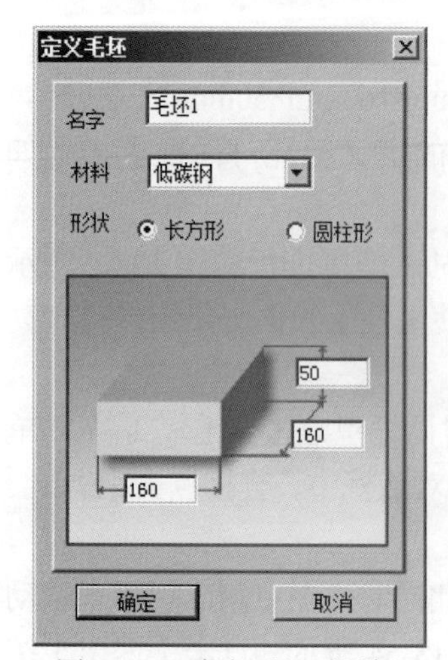

图 18-51　定义毛坯对话框

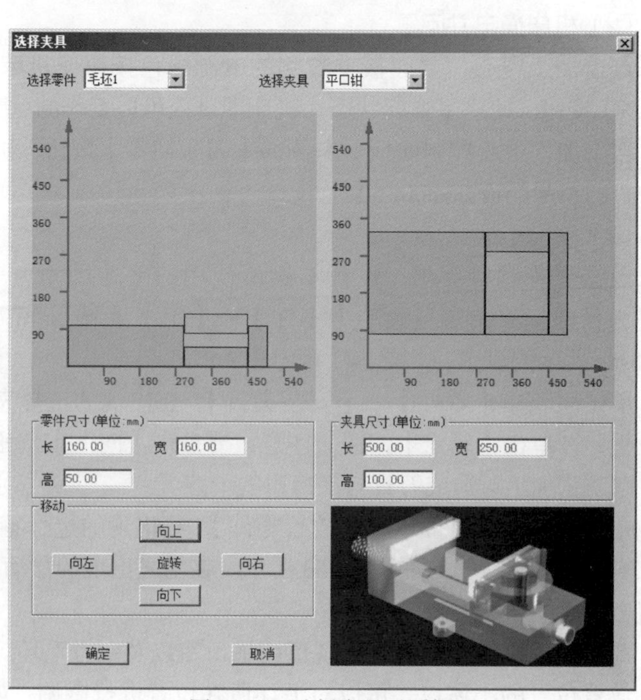

图 18-52　选择夹具对话框

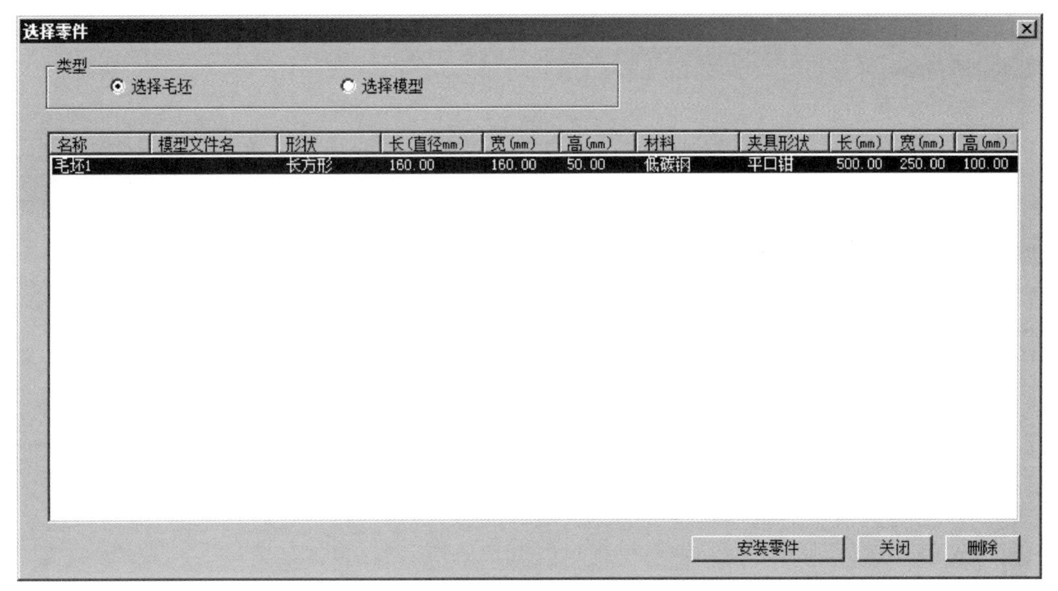

图 18-53　选择零件对话框

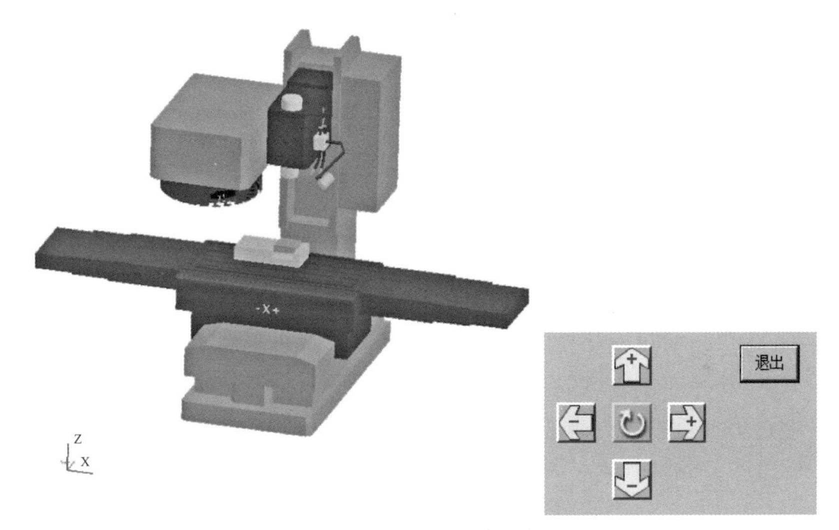

图 18-54　毛坯的放置位置与调整

（4）安装刀具

单击主菜单【机床】—【选择刀具】，出现选择铣刀对话框，如图 18-55 所示。在“所需刀具直径：”栏内输入“40”；“所需刀具类型：”栏内选择“平底刀”，单击【确定】按钮。在下方“可选刀具：”栏内，选中“序号 3”总长 120mm 的平底刀并单击【确定】按钮，完成 1 号刀的选择。

在“已经选择的刀具：”栏内，单击序号 2。在“所需刀具直径：”栏内输入“8”；“所需刀具类型：”栏内选择“钻头”，单击【确定】按钮。在下方“可选刀具：”栏内，选中“序号 1”总长 100mm 的钻头并单击【确定】按钮，完成 2 号刀的选择。

在“已经选择的刀具：”栏内，单击序号 3。在“所需刀具直径：”栏内输入“16”；“所需刀具类型：”栏内选择“钻头”，单击【确定】按钮。在下方“可选刀具：”栏内，选中“序号 1”总长 160mm 的钻头并单击【确定】按钮，完成 3 号刀的选择。

最后，单击【确认】按钮完成加工中心的刀具选择，此时的 3 把刀具都位于刀库之中，如图 18-55 所示。

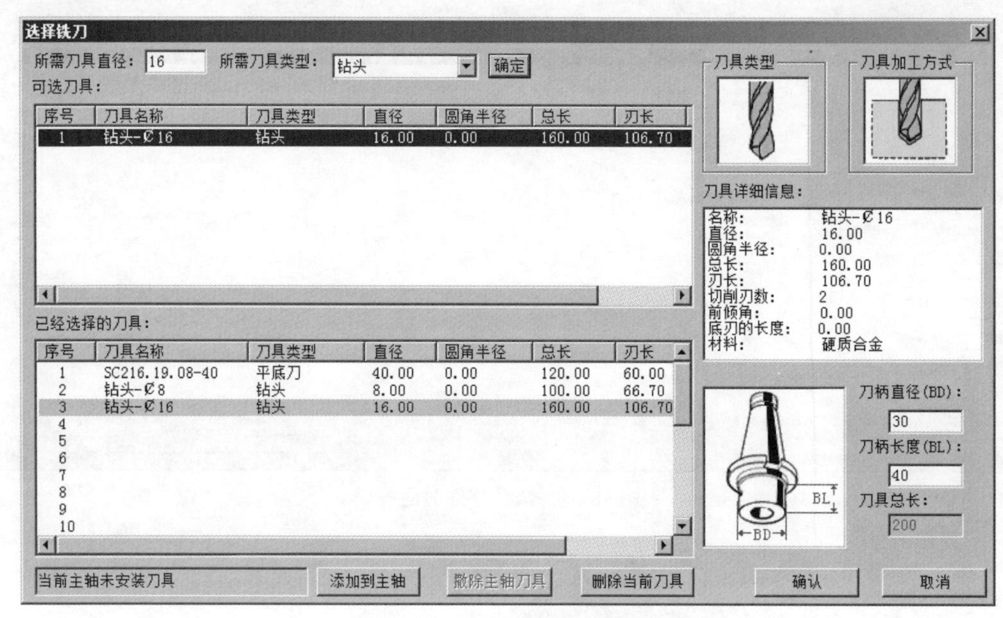

图 18-55 选择铣刀对话框

(5) 对刀及刀具补偿的设置操作

选取 1 号刀（ϕ40mm 立铣刀）为本案例加工的基准刀具。加工中心基准刀具的对刀方法和铣床的对刀方法一样，具体操作详见前面数控铣床的对刀方法，这里不再赘述。其余 2 把刀具不再对刀，而是直接把相对于基准刀具的长度补偿值录入刀具表即可。

如本例中通过基准刀具对刀后，得到 *X*、*Y*、*Z* 三个坐标的对刀值分别为 −300、−215、−440。单击图 18-56 所示右侧区域的【OFFSET SETTING】按键，再单击左侧区域下方的【坐标系】软键，通过方向键把光标调整到（G54）位置的 *X*、*Y*、*Z* 坐标，逐一输入相应对刀值并通过按键【INPUT】将数字录入系统，完成 G54 坐标系设定。

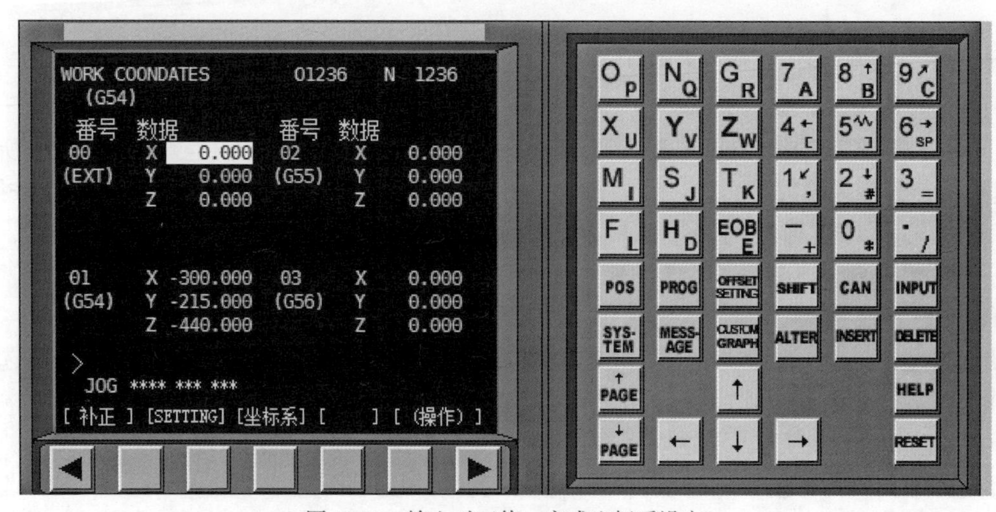

图 18-56 输入对刀值，完成坐标系设定

单击图 18-57 所示右侧区域的【OFFSET SETTING】按键，再单击左侧区域下方的【补正】软键，通过方向键把光标调整到“番号”001 位置，即对应的就是 1 号刀，以此类推。分别在“形状（D）”和“形状（H）”两列录入 3 把刀具对应的刀具半径和刀具长度补偿值。每个数值通过键盘输入后，单击右侧【INPUT】按键或下方的【输入】软键将数值录入系统。

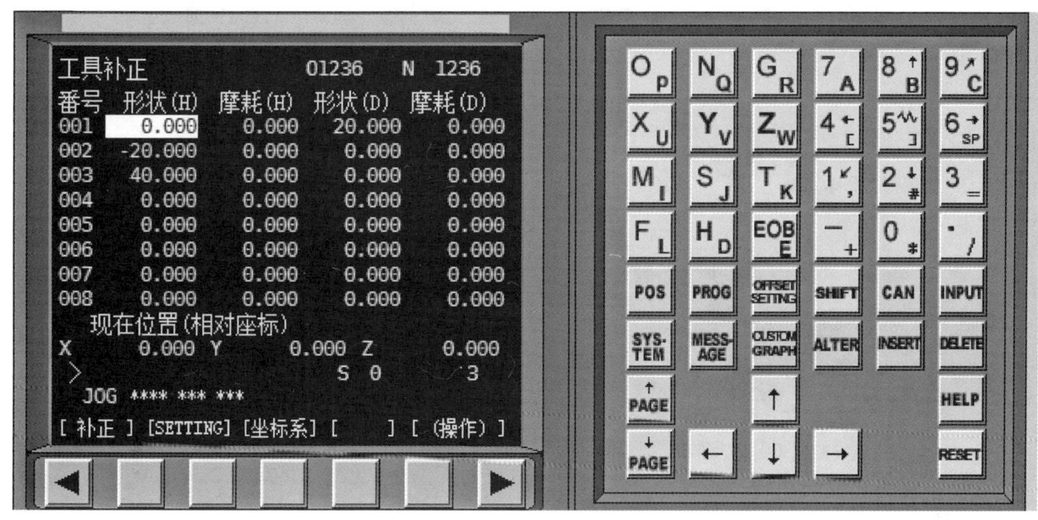

图 18-57 设置刀具补偿值

（6）换刀操作

在加工中心换刀操作是通过 MDI 程序段来完成的。按下图 18-50 中间位置的【MDI】方式选择键，再按下图 18-58 所示的【PROG】键。使用数字、字母和【EOB E】键，输入下面的换刀程序：

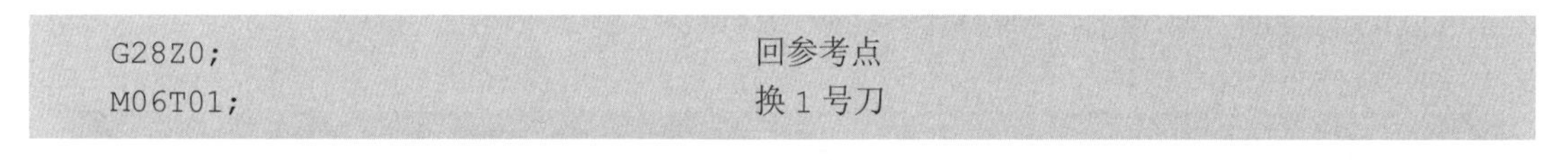

```
G28Z0;                              回参考点
M06T01;                             换 1 号刀
```

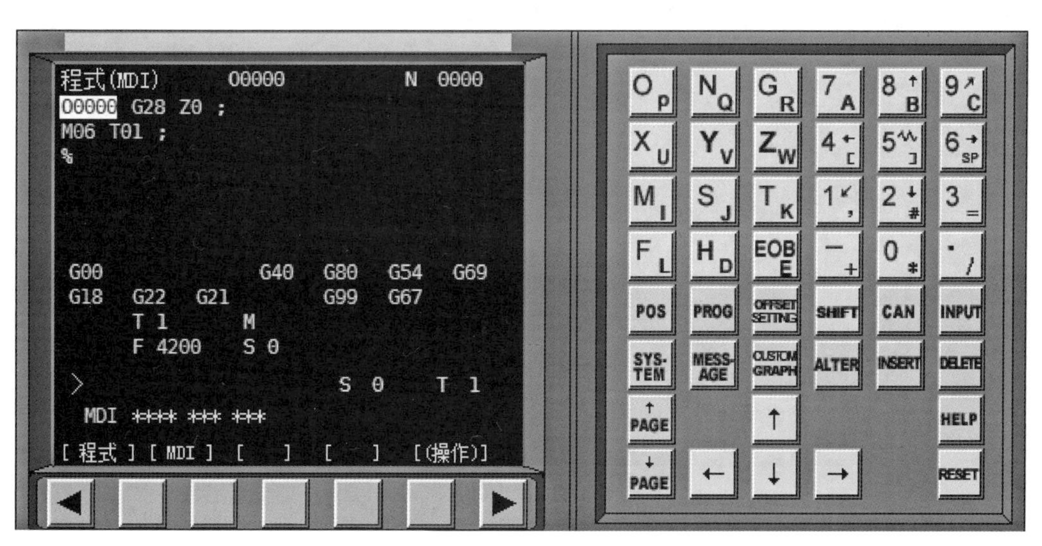

图 18-58 MDI 模式输入换刀程序

单击图 18-58【RESET】复位按键，再按下图 18-50 下方绿色的【循环启动】按钮，完成 1 号刀具从刀库到主轴的转换，如图 18-59 所示。

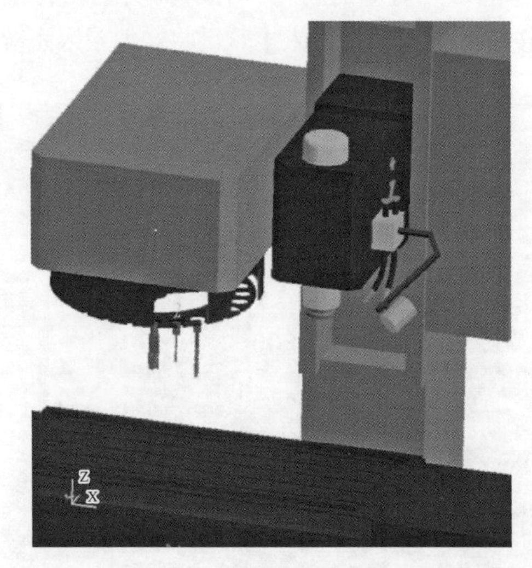

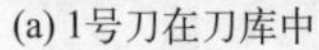

(a) 1号刀在刀库中

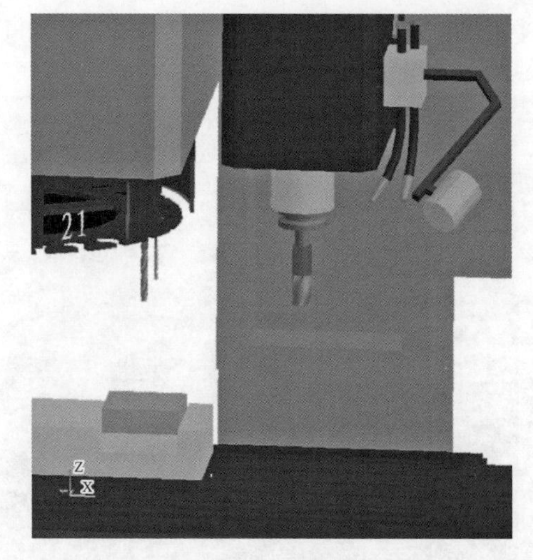

(b) 1号刀在主轴上

图 18-59　1 号刀具换刀

其他 2 把刀具的换刀操作方法同 1 号刀，只是换刀程序中的刀具号不同。

(7) 导入数控加工程序

数控加工程序使用 Windows 的记事本程序写完，并在 D 盘根目录另存为 .txt 文本文件。单击图 18-50 中间位置的【编辑】方式选择键。再按下图 18-58 所示的【PROG】键，并依次按下图 18-58 左下方的【操作】和【▸】软键。接着按下同区域出现的【READ】软键，如图 18-60 所示。在右侧的键盘区域键入程序名 O5678。

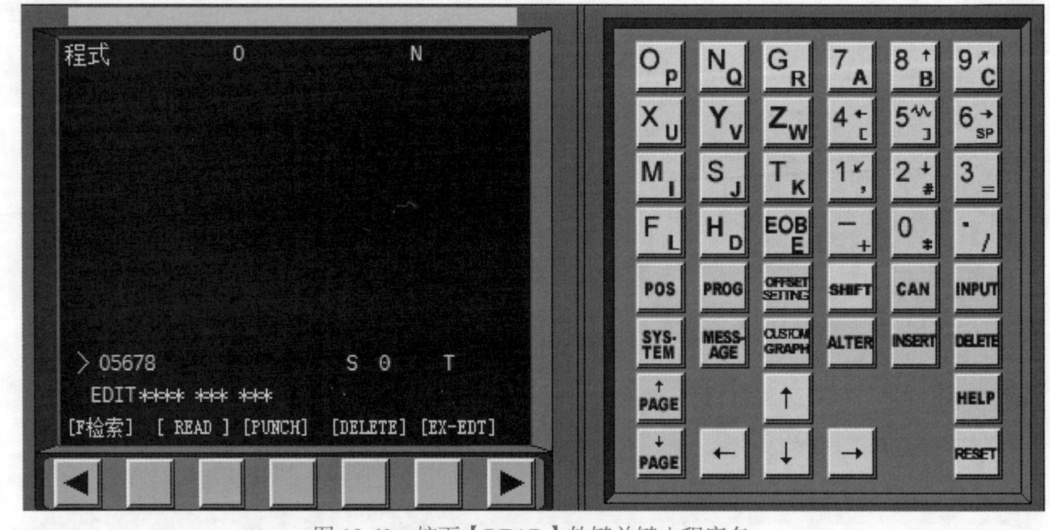

图 18-60　按下【READ】软键并键入程序名

选择主菜单【机床】—【DNC 传送…】命令，在出现的对话框中选择 D 盘中存储的

5678.txt 程序文件，完成数控加工程序的导入，如图 18-61 所示。

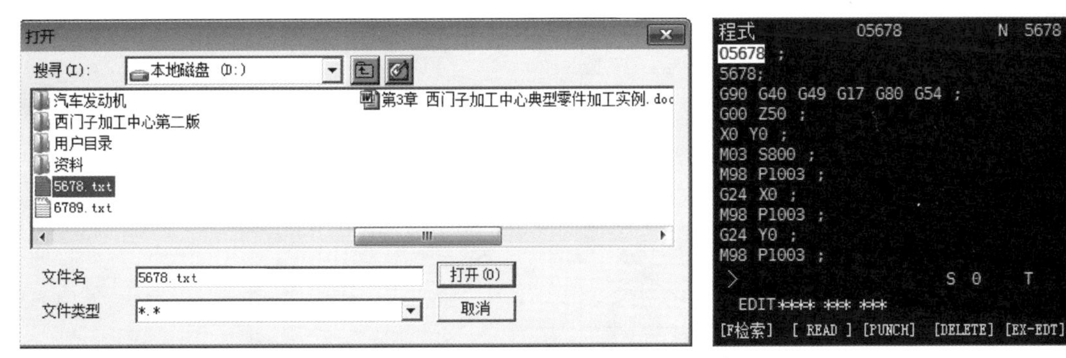

图 18-61　选择并导入数控加工程序

(8) 自动仿真加工

按下图 18-50 中间位置的【自动】方式选择键和下方的【循环启动】按钮，机床就会开始自动按程序加工零件，仿真加工过程如图 18-62 所示。

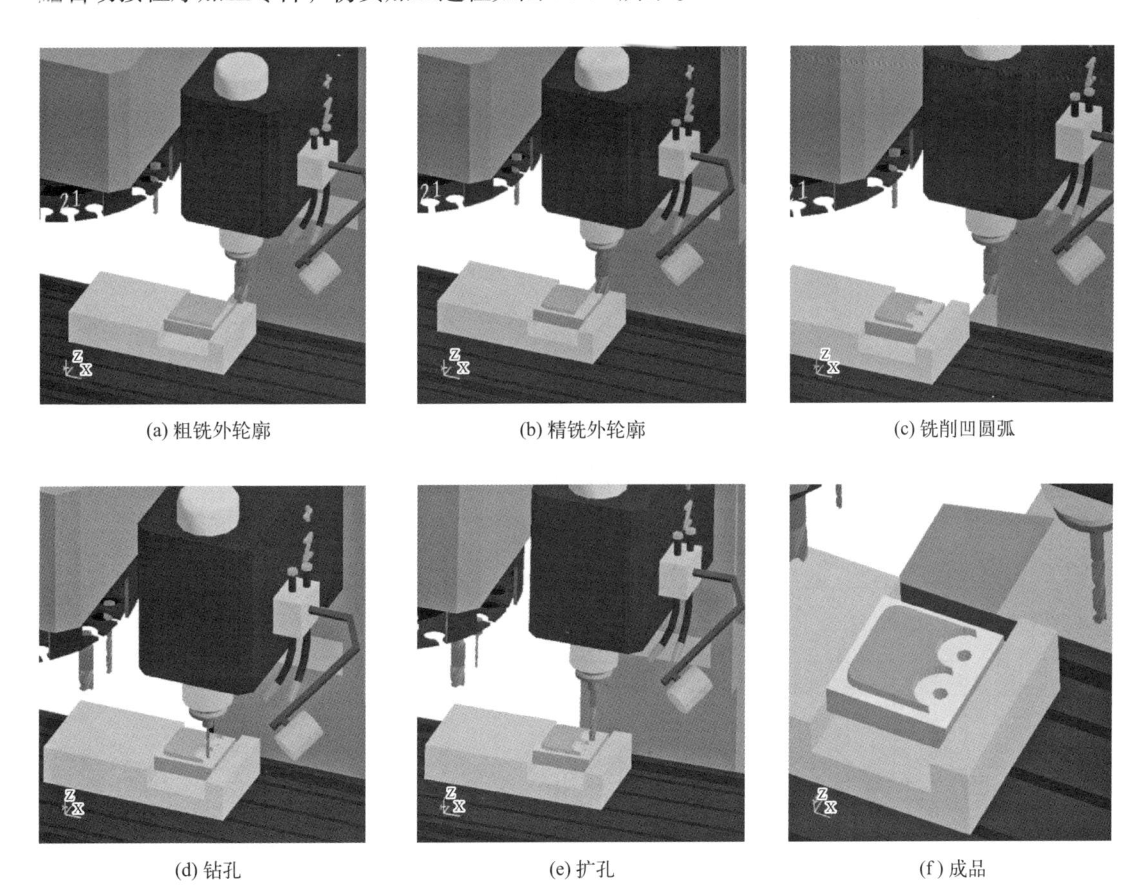

(a) 粗铣外轮廓　(b) 精铣外轮廓　(c) 铣削凹圆弧

(d) 钻孔　(e) 扩孔　(f) 成品

图 18-62　模板零件的数控加工中心仿真加工过程

读者可以参照上述步骤，使用数控仿真软件，对如图 18-63 ～图 18-66 所示的零件进行加工中心仿真加工练习。

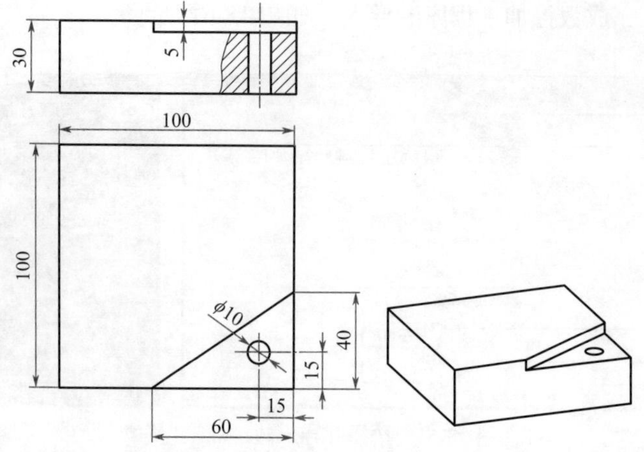

图 18-63 加工中心仿真加工练习题 1

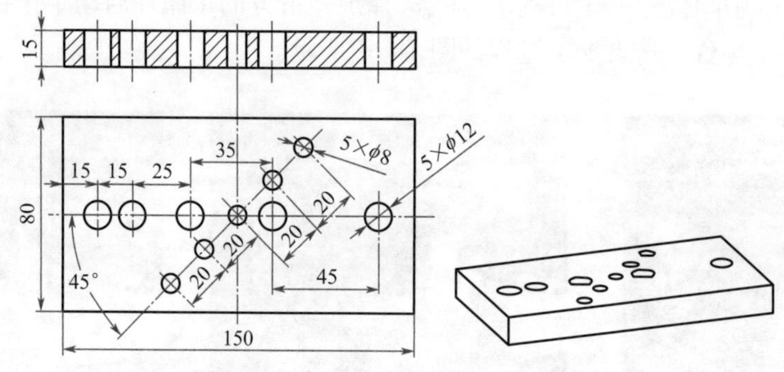

图 18-64 加工中心仿真加工练习题 2

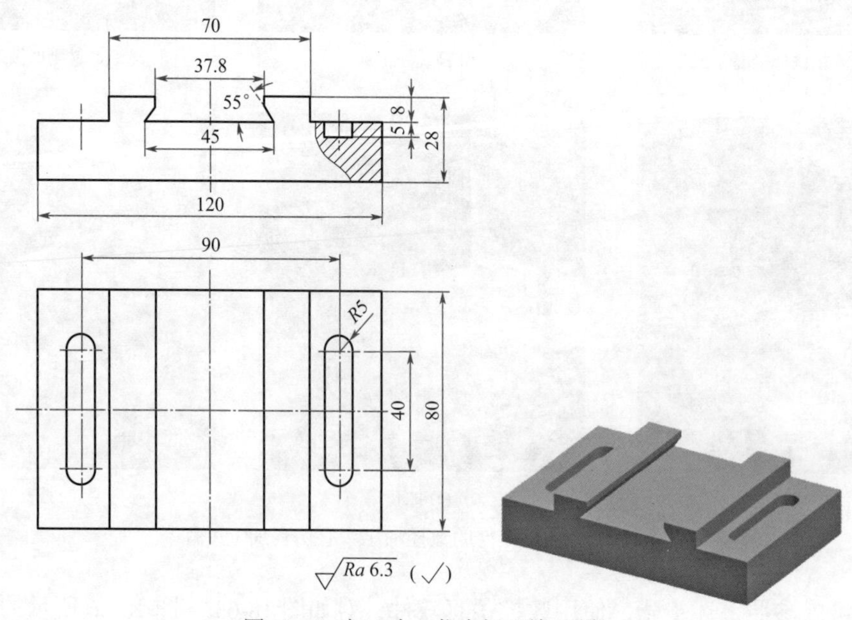

图 18-65 加工中心仿真加工练习题 3

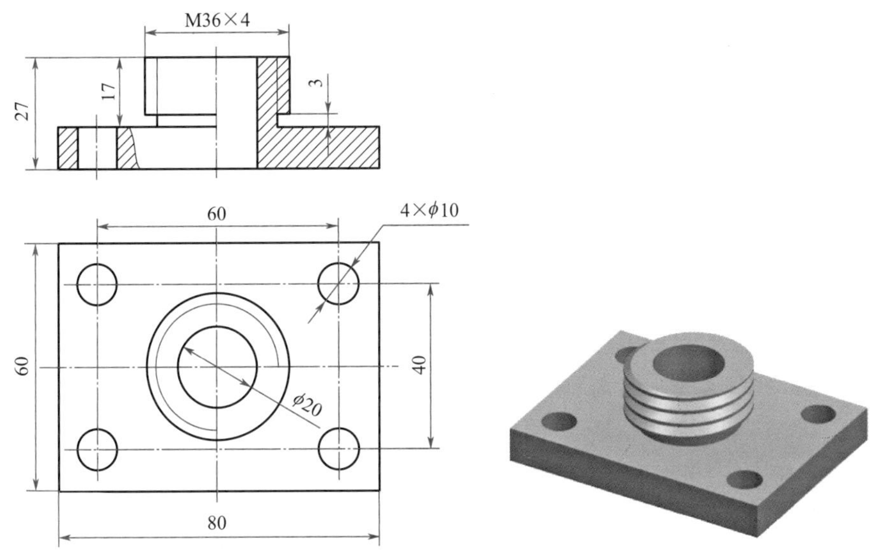

图 18-66　加工中心仿真加工练习题 4

参考文献

[1] 浦艳敏，姜芳，牛海山.FANUC 数控系统典型零件加工 100 例［M］. 北京：化学工业出版社，2013.

[2] 孙文志，李晓红，杨伟.SIEMENS 数控系统典型零件加工 100 例［M］. 北京：化学工业出版社，2013.

[3] 郎一民. 数控车削加工宏程序应用及实例［M］. 北京：机械工业出版社，2017.

[4] 赵杰，李志武，郭庆梁. 华中数控系统典型零件加工 100 例［M］. 北京：化学工业出版社，2014.

[5] 吕斌杰，孙智俊，赵汶. 数控加工中心（FANUC，SIEMENS 系统）编程实例精萃［M］. 北京：化学工业出版社，2009.

[6] 郭庆梁，等. 图解 i5 数控系统加工编程 100 例（微视频版）［M］. 北京：机械工业出版社，2019.

[7] 浦艳敏，郭庆梁，李晓红.CAXA 数控加工自动编程经典实例［M］. 北京：机械工业出版社，2013.

[8] 浦艳敏，牛海山，衣娟. 数控机床刀具及应用［M］. 北京：化学工业出版社，2022.

[9] 沈建峰，金玉峰. 数控编程 200 例［M］. 北京：中国电力出版社，2008.

[10] 刘鹏玉，何永义. 数控铣床编程 100 例［M］. 北京：机械工业出版社，2012.

[11] 陈艳红，吴长有. 数控手工编程 100 例［M］. 北京：机械工业出版社，2012.

[12] 孙文志、郭庆梁. 工程训练教程［M］. 北京：化学工业出版社，2018.

[13] 刘文，等. 边看边学 SIEMENS 数控车床加工 50 例（一例一视频）［M］. 北京：化学工业出版社，2013.